普通高校电子信息与通信类规划教材

现代数字电路与系统
综合实训教程
（第 2 版）

主　编　于　卫
副主编　周德芳　郑　洁

北京邮电大学出版社
·北京·

内 容 简 介

本书是根据电子信息、通信和电气自动化类等专业为培养创新性和实践性人才的要求而编写的。以数字电路和系统的设计与可编程逻辑器件应用为主线,以培养大学生的应用能力为宗旨,着力提高大学生的设计和应用数字电路的技能、可编程逻辑器件的实际应用水平。全书分 3 部分,共 7 章。第 1 部分为第 1~2 章,介绍了数字电路实验的理论基础、注意事项和应用工具;第 2 部分为第 3~5 章,包括数字电路硬件实验、用原理图编程的软件实验和用 VHDL 语言编程的软件实验,旨在培养学生的基本实践技能;第 3 部分为第 6~7 章,安排了综合设计和工程训练内容,旨在培养学生的数字电路与系统设计和实现的提高性技能,也是学生将来进行工程项目开发的基础。

本套教程内容全面、丰富、通俗易懂、实践实用性强,书中列举了大量的应用实例。将自上而下层次化设计思想引入到数字系统设计中,数字电路与系统的顶层用原理图设计来取代以往用 VHDL 语言设计,使学生更加容易接受,这也是本教程的一大特色。可作为电子信息、通信、电气自动化等专业的学生数字实验和综合训练教材,也可作为测控、机电一体化、机械等专业的学生参考实践教材;既适合于本科,又适合于专科以及高职高专类学生使用,还可以供从事数字电路和系统开发与应用的广大教师和工程技术人员参考使用。

图书在版编目(CIP)数据

现代数字电路与系统综合实训教程 / 于卫主编. -- 2 版. -- 北京 : 北京邮电大学出版社,2013.4
(2024.1重印)

ISBN 978-7-5635-3470-8

Ⅰ. ①现… Ⅱ. ①于… Ⅲ. ①数字集成电路—系统设计—高等学校—教材 Ⅳ. ①TN431.2

中国版本图书馆 CIP 数据核字(2013)第 070750 号

书　　　名:现代数字电路与系统综合实训教程(第 2 版)
主　　　编:于 卫
责任编辑:付兆华
出版发行:北京邮电大学出版社
社　　　址:北京市海淀区西土城路 10 号(邮编:100876)
发 行 部:电话:010-62282185　传真:010-62283578
E-mail:publish@bupt.edu.cn
经　　　销:各地新华书店
印　　　刷:北京虎彩文化传播有限公司
开　　　本:787 mm×1 092 mm　1/16
印　　　张:19.75
字　　　数:492 千字
版　　　次:2010 年 8 月第 1 版　2013 年 4 月第 2 版　2024 年 1 月第 4 次印刷

ISBN 978-7-5635-3470-8　　　　　　　　　　　　　　　　定　价:42.00 元

· 如有印装质量问题,请与北京邮电大学出版社发行部联系 ·

前　言

  科技创新是大学生最重要的素质之一,一个具有创新能力的大学生,必须具有创新的理论知识基础和创新的工程技术能力,这样才能敏锐地发现问题,准确地分析问题,有效地解决问题。因此全面实施以培养开拓创新能力和实践动手能力为核心的素质教育是当前高等工科院校实验教学改革的重要目标,也是"卓越工程师教育"培养计划的重要目标,更是培养适应现代科学技术发展和 21 世纪社会需求的专业性复合性人才的重要举措。目前,实验教学在工科专业教学体系中的地位愈来愈得到应有的重视,实验教学和理论教学已经成为培养学生创新能力与工程实践能力相辅相成的两个重要方面。

  经过多年的努力,数字电子技术课程的理论教学和教材建设取得了很大的进展,但实践改革和教材建设相对滞后,没有比较系统的、完整的、强调器件应用基础、体现创新能力和动手能力训练的综合实践教材,学生往往按照一本简单的实验讲义或实验指导书规定的实验步骤去做,收效甚微。为了使大学生真正重视实践教学,提高创新和实践动手能力,确保实践教学的效果,各高等院校正全面进行实验教学改革,并结合"卓越工程师教育"培养计划的要求,在电子技术实践创新能力培养过程中,逐步注重实践教学体系的"四结合",即基础验证性实验、设计应用性实验、课程设计和大型综合设计相结合;课内实践与课外实践相结合;实践教学与科研训练相结合;校内实践与企业实习相结合。要求学生在完成计划内的实验和设计基础上,积极参加计划外实践,如课外科技兴趣小组、设计竞赛小组,通过科研训练和电子作品制作,系统地掌握电子产品设计和研制的整个工艺流程。学校创造硬件条件和分配指导教师帮助学生将在课外研究设计和实践服务中所遇到的难题再带回到实验室内解决,最终使大学生具备工程实践能力、创新能力和专业竞争力。正是基于这样的认识和要求,再版教材从应用能力和工程实践的角度,以工程师培养为主线,突破理论教学的学时内容限制,总结了大量数字集成电路的功能及应用,不仅为大学生计划内的实验和设计提供了基本内容,而且为课外实践、科研训练、设计竞赛、产品制作等提供了大量的素材。我们投入很大精力编写这本集综合性、先进性、设计性和实用性为一体的综合实践教材,希望该教材有助于全面推行实践教学改革和全面实施"卓越工程师教育"培养计划。

1. 本教材的定位

  我们对新的实践教学体系进行了层次化设计,将整个实践教学分为 4 个层次,即基础实验层、综合设计层、课外科技活动层和电子产品开发层。计划内实践教学定位在前 3 个层次。本教材适宜电子信息、通信、自动化、电气、测控、智能等专业的学生层次式实践教学用。既可作为独立设课和开放实验教学形式实施,也可以作为计划内实践教材,又可以作为课外实践指导教材。通过该课程的实践教学,能使学生掌握较强的实验技能,培养学生具有科学的工作方法和严谨的工作作风。

2. 本教材的特点和目的

① 介绍了大量专用数字集成电路,让学生掌握其逻辑功能和基本应用。

② 介绍了大规模集成电路以及可编程逻辑器件在数字电路设计中的使用。

③ 以设计性实验和搭接硬件电路为主,提高学生的设计、创新和动手能力。

④ 将现代电子设计自动化技术(Electronic Design Automation,EDA)引入实验和各类设计,要求学生掌握 Multisim 2001 仿真软件、MAX + PLUS II、Quartus II 编程软件和 Protel 99SE 绘图软件的应用,全面培养学生借助于计算机分析和设计数字电路系统、工程绘图以及开发电子产品的综合能力。

⑤ 讲述了大量数字集成电路的实际应用,增加分析、启发、设计和思路上的提示,提高学生应用理论知识解决实际问题的能力。

⑥ 减少验证性实验,增加设计性和综合性实验,尽量做到因材施教,层次化培养。

⑦ 本书最大的特点是层次化设计时,最顶层用原理图实现,这对于学习硬件线路的人来说是比较容易的,省去了编长段 VHDL 语言程序的麻烦,用顶层原理图来表达复杂的数字电路和系统更加简明、通俗易懂,便于广大读者接受。

为实现上述目的,我们对数字电子技术实验课程内容进行了适当的整合,在保留了原数字电子技术课程基本内容的基础上,加入了部分因理论教学课时限制而没有讲的重要的集成电路及其应用;还重点加入了数字在系统可编程技术的实验内容和以数字在系统可编程技术为基础的综合设计和工程训练,同时我们还自主研发了电子设计应用开发系统(专利号:200820040093.0),给学生提供了一个实验和综合实训的研究平台。

本书共分 7 章,第 1 章介绍数字电子技术实验的基本知识;第 2 章介绍可编程逻辑器件、编程软件和 VHDL 语言的使用;第 3 章为硬件基础实验,以设计性实验为主;第 4~5 章为软件编程实验,以设计应用性实验为主;第 6 章为综合设计与设计选题;第 7 章为工程训练。

在本书编写过程中,得到了教育部电子信息科学与工程类专业教学指导分委员会委员、扬州大学教授胡学龙及广大同仁——张正华、朱蜀梅、蔡钧、陈万培、孙妍、束长宝、江丽莉、汤正兰、印国成、宁进喜等教师的帮助,他们给予了无私的关心和指导,在此表示衷心的感谢。

限于笔者水平有限,书中如有不妥之处,敬请广大读者批评指正。在此深表感谢!

作 者

目　录

第1章 基础知识

1.1 现代数字电路的设计方法

自 20 世纪 60 年代集成电路诞生以来,数字系统的实现方法经历了由分立元件、小规模集成电路(SSI)、中规模集成电路(MSI)到大规模集成电路(LSI)的发展过程,目前已进入了超大规模的集成电路(VLSI)、甚大规模集成电路(ULSI)以及大规模可编程集成电路阶段。

随着微电子技术、计算机技术和半导体工艺技术的发展,出现了电子设计自动化技术(Electronic Design Automation,EDA)和大规模可编程集成电路,从此改变了设计者的设计思路。传统的硬件电路设计方法是采用自下而上的设计方法,即根据系统对硬件的要求,详细编制技术规格书并画出系统控制流图,然后根据技术规格书和系统控制流图对系统的功能进行细化,合理地划分功能模块并画出系统的功能框图,接着进行各功能模块的细化和电路设计;各功能模块电路设计、调试完成后,将各功能模块的硬件电路连接起来再进行系统的调试,最后完成整个系统的硬件设计。采用传统方法设计数字系统,特别是当电路系统非常庞大时,设计者必须具备较好的设计经验,而且繁杂多样的原理图的阅读和修改也给设计者带来诸多的不便。由此可见,自下而上的设计方法是一种低效率性、低可靠性、费时费力且成本高昂的设计方法。

现代电路与系统的设计思想是一种自上而下或自顶向下(TDP-DOWN)的模块化设计思路。自上而下就是先着眼于整个系统的功能,并按系统的要求把系统分割成若干个子系统,再把每个子系统划分成若干个功能模块,以标准或常用的基本单元去实现功能模块。从上到下,每一步都可控制、可发现错误、可修改、可进行不同层次的仿真,处理过程都由软件自动完成。它可以在所有级别上对硬件设计进行说明、建模和仿真测试。由此可见,自顶向下的设计方法是一种高效率性、高稳定性、易修改、易查找故障以及可以进行系统仿真的设计方法。

现代数字系统的实现是以各种系列的可编程器件为载体,以各种功能强大的编程平台或开发软件为工具进行的。可编程器件包括可编程逻辑器件、可编程模拟器件、可编程数字开关及互连器件等。可编程逻辑器件是用来实现数字电路及系统的功能,是构成 ASIC 的基本单元,而 ASIC 的设计及实现必须借助 EDA 技术。ASIC 的改进对 EDA 工具提出更高的要求,从而促进了 EDA 技术的发展。当今,自顶向下的设计方法已经是 EDA 技术的首选设计方法,是 ASIC 及 FPGA 开发的主要设计手段。

高速集成电路硬件描述语言的自顶向下的设计流程如图 1.1 所示。

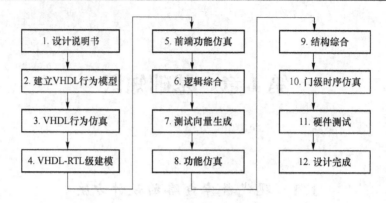

图 1.1　自顶向下的设计流程

采用自顶向下方法的优点如下。

① 自顶向下设计方法是一种模块设计方法。对设计的描述从上到下逐步由粗略到精细,符合常规的逻辑思维习惯。

② 由于高层设计同器件无关,可以完全独立于目标器件结构,因此在设计的最初阶段,设计可以不受芯片结构的约束,集中精力对产品进行最适用市场需求的设计,从而避免了传统设计方法中的再设计风险,缩短了产品的上市周期。

③ 由于系统采用硬件描述语言进行设计,可以完全独立于目标器件的结构,因此设计易于在各种集成电路工艺或可编程器件之间移植。

④ 适合多个设计者同时进行设计。现在随着设计的不断进步,许多设计由一个设计者已无法完成,必须经过多个设计者分工协作完成一项设计的情况越来越多。在这种情况下应用自顶向下设计方法便于由多个设计者同时进行设计,对设计任务进行合理分配,用系统工程的方法对设计进行管理。

针对具体的设计,实施自顶向下设计方法的形成会有所不同,但均须遵循两条原则:逐层分解功能和分层次进行设计。

目前,EDA 技术的发展使得设计师有可能实现真正的自顶向下的设计。其指导思想是:从整个系统的功能出发,按一定的原则将系统分为若干子系统,再将每个子系统分为若干功能模块,然后将每个模块分成若干较小的模块,层层分解,直至分成许多基本模块,这样就将整个系统的设计转化为一个个基本模块的设计。只要将一个个基本模块设计好,再层层往上推,就能将原来复杂的系统设计好,从而简化了设计的难度,如图 1.2 所示。

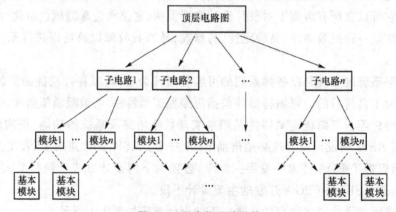

图 1.2　层次化设计结构

自顶向下设计方法的步骤如图 1.3 所示。

复杂的数字逻辑电路和系统的层次化、结构化设计隐含着对系统硬件设计方案的逐次分解。在设计过程中的任意层次，至少需要有一种形式来描述硬件。硬件的描述，特别是行为描述通常称为行为建模。在集成电路设计的每一层次，硬件可以分为一些模块，该层次的硬件结构由这些模块的互连描述，该层次的硬件行为由这些模块的行为描述，这些模块称为该层次的基本单元。该层次的基本单元由下一层次的基本单元互连而成。在不同的层次都可以进行仿真以对设计思想进行验证。EDA 工具提供了有效的手段来管理错综复杂的层次，可以很方便地查看某一层次中某模块的源代码或电路图以改正仿真时发现的错误。

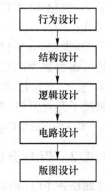

图 1.3　自顶向下设计
方法的步骤

在不同的层次做具体模块的设计，所用的方法也有所不同。在高层次上往往编写一些行为级的模块通过仿真加以验证，其主要目的是系统性能的总体考虑和各模块的指标分配，并非具体电路的实现，因而综合及其以后的步骤往往不需进行。而当设计的层次比较接近底层时，行为描述往往需要用电路逻辑来实现。这时的模块不仅需要通过仿真加以验证，还需要进行综合、优化、布线和后仿真。总之具体电路是从底向上逐步实现的。EDA 工具往往不仅支持 HDL 描述，也支持电路图输入，有效地利用这两种方法是提高设计效率的途径之一。可以看出，模块设计流程主要由如下两大主要功能部分组成。

① 设计开发：编写设计文件→综合到布局布线→投片生产，这样一系列步骤。

② 设计验证：进行各种仿真的一系列步骤，如果在仿真过程中发现问题，则返回设计输入进行修改，从而优化、映象和布局布线。

1.2　现代数字电路的实现手段

目前现代数字电路系统普遍通过可编程逻辑器件（Programmable Logic Device，PLD）实现。PLD 是 20 世纪 70 年代发展起来的一种新的集成器件。它可由用户根据自己的要求构造逻辑功能的数字集成电路。用户利用计算机辅助设计，即用原理图或硬件描述语言（HDL）等方法来表示设计思想，经过编译和仿真生成相应的目标文件，再由编程器或下载电缆将设计文件配置到目标器件中。PLD 编程能满足用户对专用集成电路的要求，同时还可以利用 PLD 的可编程能力随时修改器件的逻辑。通过软件来实现电路的逻辑功能，无须改变硬件电路。与中小规模通用型集成电路相比，用 PLD 实现数字系统有集成度高、保密性好、速度快、功耗小、可靠性高等优点；与大规模专用集成电路相比，用 PLD 实现数字系统具有研究周期短、先期投资少、无风险、修改逻辑设计方便的优势。

1.2.1　可编程逻辑器件的发展历程

可编程逻辑器件的发展历程如下。

① 20 世纪 70 年代，熔丝编程的 PROM 和 PLA 是最早的可编程逻辑器件；

② 20 世纪 70 年代末，AMD 公司对 PLA 进行了改进，推出了 PAL 器件；

③ 20世纪80年代初,Lattice公司发明电可擦写的、比PAL使用更灵活的GAL器件;

④ 20世纪80年代中期,Xilinx公司提出"现场可编程"概念,同时生产出了世界上第一片FPGA;

⑤ 20世纪80年代末,Lattice公司推出"在系统可编程技术",并且推出了以系列具备在系统可编程能力的CPLD器件;

⑥ 进入20世纪90年代后,可编程集成电路技术进入飞速发展时期,器件的可用逻辑门数超过了几百万门,并出现了内嵌复杂功能模块(如加法器、乘法器、RAM、CPU核、DSP核,PLL等)的SoPC(System on Programmable Chip)。

1.2.2 PLD分类

目前生产PLD的厂家主要有Altera、Lattice、Xilinx、Actel等公司。按其结构的复杂程度和性能的不同,PLD一般可分为SPLD、CPLD、FPGA及ISP器件4种。

1. 简单可编程逻辑器件(SPLD)

简单可编程逻辑器件(Simple Programmable Logic Device,SPLD)是可编程逻辑器件的早期产品。最早出现在20世纪70年代,主要是可编程只读存储器(PROM)、可编程逻辑阵列(PLA)、可编程阵列逻辑(PAL)及通用阵列逻辑(GAL)器件等。

2. 复杂可编程逻辑器件(CPLD)

复杂可编程逻辑器件(Complex Programmable Logic Device,CPLD)出现在20世纪80年代末期。其结构不同于早期SPLD的逻辑门编程,而是采用基于乘积项技术和EEPROM(或Flash)工艺的逻辑块编程,不但能实现各种时序逻辑控制,更适合做复杂的组合逻辑电路,如Altera公司MAX系列,Lattice公司的大部分产品,Xilinx公司的XC9500系列等。

3. 现场可编程门阵列(FPGA)

现场可编程门阵列(Field Programmable Gate Array,FPGA)也是由美国Xilinx公司率先开发的一种通用型用户可编程器件,FPGA与SPLD和CPLD的结构完全不同,它不包括与门和或门,目前应用最多的FPGA,是采用对基于查找表技术和SRAM工艺的逻辑块编程来实现所需要的逻辑功能的。同SPLD相比,它的逻辑块的密度更高,设计更灵活,多用于大规模的逻辑设计。

4. 在系统可编程技术(ISP)

在系统可编程技术是20世纪90年代新发明的重要EDA技术,它的优点如下。

① 器件可先安装在目标电路板上,然后再编程。

② 可方便地反复编程,无须专门的擦除。

③ 无需编程器,直接用计算机对目标芯片进行编程。

④ 100%可编程,如果发现有错,可以重新编程。

由于该可编程逻辑器件可以容纳非常复杂的电路,因此用户目标电路板上采用了此芯片,极大地简化了电路结构,提高了电路的可靠性,延长了电路的使用寿命;同时使电路板的体积功耗减小、重量减轻,为设计人员把设想转为现实提供了极大的方便,是一项非常重要又实用的技术。

1.3 数字电路实验须知

数字电路课程是理论知识范围广泛且实践性很强的课程,必须加强实践性教学环节,通过实践环节既能加深对理论知识的理解,又能培养实践技能。必须充分地认识到该课程理论和实验教学具有启发性、兴趣性和实用性的特点。通过实验,既要验证数字电路设计的正确性和实用性,又要从中发现新问题,形成新思路,产生新设想,激发人们研究新原理、开发新器件、设计新数字电路的兴趣。门电路和触发器是基本电路,要掌握各种门电路和触发器的使用,学会应用门电路和触发器设计各类数字电路;掌握数字选择器、编码器、译码器、全加器、比较器、计数器和寄存器等中规模重要功能部件的应用;了解如存储器、可编程逻辑器件等大规模集成电路器件的使用。

由于高校普遍实行学分制,学生选课的时间不同,使得整班学生很难有统一的空闲时间,因此,固定时间安排整班学生上实验课越来越不符合现实,这就必须顺应形势,实行开放式实验,在时间、内容、形式、范围等方面全面开放,这是各类高等院校以及高职高专院校实行层次化教学、因材施教培养高素质人才的战略需要。

1.3.1　数字电路实验目的

① 掌握常用数字集成电路逻辑功能的测试及应用;
② 掌握数字电路设计的基本方法;
③ 了解数字电路与系统的实验系统构成;
④ 掌握数字电路与系统的实验方法;
⑤ 掌握电子仪器在数字领域中的应用;
⑥ 掌握数字电路的 EDA 仿真方法;
⑦ 提高应用理论知识解决实际问题的能力;
⑧ 提高实践动手能力和开拓创新能力。

1.3.2　数字电路实验形式

数字电路实验形式分为验证性、设计性、综合性、创新性几种,具体如下。

① 验证性:给定电路及器件,搭接电路,测试其逻辑功能,验证和理论分析结果是否一致,如果一致,证明原电路图设计正确。

② 设计性:给定电路逻辑功能要求,设计电路、选择器件,拟订实验步骤,搭接电路,测试逻辑功能,看是否和预期的逻辑功能一致,如不一致,修改电路、更换器件,直到测量结果和预期的逻辑功能一致。

③ 综合性:涉及多个知识点的应用型实验。

④ 创新性:做从未开过设计和实验思路具有创意的实验。

为进一步提高学生的实践创新能力,高校应该多安排和鼓励学生开展设计性和综合性实验研究,鼓励学生按照自己的思路做一些创新性实验。

1.3.3　数字电路实验方法

(1) 硬件实验法(实物电路搭试)

用实物器件在面包板或印制电路板上安装、连接(焊接)好电路,然后测试其逻辑功能。

(2) 计算机软件仿真法(EDA 法)

仿真就是在计算机上建立系统的模型,然后进行调试分析或加进合适的测试信号对所建模型进行测试,以验证系统是否和理论分析结果一致或是否符合预期的逻辑功能,如不符合,要分析原因,必要时修改电路结构和调换器件,直至测试结果和理论分析一致为止。

仿真应用了计算机运算速度快、存储容量大的特点,其优点是易掌握、设计速度快、无成本、可靠性高,在制作样机前就做到基本准确。

仿真法就是借助于计算机,应用 EDA 软件实现电子线路或电子产品的分析、设计、开发和制造过程。

仿真所用的 EDA 软件主要有 PSPICE、Multisim、MAX＋PLUS II、FOUNDER、Quartus、Protel 99SE 等。现代电子产品设计过程为理论设计→仿真→制作样机,其中以仿真代替了硬件制作。

（3）软硬件相结合的方法（编程法）

在编程软件环境下,通过对所设计的数字电路进行编程（原理图和硬件描述语言）,将所设计的数字电路下载到可编程逻辑器件里,由可编程逻辑器件实现所希望的逻辑功能,这类软件有 MAX＋PLUS II、FOUNDER、Quartus 等。也可以不通过可编程逻辑器件,在纯软件环境下对设计的电路进行仿真。

理论上讲,所有的数字电路都可以用上述 3 种方法开展实验研究,但为了培养学生的实践动手能力和分析原因进而排除故障的能力,建议以第 1 种和第 3 种实验方法为主。

1.4　数字电路实验过程

1.4.1　实验准备阶段

① 实验前,要求学生了解数字电路实验这门课程的实验目的、内容、要求、方法和注意事项;了解数字电路实验系统的构成;熟悉常用数字集成电路逻辑功能测试及使用规则;掌握数字电路设计及测试方法;掌握数字电路的故障分析及排除方法;掌握常用数字电子仪器的使用;了解实验报告要求和实验管理规定等。通过实验示例分析让学生熟悉具体的实验过程。

② 领回实验指导书和实验报告册,预习实验内容,观看实验教学 CAI 或 VCD,弄清实验目的、实验原理和内容要求。对验证性实验要求看懂电路,列出电子元器件清单,拟订出详细的实验步骤和所需实验仪器;对设计性实验要求设计好电路,选择好电子元器件,弄懂实验方法,拟订好实验步骤,包括实验电路的调试步骤及测试方法。拟订好测量仪器,设计好记录实验数据的表格,按要求写好预习报告。

1.4.2　实验操作阶段

学生按预约或规定时间凭实验预习报告和器材清单来做实验,一般 1 人一组独立实验,实验中遇到问题（包括仪器设备问题等）可以请指导老师指导。一般先搭好电路,经检查无误后再通电,实验中注意观察实验现象,记录好实验数据、波形和所用仪器,实验中如发现异常现象或实验结果不对,应当立刻断电,分析原因,排除故障后方可继续通电实验,实验完成后,经老师检查认可,填写运行记录并签字后,整理好实验器材,方可离开实验室。

实验时应注意以下几点。

① 观察电子器件外形,确保器件完好。

② 搭接电路并检查,确保接线正确,即线路无短路、断路、多线和少线等现象。

③ 测试电路逻辑功能,如不符合要求,应分析原因并予以解决,对于设计性实验,必要时还要检查电路设计和器件选择是否符合要求。

④ 如果怀疑某器件损坏,可将其拔下来测试其逻辑功能。一般来说,器件的逻辑功能正确,说明器件还可以继续使用。如果逻辑功能错误,说明器件不能用了,这时换上同型号好的器件后如果故障消除了,则进一步说明被怀疑的器件确实损坏了。

⑤ 通电情况下,不能拔、插电子器件,遇到故障现象认真分析原因予以排除,出现异常情况应立刻断电,确保实验中人身及财产的安全。

⑥ 实验中不要擅自搬动仪器设备,遇有故障仪器应报告指导老师,进行记录后再调整。

1.4.3 实验总结阶段

实验完毕,要写实验报告,把实验课程、名称、目的、原理、所用仪器、实验内容和方法及步骤写清楚,另外还有实验数据处理(表格、曲线)和实验结果分析、解答思考题等,规定时间内把实验报告交给指导老师或发送到指定的信箱。遇有实验理论、方法和技术问题可同指导老师探讨,还可对本门课程的实验项目设置、实验方法和途径提出创新性的合理化建议。

数字电路实验故障分析如下。

(1) 故障表现形式

故障表现形式主要有:无结果、结果错误和出现意想不到的错误等。

(2) 故障原因

故障原因主要有电路原理图不正确、接线不正确、器件使用不当或已损坏、系统没有接好、仪器使用错误、测试方法不对,等等。

(3) 故障排除

故障排除的顺序一般是①检查电路图和接线是否正确;②检查器件是否工作或是否已损坏(检测功能、替代法);③检查仪器使用是否正确(包括所用的实验箱有无问题);④检查测试方法对不对。

1.5 数字电路实验系统

数字实验系统如图 1.4 所示。各组成部分及作用如下。

① 直流电源:为数字电路和系统提供能源。

② 电平产生电路:为数字电路和系统提供高、低电平输入信号。

③ 单次脉冲电路:为数字电路和系统提供单次脉冲输入信号。

④ 连续脉冲电路:为数字电路和系统提供连续脉冲输入信号。

⑤ 电平检测电路:检测数字电路和系统的输出电平。

⑥ 脉冲示波器:显示数字电路和系统的输出波形。

⑦ 逻辑分析仪:显示数字电路和系统的多路输出波形。

⑧ 万用表:检测电路中各点的电平信号,检修电路。

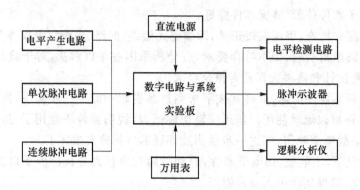

图 1.4　数字实验系统

数字实验系统的逻辑功能测试分静态测试和动态测试。所谓静态测试是指从输入端输入高、低电平,检测输出高、低电平,看输出和输入的逻辑关系是否正确,对组合电路就是检测输出和输入之间的逻辑关系是否与真值表一致。组合电路必须进行静态测试。所谓动态测试是指从输入端输入连续脉冲信号(如果电路中有控制输入端,也是加静态高、低电平),通过输出的电平或波形来检查输出和输入之间的逻辑关系是否一致。对时序电路就是检测输出状态的转换关系是否正确、输出波形的时序关系是否正确。时序电路必须进行动态测试。

1.6　数字集成电路使用规则

数字集成电路使用规则如下。

① 所有的数字集成电路在使用时必须接上电源。对 TTL 类集成电路,电源电压 $V_{cc}=+5$ V,电源电压波动不能超过 $\pm5\%$。对 CMOS 类集成电路,电源电压 $V_{cc}=+3\sim18$ V。

② 对 TTL 与非门不使用的输入端,可以直接接入电源,也可以悬空。但对中规模以上的集成电路,所有控制输入端必须按逻辑要求接入电路,不允许悬空。在通常的正逻辑系统中,该接高电平的可以直接接+5 V,该接低电平的可以直接接地。

③ TTL 电路输入端通过电阻接地,当 $R<700$ Ω 时,输入端相当于逻辑"0";当 $R>2.5$ kΩ时,输入端相当于逻辑"1"。TTL 门电平输入电平示意图如图 1.5 所示。

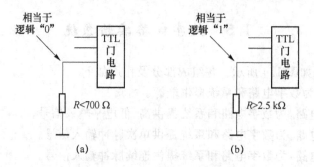

图 1.5　TTL 门电平输入电平

④ 普通数字集成电路的输出端不允许连在一起,但 OC 门和三态门的输出端可以连在一起。

⑤ 三态门是可以具有 3 个输出状态的门,逻辑"0"态、"1"态 、"Z"态通常器件输出只有

2个状态,即逻辑"0"和逻辑"1"。

⑥ OC门的输出端必须通过上拉电阻接电源,才能发挥逻辑功能。

⑦ 器件的输入端电平信号必须在规定的范围内。TTL器件输入端的电平信号必须在规定的"0"、"1"电平范围,并且不允许超过电源电压。

⑧ 集成电路的V_{cc}与GND端不能接错,否则会烧坏器件;输出端不允许直接与+5 V的电源或与地直接连接,否则也会烧坏器件;器件输入电压不能超过允许范围,否则也会烧坏器件;器件实际带的负载不能超过允许的带负载能力(即实际输出电流不能超过允许的输出电流),否则同样会烧坏器件;普通集成电路的实际输出电流通常小于20 mA。

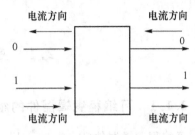

图1.6　数字电路电流方向

⑨ 输入端为高电平,电流流入器件;输入端为低电平,电流流出器件;输出端为高电平,电流流出器件(拉电流);输出端为低电平,电流流入器件(灌电流)。实际上,电流总是从高电平端发出,流入低电平端。数字电路电流方向示意图如图1.6所示。

1.7　集成电路接线技巧

通常,实验是在多孔实验插座板上进行的。多孔实验插座板是进行电路实验的关键部分,由于不需要焊接,因此元器件可以反复使用,利用率高,而且实验时操作方便。为了合理使用实验插座板,下面介绍一些接线技巧。

为了便于布线和检查故障,最好所有集成电路按同一方向插入,不要为了缩短导线长度而把集成电路倒插或反插。

由于新的集成电路引脚往往不是直角而是有些向外偏,因此在插入前需先用镊子把引脚向内弯好,使2排间距离恰为7.5 mm。拆卸集成电路应用U型夹,夹住组件的两头,把组件拔出来,也可用小螺丝刀对撬,切勿用手拔组件,因为一般组件在插座板上接插得很紧,如果用手拔,不但费力,而且易把引脚弄弯,甚至损坏。

整齐的布线极为重要,它不但使检查、更换组件方便,而且使线路可靠。布线时,应在组件周围布线,并使导线不要跨过集成电路,同时应设法使引线尽量不去覆盖不用的孔,且应贴近插座表面。在布线密集的情况下,镊子对于嵌线和拆线是很有用的。在截取引线时,用小刀斜放着截取,使导线断面呈尖头,截取长度必须适当,引线两端绝缘包皮用小剪刀或剥线钳剥去24 mm为宜。一根引线经过多次使用后,线头易弯曲,以致很难插入插座板孔内,因此必须把它弄直,或者干脆把它剪掉,重新剥出一个线头。

布线的顺序通常是首先接电源线和地线,再把不用的输入端通过一只1 kΩ的电阻接到电源正极或地线上,然后接输入线、输出线及控制线。特别要注意的是,对那些尚未熟悉的集成电路,把它们接到电源和地线之前,必须反复核对引脚连接图,以免损坏组件。

第2章 EDA实训基础

2.1 可编程逻辑器件简介

2.1.1 可编程逻辑器件的组成

可编程逻辑器件(Programmable Logic Device,PLD)是 20 世纪 70 年代发展起来的一种新型逻辑器件,是目前数字系统设计的主要硬件基础。目前生产和使用的 PLD 产品主要有 PROM、现场可编程逻辑阵列(Field Programmable Logic Array,FPLA)、可编程阵列逻辑(Programmable Array Logic,PAL)、通用阵列逻辑(Generic Array Logic,GAL)、可擦除的可编程逻辑器件(Erasable Programmable Logic Device,EPLD)、复杂可编程逻辑器件(Complex Programmable Logic Device,CPLD)、现场可编程门阵列(Field Programmable Gate Array,FPGA)等几种类型。其中 EPLD、CPLD、FPGA 的集成度较高,属于高密度 PLD。

(1) 可编程只读存储器(PROM)

可编程只读存储器(包括 EPROM、EEPROM)其内部结构是由"与阵列"和"或阵列"组成。它可以用来实现任何以"积之和"形式表示的各种组合逻辑。

(2) 可编程逻辑阵列(PLA)

可编程逻辑阵列是一种基于"与或阵列"的一次性编程器件,由于器件内部的资源利用率低,现已不常使用。

可编程阵列逻辑也是一种基于"与或阵列"的一次性编程器件。PAL 具有多种的输出结构形式,在数字逻辑设计上具有一定的灵活性。

(3) 通用可编程阵列逻辑(GAL)

通用可编程阵列逻辑是一种电可擦写、可重复编程、可设置加密位的 PLD 器件。GAL 器件有一个可编程的输出逻辑宏单元 OLMC,通过对 OLMC 配置可以得到多种形式的输出和反馈。比较有代表性的 GAL 芯片是 GAL16V8、GAL20V8 和 GAL22V10,这几种 GAL 几乎能够仿真所有类型的 PAL 器件,并具有 100%的兼容性。

(4) 可擦除的可编程逻辑器件(EPLD)

可擦除的可编程逻辑器件的基本逻辑单位是宏单元,它由可编程的与或阵列、可编程寄存器和可编程 I/O 3 部分组成。由于 EPLD 特有的宏单元结构、大量增加的输出宏单元数和大的与阵列,使其在一块芯片内能够更灵活地实现较多的逻辑功能。

(5) 复杂可编程逻辑器件(CPLD)

复杂可编程逻辑器件是 EPLD 的改进型器件,一般情况下,CPLD 器件至少包含 3 种结构：可编程逻辑宏单元、可编程 I/O 单元和可编程内部连线。部分 CPLD 器件还集成了 RAM、FIFO 或双口 RAM 等存储器，以适应 DSP 应用设计的要求。

（6）高密度的可编程逻辑器件（HDPLD）

高密度的可编程逻辑器件分两大类：复杂可编程逻辑器件和现场可编程门阵列 FPGA。

复杂可编程逻辑器件是基于与或阵列的乘积项结构，集成度比 PAL 或 GAL 高得多。大都是由 EEPROM 和 Flash 工艺制造的，可反复编程，一上电就可以工作，无须其他芯片配合。如应用较为广泛 Altera 公司的 MAX7000 系列的器件就属于 CPLD 类。

Altera 公司的 MAX7000 系列是高密度、高性能的 CMOSCPLD，采用 CMOS EEP-ROM 技术制造，该系列 CPLD 包括了从含有 32 个宏单元的 7032 到含有 512 个宏单元的 7512 一系列芯片。它又可细分为 MAX7000、MAX7000E、MAX7000S、MAX7000A 4 个品种。MAX7000S 在 MAX7000 基础上增加了附加全局时钟信号、附加输出使能控制、连线资源、快速输入寄存器、在系统可编程技术、JTAG 边界扫描测试以及开漏输出选择等特性。

如图 2.1 所示是采用 PLCC 塑料式引线芯片承载封装形式的 84 个引脚的 CPLD，它除了电源、地引线端子以及通用的 I/O 引脚外，还有 4 个专用编程控制端子（TDI、TDO、TCK、TMS）和 4 个专用输入端（INPUT/GCLK1、INPUT/GCLRn、INPUT/OE1、INPUT/OE2）。4 个专用输入端子分别是时钟、清零和输出使能等全局控制信号，这几个信号有专用连线与 CPLD 的宏单元相连，信号到每个宏单元的延时相同并且最短。通过软件设置，这些专用的输入端子也可以用作通用的输入引脚来使用。

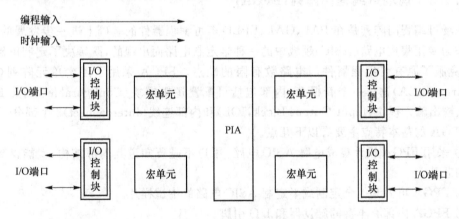

图 2.1　CPLD 内部结构

Altera 公司的复杂可编程逻辑器件 EPM7128/7160S，该芯片有 84 个引脚，其中 60 个输入/输出（I/O）引脚，是专门面对设计使用者的。实际使用时，凡是用到的引脚，必须将电路的输入和输出端锁定到相应的引脚号上，不用的引脚就悬空；另外有关的引脚要做成一个编程口（如 TCK—编程时串行时钟输入、TDI—编程时串行数据输入、TDO—编程时串行数据输出），以便能对器件进行现场下载编程；最后要将器件所有的电源端连在一起，所有的地端连在一起，接上工作电源（EPM7128/7160S 用 5 V 电源）。为了稳定、可靠地工作，最好将每个电源端接上 0.1 μF 的滤波电容。

EPM7128SLC84-15引脚及编程接线图如图2.2所示。

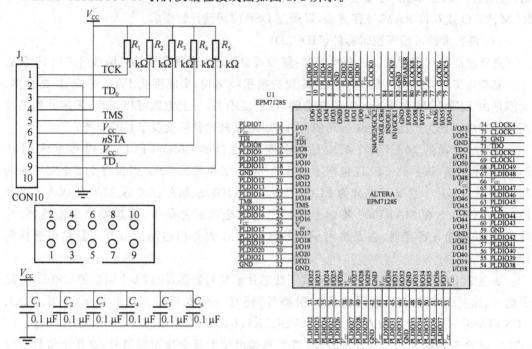

图 2.2　EPM7128SLC84-15 引脚及编程接线

2.1.2　现场可编程门阵列(FPGA)

现场可编程门阵列是在 PAL、GAL、EPLD 等可编程器件的基础上进一步发展的产物。它是作为专用集成电路(ASIC)领域中的一种半定制电路而出现的,既解决了定制电路的不足,又克服了原有可编程器件门电路数有限的缺点。FPGA 采用了逻辑单元阵列(Logic Cell Array,LCA)这样一个新概念,内部包括可配置逻辑模块(Configurable Logic Block,CLB)、输出输入模块(Input Output Block,IOB)和内部连线(Interconnect)3 个部分。

FPGA 的基本特点主要有以下几点。

① 采用 FPGA 设计集成电路 ASIC 电路,用户不需要知道其内部结构,就能得到合适使用的芯片。

② FPGA 可做其他全定制或半定制 ASIC 电路的中试样片。

③ FPGA 内部有丰富的触发器和 I/O 引脚。

④ FPGA 是 ASIC 电路中设计周期最短、开发费用最低、风险最小的器件之一。

⑤ FPGA 采用高速 CHMOS 工艺,功耗低,可以与 CMOS、TTL 电平兼容。

加电时,FPGA 芯片将 EPROM 中数据读入片内编程 RAM 中,配置完成后,FPGA 进入工作状态。掉电后,FPGA 恢复成白片,内部逻辑关系消失,因此,FPGA 能够反复使用。FPGA 的编程无需专用的 FPGA 编程器,只需用通用的 EPROM、PROM 编程器即可。当需要修改 FPGA 功能时,只需要换一片 EPROM 即可。这样,同一片 FPGA,不同的编程数据可以产生不同的电路功能。因此,FPGA 的使用非常灵活。FPGA 有多种配置模式:并行主模式为一片 FPGA 加一片 EPROM 的方式;主从模式可以支持一片 PROM 编程多片 FP-GA;串行模式可以采用串行 PROM 编程 FPGA;外设模式可以将 FPGA 作为微处理器的外设,由微处理器对其编程。

　　FPGA 类的器件(如 Altera 公司的 FLEX10K 系列的器件)由于掉电后编程进去的信息会丢失,因此为方便使用,常给这类的器件配备掉电保护装置,即在器件掉电后再通电时,由掉电保护装置而不是计算机给器件自动编程,且编程速度很快,所以在再次通电后器件的逻辑功能自动恢复了。对 Altera 公司的 FPGA 类器件,普遍用 EPC2LC20 器件作为设计掉电保护装置的掉电保护器件,该器件具有 Flash 配置存储器,可用来配置 5.0 V、3.3 V、2.5 V 器件。通过内置的 IEEE Std. 1149.1 JTAG 接口,EPC2LC20 可以在 5.0 V 和 3.3 V 电压下进行在系统编程(ISP)。系统编程后,调入 JTAG 配置指令初始化 ACEX 1K 器件。EPC2LC20 的 ISP 能力使 ACEX 1K 器件的初始和更新更容易。当用 EPC2LC20 配置 ACEX 1K 器件时,在配置器件的内部发生带电复位延迟,最大值为 200 ms。Altera 公司的 QuartusⅡ和 MAX＋PLUSⅡ软件均支持配置器件的编程,设计中软件自动为每一个配置器件产生 .pof 文件。多器件设计中,对于多个 ACEX 1K 器件,软件可以将编程文件与一个或多个配置器件联合。软件允许用户选择适当的配置器件更充分地储存每一个 ACEX 1K 器件的配置数据。

　　EPC2 配置 FPGA 的电路原理如图 2.3 所示。

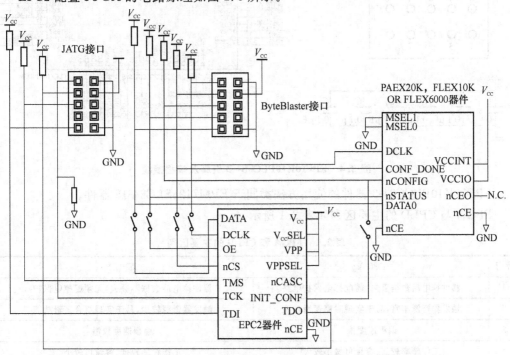

图 2.3　EPC2 配置 FPGA 的电路原理

具体操作步骤如下。

　　在开关全断开的情况下,计算机并行口通过 ByteBlaster 接口将 .sof 文件下载到 FPGA 类器件里,实现对 FPGA 器件的编程。需要掉电保护时,首先要对 EPC2LC20 器件编程,其方法是:在文件编译前选择好保护器件 EPC2LC20,在开关全断开的情况下,计算机并行口通过 JTAG 接口将编译后产生的 .pof 文件下载到 EPC2LC20 器件里,实现对 EPC2LC20 器件的编程。最后将所有的开关闭合,系统在断电后再通电时,就由 EPC2LC20 器件自动地对 FPGA 类器件下载编程,实现对 FPGA 类器件的掉电保护。

EPF10K10PLCC84-3 引脚及编程接线如图 2.4 所示。

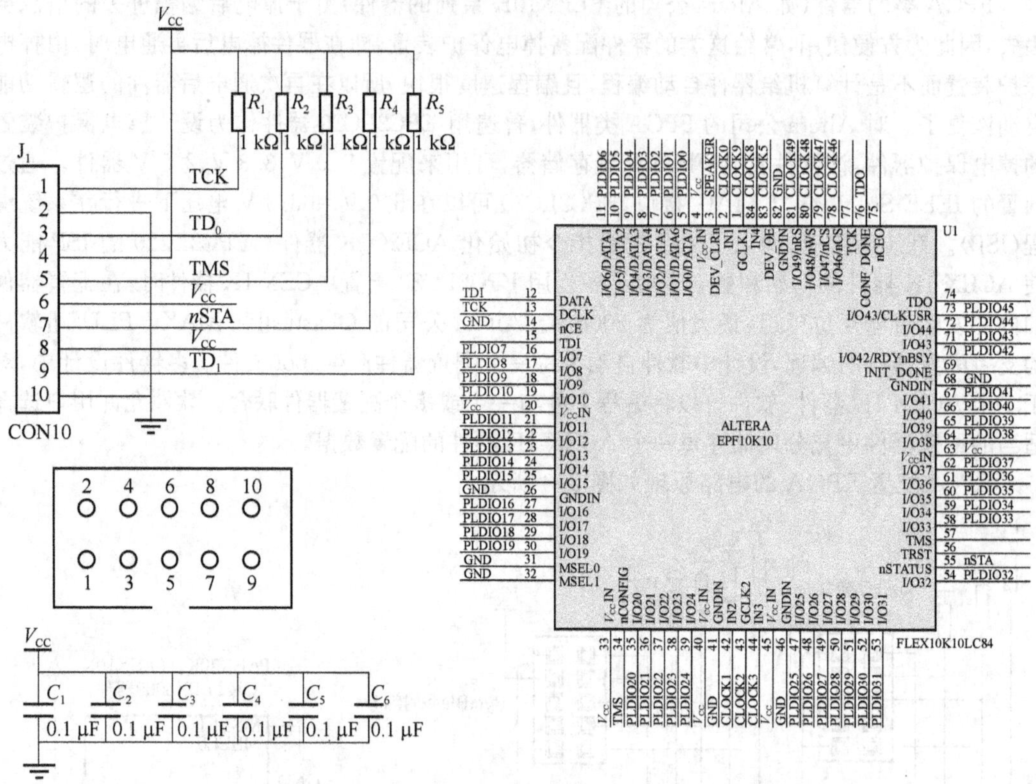

图 2.4 EPF10K10PLCC84-3 引脚及编程接线

EPF10K10PLCC84-3 器件的使用方法类同于 EPM7128SLC84-15 器件。

FPGA 与 CPLD 的主要区别如表 2.1 所示。

表 2.1 FPGA 和 CPLD 的主要区别

序号	FPGA	CPLD
1	器件掉电后数据丢失,需配掉电保护电路	器件掉电后数据不丢失,无须掉电保护
2	触发器资源丰富,易于实现时序逻辑功能	触发器资源较少,易于实现组合逻辑功能
3	编程速度快	编程速度较慢
4	工作频率较高、容量可做得较大	工作频率较低、容量可较小
5	编程次数理论上为无限次	编程次数有限——200 次

2.1.3 系统可编程技术(ISP)

应用高密度可编程逻辑器件的技术叫做系统可编程技术(In System Programmable Technology,ISP)。可以说,日益扩大的数字电子技术的应用领域就是 ISP 技术的应用领域,应用 ISP 技术设计现代数字电路和系统的主要优点如下。

① 器件可以先安装后编程,还可以反复编程,无须编程器和专门的擦除动作,使用方便。

② 100％可编程,如果发现有错,可以重新编程,直至正确为止,因此无任何风险。
采用 ISP 器件构成的数字电路和系统如图 2.5 所示。

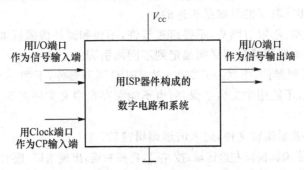

图 2.5　采用 ISP 器件构成的数字电路和系统

由于该目标芯片可以容纳非常复杂的数字电路系统,外围仅需配很简单的输入输出电路。外围电路包括电源电路、脉冲产生电路、电平发生与检测电路、传感器电路、放大电路、滤波电路、整形电路、A/D 转换电路、电平移位电路、D/A 转换电路、驱动电路、显示电路等。根据需要来配备 I/O 电路,因此用户目标系统板上采用了这种目标芯片,极大地简化了电路结构、提高了电路的可靠性、延长了电路的使用寿命,同时使电路板的体积功耗减小、重量减轻,为设计人员把设想转变为现实提供了极大的方便。

2.2　MAX＋PLUS Ⅱ 开发软件简介

MAX＋PLUS Ⅱ 是 Altera 公司推出的第 3 代 PLD 开发系统(Altera 第 4 代 PLD 开发系统被称为 Quartus Ⅱ,主要用于设计新器件和大规模 CPLD/FPGA),使用 MAX＋PLUS Ⅱ 的设计者不需要精通器件内部的复杂结构。设计者可以用自己熟悉的设计工具建立设计,MAX＋PLUS Ⅱ 把这些设计自动转换成最终所需要的格式,其设计速度非常快。一般对于几个千门的电路设计,使用 MAX＋PLUS Ⅱ 从设计输入到器件编程完毕,到最后用户拿到设计好的逻辑电路,大约只需几个小时。设计处理一般在数分钟内完成,特别是在原理图输入等方面,MAX＋PLUS Ⅱ 被公认为是最易使用、人机界面最友善的 PLD 开发软件,特别适合初学者使用。

2.2.1　MAX＋PLUS Ⅱ 开发软件的使用方法

MAX＋PLUS Ⅱ 是一套进行 FPGA/CPLD 设计的高级设计软件,它基于 Windows 操作系统,支持多种模块设计输入方式,如原理图、AHDL、VHDL、Verilog 语言等。支持逻辑功能仿真、器件时序仿真及逻辑综合,是一种先进的 FPGA/CPLD 设计系统。

1. 原理图编程的基本步骤

打开软件→进入原理图/文本编辑状态→绘制原理图/输入 VHDL 程序→选择目标器件→锁定引脚(如不下载,此步可略)→保存(.gdf 或 .vhd 格式)→设定为当前文件→编译→仿真测试(此步可略)→下载→实物测试。

2. 原理图编程的注意事项

① 输入的原理图的输入/输出端必须加输入/输出标志。

② 所有输入/输出端必须命名不同的名称。

③ 原理图内部接高、低电平分别接 V_{cc}、GND。

④ 导线命名,相同名字的导线是相连的。

⑤ 导线不要悬空,不要有断头,不要跨越器件,不要和器件虚线框重合,器件不要交叠。

⑥ 凡要下载的电路图或程序必须锁定到不同的引脚上。

⑦ 对 FPGA 系列器件,下载 .sof 文件;对 CPLD 系列器件,下载 .pof 文件。

⑧ 保存文件时,不能用中文名字保存,也不能保存在中文文件夹下。

3. 仿真步骤

① 先建立一个波形编辑文件,进入波形编辑窗口。

② 鼠标指到波形编辑窗口左边区域,按左键,再按右键,出现窗口,选中最下一行的内容。

③ 点击上面的"List"按钮,把仿真用的引脚全部调出来。

④ 设定仿真参数,如栅格尺寸、仿真结束时间和屏幕显示时间范围等。

⑤ 给所有的输入端加上输入信号波形。

⑥ 将输入编辑文件以后缀为 .scf 的形式保存。

⑦ 执行仿真命令进行仿真。

4. 锁定引脚,下载测试

① 下载之前必须选择好器件。

② 将输入/输出锁定到器件的 I/O 引脚上。

③ 锁定引脚方法:将输入脉冲锁定到 IN 脚上,系统的清零端锁定到特定引脚上:3 脚(EPF10K10)、1 脚(EPM7128S),输入/输出信号锁定到 I/O 脚上。

④ 下载。下载后在系统上进行硬件测试。

2.2.2 MAX+PLUSⅡ开发软件的设计方法

数字系统设计一般采用自顶向下的层次化设计方法。在 MAX+PLUSⅡ开发软件中,可利用层次化设计方法来实现自顶向下的设计。但具体操作时,一般先将底层或下一层的模块输入并编译好,然后产生模块符号供上一层或顶层调用,其具体步骤如下。

① 首先先完成底层(下一层)模块设计。

② 如果底层(下一层)是原理图文件,编译好后执行菜单"file"下的"Creat Default Symbol"命令,可生成模块符号图,即在库里生成自建的元件模块符号图。如果底层(下一层)是 VHDL 文件,在编译好后将自动产生元件模块符号图。

③ 进入上一层,建立原理图或 VHDL 文件,将自建的元件模块符号图调出来,按要求连接成完整电路,或在 VHDL 程序中用元件例化语句进行模块调用和映像连接。将此文件设为当前项目,对其进行编译、仿真以确保设计正确,还可将本层文件再建立模块符号。

④ 进入更上一层(或顶层)文件设计状态。

⑤ 对顶层设计文件构成的项目进行编译、仿真,最后配置完成整个设计。

层次化设计需要注意以下几点。

① 必须先输入和编译好模块,产生模块符号,然后进入到上一层原理图(或 VHDL 程序)去调用,否则在上一层编译时会出现找不到模块这样的错误。

② 原理图编译好后,还必须给"File→Create Default Symbol"命令,才能产生模块符号。

③ 模块名字和顶层名字不能一样,同一名字不能既作为.gdf 保存,又作为.vhd 保存。

④ 进入顶层原理图后,双击模块符号,必须进入到该模块的编辑状态。如不是,就人为进入到模块的编辑状态,然后改掉名字,重新用新名字保存,重新编译以产生新的模块符号,进入到顶层调用此新的模块符号。

⑤ 连接线路,完成整个设计。

任何层次的设计都既可以用原理图也可以用 VHDL 语言设计,上层(顶层)原理图可以调用下层(底层)VHDL 语言编写的模块,上层(顶层)VHDL 语言可以调用下层(底层)原理图编写的模块。

MAX+PLUSⅡ软件常见命令如表 2.2 所示。

表 2.2　MAX+PLUSⅡ软件常见命令及含义

序 号	命令	含义	序 号	命令	含义
1	MAX+PLUSⅡ→Graphic Editor	新建原理图文件	11	MAX+PLUSⅡ→Compiler	编译原理图文件
2	MAX+PLUSⅡ→Text Editor	新建文本文件	12	MAX+PLUSⅡ→Simulator	模拟仿真
3	MAX+PLUSⅡ→Waveform Editor	新建波形编辑文件	13	MAX+PLUSⅡ→Programmer	编程
4	MAX+PLUSⅡ→Hierarchy Display	显示文件的层次化结构	14	File→Project→Set Project to Current File	将屏幕文件设定为当前文件
5	File→Hierarchy Project Top	直接打开顶层文件	15	Options→License Set up	选择执照文件
6	Assign→Device	选择器件	16	File→End Time	改变仿真时间
7	Assign→Pin/Location/Chip	锁定引脚	17	File→Select Programming File	选择待编程的文件
8	Options→Hardware Set up	编程硬件口设定	18	Symbol→Enter Symbol	调用器件或模块
9	View→Time Ramge	改变仿真屏幕上显示的时间范围	19	Options→Grid Size	改变栅格尺寸、改变输入信号频率
10	File→Create Default Symbol	将刚编译的原理图文件产生模块符号	20	File→Create Default include File	编译 VHDL 文件并产生模块符号

2.3　VHDL 语言简介

2.3.1　VHDL 语言基本概况

VHDL 的英文全名是 Very-High-Speed Integrated Circuit Hardware Description Language,是标准硬件描述语言,是美国 IEEE 标准协会于 1987 年公布的通用工业标准硬件描

述语言。1995年,我国将VHDL作为国家标准的EDA硬件描述语言,用语言的方式而非图形等方式描述硬件电路。

VHDL主要用于描述数字系统的结构、行为、功能和接口。除了含有许多具有硬件特征的语句外,VHDL的语言形式、描述风格与句法与一般的计算机高级语言是十分类似的。VHDL的程序结构是将一项工程设计或称设计实体(可以是一个元件、一个电路模块或一个系统)分成外部(或称可视部分及端口)和内部(或称不可视部分),即涉及实体的内部功能和算法完成两部分。在对一个设计实体定义了外部界面后,一旦其内部开发完成,其他的设计就可以直接调用这个实体。这种将设计实体分成内、外部分的概念是VHDL系统设计的基本特点。VHDL语言基本特点如下。

① 它是IEEE的一种标准,语法比较严格,便于使用、交流和推广。

② 具有可读性,既可以被计算机接受,也容易被人们所理解。

③ 可移植性好。在不同的平台上可方便移植。

④ 描述能力强,覆盖面广。支持从逻辑门层次的描述到整个系统的描述。

⑤ 它是一种高层次的、与器件无关的设计。设计者没有必要熟悉器件内部的具体结构。

⑥ 可以设计所有存在的硬件集成电路。

⑦ 设计硬件电路非常灵活,不受现有硬件电路限制。

⑧ 设计方式灵活多样。有方程表达、真值表表达、条件转换表达等。

2.3.2 VHDL语言的结构组成

VHDL语言程序的电路基本结构一般由库和程序包说明(Library)、实体说明(Entity Declaration)和结构体(Architecture Body)3部分构成。

1. 库和程序包说明(Library)

库是专门存放预编译程序包(Package)的地方,它们可以在其他设计中被调用。程序包是数据类型和函数或是公共元件的集合。库的使用方法是:在每个设计的开头,声明选用的库名,用USE语句声明所选用的逻辑单元。

库的一般格式如下:

Library 库名;

USE 库名.逻辑体名;

例如:

Library IEEE;   --打开IEEE标准库

USE IEEE.std_logic_1164.ALL;   --调用std_logic_1164程序包

每个程序开头必须有这两句话,如果必要还需要再调用下面的程序包:

USE IEEE.std_logic_unsigned.ALL;   --调用std_logic_unsigned程序包

USE IEEE.std_logic_arith.ALL;   --调用std_logic_arith程序包

2. 实体(Entity)说明

实体用来描述所设计的硬件电路的输入和输出信号情况。

实体的一般格式如下:

```
ENTITY  实体名  IS
PDRT 端口说明;

──────

END  实体名;
```

在实体中要说明输入输出端口名字、端口模式、端口类型。

端口名字:用 VHDL 语言所描述的每一个输入/输出端口必须分别用不同的名字。

端口模式:用来决定信号的流动方向,有输入(IN)、输出(OUT)、双向(INOUT)、缓冲(BUFFER)4 种类型,其默认(缺省)模式为输入模式。

端口类型:即端口名的数据类型。在 VHDL 语言中有多种数据类型,但在逻辑电路中一般只用到以下几种。

① BIT(位)和 BIT_VECTOR(位矢量):分别取 0、1 和 0000、11111 等,后者为总线型。

② STD_LOGIC(标准逻辑)和 STD_LOGIC_VETOR(标准逻辑矢量):分别取 0、1、X(任意量)、Z(阻态)和 0000、11111、XXXX、ZZZZ 等,后者为总线型。

3. 结构体(Architecture)说明

结构体用来描述设计的具体内容,实现实体电路具体的逻辑功能。

结构体的一般格式如下:

```
ARCHITECTURE  结构体名  OF  实体名  IS
  [定义语句];
BEGIN
  功能描述语句;
END 结构体名;
```

定义语句:可定义类型、信号、元件和子程序等信息。这些信息可理解结构体的内部信息或数据,只在结构体内有效。

BEGIN:该语句说明了功能描述语句的开始。功能描述语句主要描述实体的硬件结构,包括元件间的互相联系,实体完成的逻辑功能、数据传输变换等。

结构体不能离开实体而单独存在,一个实体可同时具有多个结构体。

用结构体实现实体逻辑功能时,要用到 VHDL 语言基本语句,VHDL 有两大基本语句系列。

(1) 顺序语句

顺序语句常用的有 IF 语句和 CASE 语句。

① IF 语句:根据所指定的条件来确定执行哪些语句。

• 用作门阀控制时的 IF 语句书写格式如下:

```
IF(条件)  THEN
顺序处理语句;
END IF;
```

• 用作双选择控制时的 IF 语句书写格式如下:

```
IF(条件)  THEN
顺序处理语句 1;
```

ELSE

顺序处理语句 2；

END IF；

• 用作多选择控制时的 IF 语句书写格式如下：

IF 条件 1 THEN

顺序处理语句 1；

ELSE IF 条件 2 THEN

顺序处理语句 2；

…

ELSE

顺序处理语句 N；

ENDIF；

② CASE 语句：用于描述总线或编码、译码的行为，是另一种形式的条件控制语句。

CASE 语句的一般格式如下：

CASE 表达式 IS

WHEN 条件表达式 1 =>顺序处理语句 1；

WHEN 条件表达式 2 =>顺序处理语句 2；

END CASE；

此语句适宜描述已知真值表的组合电路。

(2) 并行语句

并行语句常用的有进程(PROCESS)语句、并行信号赋值语句、条件信号赋值语句、元件例化语句等。

① 进程(PROCESS)语句

多个 PROCESS 语句之间是并行执行的，而进程内部语句之间是顺序执行的，因此顺序语句必须放在进程语句内部才能执行。

进程语句的一般格式如下：

[进程名称：]PROCESS[(敏感输入信号名)]

　　[说明部分；]

　　BEGIN

　　顺序语句；

　　END PROCESS[进程名称]；

说明：中括号里的内容可忽略。

② 并行信号赋值语句

其语句一般格式如下：

赋值对象＜＝表达式；

如：Y＜= A AND(B NORC)；

赋值语句可以以顺序语句形式在进程内部使用，也可以以并行语句形式在进程外部使用。

③ 条件信号赋值语句

此语句可根据不同的条件将多个表达式之一的值赋给信号量，其一般格式如下：

信号量<= 表达式 1　WHEN 条件 1ELSE

表达式 2　WHEN 条件 1ELSE

$\vdots$

表达式 N-1　WHEN 条件　$N-1$　ELSE

表达式 N；

如条件满足,则表达式的结果赋给信号量,否则,再判断下一个表达式所指定的条件。

④ 元件例化语句

当电路中要重复使用相同的功能块时,可采用元件例化语句。主程序调用子程序模块时要用到元件例化语句。此语句通常由两部分组成,一部分是组件定义,相当于主程序调用子程序模块;另一部分是组件映像,相当于连接模块,其语句格式如下:

COMPONENT 组件名称

PORT　(组件端口名表);

END COMPONENT 组件名称;

…

组件标题:组件名称 PORTMAP([组件端口名]=>连接实体端口名,[组件端口名]=>连接实体端口名,…);

在编写 VHDL 语言程序时,要用到的 VHDL 本身自带的具有固定含义的词叫关键词,而编写人员为表达如实体名、信号名、结构体名等自己定义的名字称为标识符。

2.3.3　VHDL 语言编写注意事项

① VHDL 语言编程非常灵活,不受现有硬件电路的限制,编程方法多种多样。

② 标识符(自己定义的名字,如实体名、信号名等)的第一个字符必须是字母。

③ 标识符不能是中文或非法字母,和关键词不能一样,至少要空一格。

④ 标识符的最后一个字符不能是下划线,且不允许连续出现两个下划线。

⑤ 关键词本身不能拆分,相邻的关键词不能连在一起。

⑥ 英文字母不区分大小写,可大小写混用。

⑦ 有些语句在一行的后面有分号,表示这行表达的含义结束,如果后面无分号,说明所表达的含义没结束。

⑧ 电平用单引号,二进制用双引号。

⑨ 如果用顺序语句,就必须放在进程(PROCESS)语句里讨论,讨论后要结束进程。

⑩ ARCHITECTURE 和 PROCESS 后必须有 BEGIN 来启动程序,后面必须要 END;要用元件例化语句(即调用子电路模块)和 SIGNAL 定义内部信号,并且必须紧跟在 ARCHITECTURE 后。

⑪ 编写时序电路时,要有时钟语句。在时钟语句出现之前,实现语句表达的逻辑功能不需要时钟,在时钟语句出现之后,则需要时钟。

⑫ 先讨论的后结束,后讨论的先结束,之间不能交叉。

⑬ 主程序调用子程序时,应先调用子程序模块,然后连接。

⑭ 应该以实体的名字保存,后缀为. vhd,最好在"C:\maxplus Ⅱ"路径下保存,该路径下如果有与实体名一致的原理图,则应该将实体的名字改掉,用新名字保存。

⑮ 层次化设计时,各模块的名字以及底层和顶层的名字不能一样。

第3章　数字电子技术基础实验

实验1　三态门与OC门的应用

一、实验目的

① 熟悉两种特殊的门电路:三态门和OC门。

② 了解"总线"结构的工作原理。

二、实验原理

数字系统中,有时需要把两个或两个以上集成逻辑门的输出端连接起来,完成一定的逻辑功能。普通TTL门电路的输出端是不允许直接连接的。如图3.1所示是两个TTL门输出短路的情况。为简单起见,图中只画出了两个与非门的推拉式输出级。设门A处于截止状态,若不短接,输出应为高电平;设门B应处于导通状态,若不短接,输出应为低电平。在把门A和门B的输出端作如图3.1所示连接后,从电源V_{cc}经门A中导通的VT_4、VD_3和从门B中导通的VT_5接地,有了一条通路,其不良后果如下。

① 输出电平既非高电平,也非低电平,而是两者之间的某一值,导致逻辑功能混乱。

② 上述通路导致输出级电流远远大于正常值(正常情况下VT_4和VT_5总有一个截止),导致功能剧增,发热增大,可能烧坏元件。

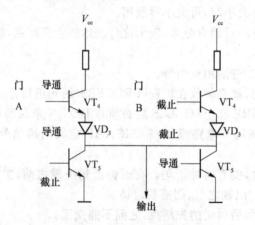

图3.1　普通TTL门电路输出端短接

集电极开路门和三态门是两种特殊的TTL电路,它们允许把输出端互相连接在一起使用。

1. 集电极开路门

集电极开路门(Open-Collector Gate,OC 门)即为输出集电极开路的门电路。它可以看成是图 3.1 所示的 TTL 与非门输出级中移去了 VT_4、VD_3 部分。集电极开路与非门的电路结构与逻辑符号如图 3.2 所示。必须指出:OC 门只有在外接负载电阻 R_c 和电源 E_c 后才能正常工作,如图 3.2 所示中虚线所示。

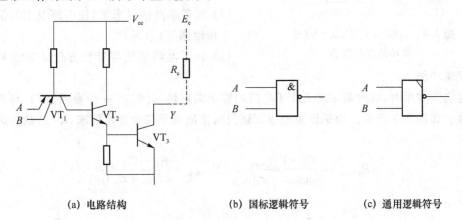

(a) 电路结构　　　　　(b) 国标逻辑符号　　　　(c) 通用逻辑符号

图 3.2　集电极开路与非门

由两个集电极开路与非门(OC 门)输出端相连接组成的电路如图 3.3 所示,它们的输出为

$$Y=Y_A Y_B=\overline{A_1 A_2}\ \overline{B_1 B_2}=\overline{A_1 A_2+B_1 B_2}$$

即把两个集电极开路与非门的输出相与(称为线与),完成与或非的逻辑功能。

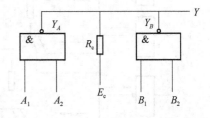

OC 门主要有以下 3 方面的应用。

(1) 实现电平转换

无论是用 TTL 电路驱动 CMOS 电路还是用 CMOS 电路驱动 TTL 电路,驱动门必须能为负载门提供合乎标准的高、低电平和足够的驱动电流,即必须同时满足下列四式:

图 3.3　OC 门的线与应用

$$\begin{array}{cc}
\text{驱动门} & \text{负载门} \\
V_{\mathrm{OH(min)}} & \geqslant V_{\mathrm{IH(min)}} \\
V_{\mathrm{OL(max)}} & \leqslant V_{\mathrm{IL(max)}} \\
I_{\mathrm{OH(max)}} & \geqslant I_{\mathrm{IH}} \\
I_{\mathrm{OL(max)}} & \geqslant I_{\mathrm{IL}}
\end{array}$$

其中,$V_{\mathrm{OH(min)}}$ 表示门电路输出高电平 V_{OH} 的下限值;$V_{\mathrm{OL(max)}}$ 表示门电路输出低电平 V_{OL} 的上限值;$I_{\mathrm{OH(max)}}$ 表示门电路带拉电流负载的能力,或称放电流能力;$I_{\mathrm{OL(max)}}$ 表示门电路带灌电流负载的能力,或称吸电流能力;$V_{\mathrm{IH(min)}}$ 表示为能保证电路处于导通状态的最小输入(高)电平;$V_{\mathrm{IL(max)}}$ 表示为能保证电路处于截止状态的最大输入(低)电平;I_{IH} 表示输入高电平时流入输入端的电流;I_{IL} 表示输入低电平时流出输入端的电流。

当 74 系列或 74LS 系列 TTL 电路驱动 CD4000 系列或 74HC 系列 CMOS 电路时,不能直接驱动,因为 74 系列的 TTL 电路 $V_{\mathrm{OH(min)}}=2.4\ \mathrm{V}$,74LS 系列的 TTL 电路 $V_{\mathrm{OH(min)}}=$

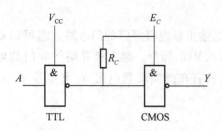

图 3.4　TTL(OC)门驱动 CMOS 电路的电平转换

2.7 V，CD4000 系列的 CMOS 电路 $V_{IH(min)} = 3.5$ V，74HC 系列的 CMOS 电路 $V_{IH(min)} = 3.15$ V，显然不满足 $V_{OH(min)} \geqslant V_{IH(min)}$。

最简单的解决方法是在 TTL 电路的输出端与电源之间接入上拉电阻 R_C，如图 3.4 所示。

(2) 实现多路信号采集，使两路以上的信息共用一个传输通道(总线)

(3) 利用电路的线与特性方便地完成某些特定的逻辑功能

在实际应用时，有时需要将几个 OC 门的输出端短接，后面接 m 个普通 TTL 与非门作为负载。如图 3.5 所示。为保证集电极开路门的输出电平符合逻辑要求，R_C 的数值选择范围为

$$R_{C(min)} = \frac{E_C - V_{OL(max)}}{I_{OL(max)} - mI_{IL}}, \quad R_{C(max)} = \frac{E_C - V_{OH(min)}}{nI_{CEO} + m'I_{IH}}$$

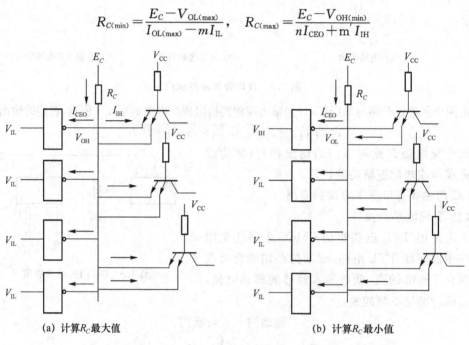

(a) 计算 R_C 最大值　　　　　　(b) 计算 R_C 最小值

图 3.5　计算 OC 门外接电阻 R_C 的工作状态

其中，I_{CEO} 表示 OC 门输出三极管 VT_5 截止时的漏电流；E_C 表示外接电源电压值；m 表示 TTL 负载门的个数；n 表示输出短接的 OC 门个数；m' 表示各负载门接到 OC 门输出端的输入端总和。

R_C 值的大小会影响输出波形的边延时间，在工作速度较高时，R_C 的取值应接近 $R_c(min)$。

2. 三态门

三态门是指输出除"0"、"1"两个状态外，还可能呈现阻态，即"Z"态，简称 TSL(Three-state Logic)门，是在普通门电路的基础上，附加使能控制端和控制电路构成的。如图 3.6 所示为三态门的逻辑符号。三态门除了通常的高电平和低电平两种输出状态外，还有第 3 种输出状态——高阻态。处于高阻态时，电路与负载之间相当于开路。如图 3.6(a)所示是使能端电平有效的三态与非门，当使能端 EN＝1 时，电路为正常的工作状态，与普通的与非

门一样,实现 $Y=\overline{AB}$;当 EN＝0 时,为禁止工作状态,Y 输出呈高阻状态。如图 3.6(b)所示是使能端低电平有效的三态与非门,当 $\overline{EN}$＝0 时,电路为正常的工作状态,实现 $Y=\overline{AB}$;当 $\overline{EN}$＝1 时,电路为禁止工作状态,Y 输出呈高阻状态。

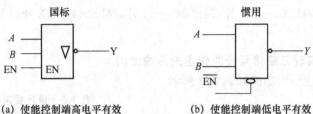

(a) 使能控制端高电平有效　　　　　(b) 使能控制端低电平有效

图 3.6　三态门的逻辑符号

　　三态门电路用途之一是实现总线传输。总线传输的方式有两种,一种是单向总线,如图 3.7(a)所示,功能表如表 3.1 所示,可实现信号 A_1、A_2、A_3 向总线 Y 的分时传送;另一种是双向总线,如图 3.7(b)所示。功能表如表 3.2 所示,可实现信号的分时双向传送。单向总线方式下,要求只有需要传输信息的那个三态门的控制端处于使能状态(EN＝1),其余各门皆处于禁止状态(EN＝0),否则会出现与普通 TTL 门线与运用时同样的问题,因而是绝对不允许的。

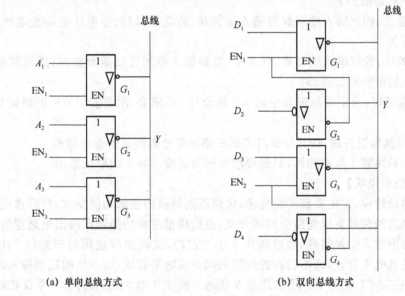

(a) 单向总线方式　　　　　　　　　(b) 双向总线方式

图 3.7　三态门总线传输方式

表 3.1　单向总线逻辑功能

使能控制			输出 Y
EN_1	EN_2	EN_3	
1	0	0	$\overline{A_1}$
0	1	0	$\overline{A_2}$
0	0	1	$\overline{A_3}$
0	0	0	高阻

表 3.2　双向总线逻辑功能

使能控制		信号传输方向
EN_1	EN_2	
1	0	$\overline{D_1} \to Y$　$\overline{Y} \to D_4$
0	1	$\overline{Y} \to D_2$　$\overline{D_3} \to Y$

三、实验仪器

① 双踪示波器、函数发生器、数字实验仪。

② 模拟式或数字式万用表。

③ 主要器材:74LS01——1片,74LS04——1片,74LS244——2片,1 kΩ 电阻——3只。

四、实验内容

1. 用三态门实现三路信号分时传送的总线结构

框图如图3.8所示,功能如表3.3所示。

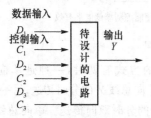

图3.8 设计要求的框图

表3.3 设计要求的逻辑功能

控制输入			输出 Y
C_1	C_2	C_3	
1	0	0	D_1
0	1	0	D_2
0	0	1	D_3

在实验中的要求如下。

① 静态验证:控制输入端和数据输入端加高、低电平,用数字电压表测量输出高电平、低电平的电压值。

② 动态验证:控制输入端加高、低电平,数据输入端加连续矩形脉冲;用示波器对应地观察数据输入波形和输出波形。

③ 动态验证时,分别用示波器中的 AC 耦合与 DC 耦合,测定输出波形的幅值 V_{pp} 及高、低电平值。

2. 如何用集电极开路(OC)与非门实现三路信号分时传送的总线结构

要求与实验内容1基本相同,只是要求实现与实验内容1的取反输出。

【实验1提示说明】

进行电路设计前,首先弄清实验要求,电路所要反映的逻辑功能要求,然后选用器件,了解器件的逻辑功能和其集成电路引脚的含义,最后根据逻辑功能要求画出电路逻辑图。

由于题目中有3个控制端,故应该用3个三态门,又因为所选用的三态门 74LS244 的使能控制端是低电平有效,而本题的控制输入端是高电平有效,故本题的控制输入端应该通过反相器接到三态门,电路原理图如图3.9所示。图3.9中 S 是三态门、F 是反相器。

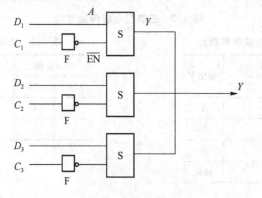

图3.9 电路原理

在开始实验阶段,应该学会根据电路原理图和集成电路引脚图画出实验电路接线图,然后再根据实验电路接线图接线。如图 3.10 所示。

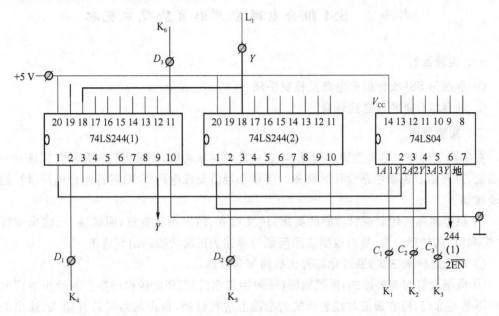

图 3.10　实验电路接线

实验说明:

① 由于需要 3 路控制,1 片 74LS244 只有 2 个控制端,因此要用 2 片 74LS244;

② 由于要求高电平控制,而 74LS244 低电平控制有效,因此要用反相器 74LS04;

③ 用数字实验仪上的 K_1、K_2、K_3 键分别表示 3 个控制输入端 C_1、C_2、C_3;

④ 用数字实验仪上的 K_4、K_5、K_6 键分别表示 3 个数据输入端 D_1、D_2、D_3;

⑤ 将 3 个输出端连在一起,接数字实验仪上的发光二极管 L_1。

五、预习要求

① 根据设计任务的要求,画出逻辑电路图,并注明引脚号。

② 拟出记录测量结果的表格。

③ 预习解答思考题。

六、思考题

① 用 OC 门时是否需要外接其他元件? 如果需要应如何取值?

② 几个 OC 门的输出端是否允许短接?

③ 几个三态门的输出端是否允许短接? 有没有条件限制? 应注意什么问题?

④ 如何用示波器来测量波形的高、低电平?

七、实验报告要求

① 示波器观察到的波形必须画在方格纸上,且输入与输出波形必须对应,即在同一个相位平面上比较两者的相位关系。

② 根据要求设计的任务,应该有设计过程和设计逻辑图,记录实际检测结果,并进行分析。

③ 完成第六项中思考题4。

实验2 SSI 组合电路应用和冒险现象观察

一、实验目的

① 掌握用 SSI 设计组合电路及检测手法。

② 观察组合电路的冒险现象。

二、实验原理

在实际工作中常遇到这样的问题:给定一定的逻辑功能,要求用门电路器件实现这一逻辑功能,这是组合逻辑电路设计的任务。使用小规模集成电路(SSI)进行组合电路设计的一般步骤如下。

① 根据实际问题对逻辑功能的要求,定义输入、输出逻辑变量,明确输入、输出逻辑变量"0"和"1"的物理含义,然后根据实际问题所描述的逻辑功能列出真值表。

② 写出逻辑表达式,通过化简得出最简与非表达式。

③ 根据最简与非表达式,画逻辑图(一般用与非门)实现此逻辑函数。若给出的门电路器件不是与非门,可在最简与或表达式的基础上进行转换,得出与给定器件输入、输出关系相一致的逻辑表达式,并实现之。

组合逻辑电路设计的关键点之一,往往是对输入逻辑变量和输出逻辑变量作出合理的定义。在定义时,应注意以下两点。

① 只有具有二值性的命题("非此即彼"),才能定义为输入或输出逻辑变量。

② 要把变量取"1"值的含义表达清楚。例如:后面讲到的本实验内容3中,定义 Y 为"输血者输血给受血者"是错误的,而定义 Y 表示"输血者是否可以输血给受血者"是正确的,因为它表明 $Y=1$ 代表输血者可以输血给受血者,$Y=0$ 则代表输血者不可以输血给受血者。

组合逻辑电路设计过程通常是在理想情况下进行的,即假定一切器件均没有延迟效应。但是实际中并非如此,信号通过任何导线或器件都存在一个响应时间。由于制造工艺的原因,各器件的延迟时间离散性很大,往往按照理想情况设计的逻辑电路,在实际工作中有可能产生错误输出。一个组合电路,在它的输入信号变化时,输出出现瞬时错误的现象称为组合电路的冒险现象。如图 3.11 所示为冒险现象的两个例子。

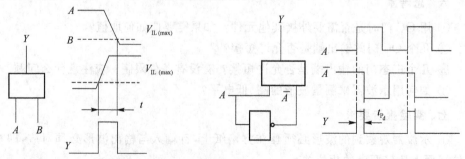

(a) 两个输入信号同时向相反的逻辑电平跳变产生尖峰脉冲　　　　(b) 门的延迟产生尖峰脉冲

图 3.11　出现冒险现象的两个例子

图 3.11(a)中，与门输出函数 $Y=AB$，在 A 从 1 跳变为 0 时，如果 B 从 0 跳变为 1，而且 B 首先上升到 $V_{IL(max)}$ 以上，这样在极短的时间 Δt 内将出现 A、B 同时高于 $V_{IL(max)}$ 的状态，于是便在门电路的输出端 Y 产生一正向毛刺。图 3.11(b)中，由于非门 1 有延迟时间 t_{P_d}，使输出产生一相应宽度的正向毛刺。毛刺是一种非正常输出，它对后接电路，有可能造成误动作，从而直接影响数学设备的稳定性和可靠性，故常常需设法消除。常用的消除方法如下。

(1) 加封锁脉冲或引入选通脉冲

由于组合电路的冒险现象是在输入信号变化过程中发生的，因此可以设法避开这一段时间，待电路稳定后再让电路正常输出。

① 加封锁脉冲：在引起冒险现象的有关门输入端引进封锁脉冲，当输入信号变化时，将该门封锁。

② 引入选通脉冲：在存在冒险现象的有关门的输入端引入选通脉冲，平时将该门封锁，只有在电路接收信号到达新的稳定状态之后，选通脉冲才将该门打开，允许电路输出。

(2) 接滤波电容

由于冒险现象中出现的干扰脉冲宽度一般很窄，所以可在门的输出端并接一个几百皮法的滤波电容加以消除。但这样做将导致输出波形的边沿变坏，在某些情况下是不允许的。

(3) 修改逻辑设计

如果输出端门电路的两个输入信号 A 和 $\overline{A}$ 是输入变量 A 经过两个不同的传输途径而来的(见图 3.11(b))，那么当输入变量 A 的状态发生突变时，输出端便有可能产生干扰脉冲。在这种情况下，可以通过增加冗余项的方法，修改逻辑设计，消除冒险现象。

例如：若一电路的逻辑函数式可写为

$$Y=AB+\overline{A}C$$

当 $B=C=1$ 时，上式将成为

$$Y=A+\overline{A}$$

故该电路存在冒险现象。

根据逻辑代数的常用公式可知

$$Y=AB+\overline{A}C=AB+\overline{A}C+BC$$

从上式可知，在增加了 B、C 项以后，在 $B=C=1$ 时无论 A 如何改变，输出始终保持 $Y=1$。因此 A 的状态变化不再会引起冒险现象。

组合电路的冒险现象是一个重要的实际问题。当设计出一个组合逻辑电路后，首先应进行静态测试，也就是按真值表依次改变输入变量，测得相应的输出逻辑值，验证其逻辑功能，再进行动态测试，观察是否存在冒险，然后根据不同情况分别采取措施消除冒险现象。

本次实验建议用 Multisim 2001 软件做仿真实验，掌握用 Multisim 2001 软件手工绘图和自动绘图的方法；掌握 Multisim 2001 软件里的仪器使用和仿真测试方法。

三、实验仪器

① 双踪示波器、函数发生器、数字实验仪、数字万用表。

② 主要器材：74LS00——4 片，74LS04——2 片，74LS08——2 片，74LS20——3 片。

四、实验内容

① 设计一个组合逻辑电路，它接收 4 位二进制 $B_3B_2B_1B_0$，仅当 $2<B_3B_2B_1B_0<5$ 或 $8<B_3B_2B_1B_0<C$ 时输出 Y 为 1，否则 Y 为 0。

② 设计一个保险箱的数字代码锁,该锁有规定的 4 位代码 A_1,A_2,A_3,A_4 的输入端和一个开箱钥匙孔信号 E 的输入端,锁的代码由实验者自编(例如 0101),当用钥匙开箱时($E=1$),如果输入代码符合该锁规定代码,保险箱被打开($Z=1$)。要求使用最少数量的与非门实现电路,检测并记录实验结果。(提示:实验时,锁被打开或报警时可以分别使用两个发光二极管指示电路显示,除了不同代码需要使用反相器之外,最简设计仅需使用 5 个与非门。)

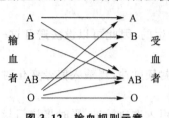

图 3.12　输血规则示意

③ 人类有 4 种血型:A、B、AB 和 O 型。输血时,输血者与受血者必须符合如图 3.12 所示的规定,否则有生命危险,试设计一个电路,判断输血者和受血者血型是否符合规定。(提示:可以用两个自变量的组合代表输血者血型,另外两个自变量的组合代表受血者血型,用输出变量代表是否符合规定)

④ 按表 3.4 设计一个逻辑电路。

- 设计要求:输入信号仅提供原变量,要求用最少数量的 2 输入端与非门,画出逻辑图。
- 搭试电路,进行静态测试,验证逻辑功能,记录测试结果。
- 分析输入端 B、C、D 各处于什么状态时,能观察到输入端 A 信号变化时产生的冒险现象。
- 在 A 端输入 $f=100\,\text{kHz}\sim1\,\text{MHz}$ 的方波信号,观察电路的冒险现象,记录 A 和 Y 的工作波形图。

表 3.4　真值表

A	B	C	D	Y	A	B	C	D	Y
0	0	0	0	0	1	0	0	0	0
0	0	0	1	0	1	0	0	1	0
0	0	1	0	1	1	0	1	0	1
0	0	1	1	1	1	0	1	1	1
0	1	0	0	1	1	1	0	0	1
0	1	0	1	0	1	1	0	1	1
0	1	1	0	1	1	1	1	0	1
0	1	1	1	1	1	1	1	1	1

- 观察用增加正项的办法消除由于输入端 A 信号变化所引起的逻辑冒险现象,画出此时的电路图,观察并记录结果。

(提示:因器件延迟时间短,观察冒险现象时输入信号的频率尽可能高一些;在消除冒险现象时,尽可能少变动原来电路,必要时电路中允许使用一片 74LS20 门。)

五、注意事项

做该实验时,由于门、线较多,稍不慎就会使输出的逻辑状态错误。要排除故障,可根据逻辑表达式由前向后逐渐检查。但更快的检查方法,应该是由后向前逐级检查。例如某个输入组合情况下输出状态应为低,而发生输出状态为"高"的错误时,应用万用表检测最后一级与非门。根据与非门"有低出高,全高出低"的原则,很快判断出最后一级的输入端中是低电平的输入端前向通路中有故障,依次往前推,很快就会找出问题所在。建议此实验上机用 Multisim 2001 软件仿真。

六、预习要求

① 画出设计的逻辑电路图,图中必须标明引脚号。
② 完成下面的思考题。

七、思考题

① 普通四位二进制与一位 8421BCD 码的区别在哪里? 设计方案有什么不同?
② 在实验内容 2 中,如果要求设有 2 个或 3 个正确的代码,应如何修改电路?

③ 在实验内容 4 中,如何选择两个自变量的组合与血型的应对关系,使得电路为最简?

八、实验报告要求

① 写出任务的设计过程,包括叙述有关技巧,画出设计电路图。

② 记录测量结果,并进行分析。

③ 画出冒险现象的工作波形,必须标出零电压坐标轴。

实验 3 MSI 组合功能件的应用

一、实验目的

① 掌握数据选择器、译码器和全加器等 MSI 的使用方法。

② 熟悉 MSI 组合功能件的应用。

二、实验原理

MSI 组合功能件即中规模组合集成电路,是一种具有专门组合功能的集成功能件。常用的 MSI 组合功能件有译码器、编码器、数据选择器、数据分配器、数据比较器和全加器等。应用 MSI 组合功能件,首先要弄清楚该功能件完成什么逻辑功能和其集成电路每个引脚的含义,再根据实际问题所要要求的功能,正确选用和使用这些器件。实际应用时,应该尽可能地开发这些器件的功能,扩大其应用范围。对于一个逻辑设计者来说,关键在于合理选用器件,灵活地使用器件的控制输入端,运用各种设计技巧,实现任务要求的功能。

在使用 MSI 组合功能件时,器件的各控制输入端必须按逻辑要求接入电路,不允许悬空。

1. 数据选择器

74LS153 是一个双 4 选 1 数据选择器,其逻辑符号如图 3.13 所示,功能表如表 3.5 所示。一片 74LS153 中有两个 4 选 1 数据选择器,且每个都有一个选通输入端 $\overline{ST}$,输入低电平有效。应当注意到:选择输入端 A_1、A_0 为两个数据选择器所共用;从功能表可以看出,数据输出 Y 的逻辑表达式为

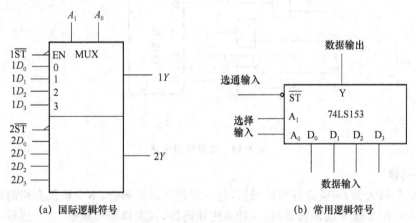

(a) 国际逻辑符号　　　　　　　　　　　(b) 常用逻辑符号

图 3.13 双 4 选 1 数据选择器 74LS153 的逻辑符号

$$Y = \overline{ST}(D_0\,\overline{A_1}\,\overline{A_0} + D_1\,\overline{A_1}A_0 + D_2 A_1\overline{A_0} + D_3 A_1 A_0)$$

即当选通输入$\overline{\text{ST}}=0$时,若选择输入 A_1、A_0 分别为 00、01、10、11,则相应地把 D_0、D_1、D_2、D_3 送到数据输出端 Y。当$\overline{\text{ST}}=1$时,Y 恒为 $L(0)$。

表 3.5　双 4 选 1 数据选择器 74LS153 的逻辑功能

输入							输出 Y
A_1	A_0	D_0	D_1	D_2	D_3	ST	
*	*	*	*	*	*	H	L
L	L	L	*	*	*	L	L
L	L	H	*	*	*	L	H
L	H	*	L	*	*	L	L
L	H	*	H	*	*	L	H
H	L	*	*	L	*	L	L
H	L	*	*	H	*	L	H
H	H	*	*	*	L	L	L
H	H	*	*	*	H	L	H

使用数据选择器进行电路设计的方法是合理地选用地址变量,通过对函数的运算,确定各数据输入端的输入方程。例如,利用 4 选 1 数据选择器实现有较多变量的函数:

$$Y=\overline{A}\,\overline{B}\,\overline{D}+\overline{A}\,\overline{B}\,\overline{E}+\overline{A}B\overline{C}+\overline{A}BDE+A\overline{B}F+ABC+AB\overline{F}$$

从函数表达式可以看出,各乘积项均包含有 A 和 B 两个变量,可将表达式整理得

$$Y=\overline{A}\,\overline{B}(\overline{D}+\overline{E})+\overline{A}B(\overline{C}+DE)+A\overline{B}F+AB(C+\overline{F})$$
$$=\overline{A}\,\overline{B}\,\overline{DE}+\overline{A}B\,\overline{C}\,\overline{DE}+A\overline{B}F+AB\,\overline{F}\,\overline{C}$$

此表达式可用如图 3.14 所示实现。

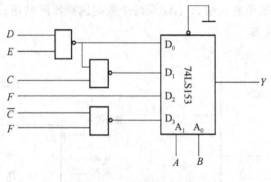

图 3.14　函数逻辑电路

2. 译码器

译码器分两大类,一类是通用译码器,另一类是显示译码器,本实验仅介绍前者。

74LS138 是 3 线-8 线译码器,是一种通用译码器,其逻辑符号如图 3.15 所示,其功能如表 3.6 所示。其中,A_2、A_1、A_0 是地址输入端,Y_0、Y_1、$\cdots$、Y_7 是译码输出端,S_A、$\overline{S}_B$、$\overline{S}_C$ 是使能端,仅当 S_A、$\overline{S}_B$、$\overline{S}_C$ 分别为 H、L、L 时,译码器才正常译码;否则,译码器不实现译码,这时不管译码输入 A_2、A_1、A_0 为何值,8 个译码输出 Y_0、Y_1、$\cdots$、Y_7 都输出高电平。

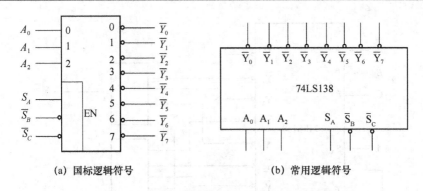

(a) 国标逻辑符号　　　　　　　　(b) 常用逻辑符号

图 3.15　3 线-8 线译码器 74LS138 的逻辑符号

表 3.6　3 线-8 线译码器 74LS138 的逻辑功能

输　入					输　出							
S_A	$\overline{S}_B + \overline{S}_C$	A_2	A_1	A_0	$\overline{Y}_0$	$\overline{Y}_1$	$\overline{Y}_2$	$\overline{Y}_3$	$\overline{Y}_4$	$\overline{Y}_5$	$\overline{Y}_6$	$\overline{Y}_7$
*	H	*	*	*	H	H	H	H	H	H	H	H
L	*	*	*	*	H	H	H	H	H	H	H	H
H	L	L	L	L	L	H	H	H	H	H	H	H
H	L	L	L	H	H	L	H	H	H	H	H	H
H	L	L	H	L	H	H	L	H	H	H	H	H
H	L	L	H	H	H	H	H	L	H	H	H	H
H	L	H	L	L	H	H	H	H	L	H	H	H
H	L	H	L	H	H	H	H	H	H	L	H	H
H	L	H	H	L	H	H	H	H	H	H	L	H
H	L	H	H	H	H	H	H	H	H	H	H	L

3 线-8 线译码器实际上也是一个负脉冲输出的脉冲分配器。如利用使能端中的一个输入端输入数据信息,器件就成为数据分配器。例如,若从 S_A 输入端输入数据信息,$\overline{S}_B = \overline{S}_C = 0$,地址码所对应的输出是 S_A 数据信息的反码;若从 S_B 输入端输入数据信息,$S_A = 1$,$\overline{S}_C = 0$,地址码所对应的输出就是数据信息 S_B。

译码器的每一路输出,实际上是各地址变量组成函数的一个最小项的反变量,利用其中一部分输出端输出的与非关系,也就是它们相应最小项的或逻辑表达式,能方便地实现逻辑函数。

例如,用 3 线-8 线译码器实现全加器的功能。设 A_n 和 B_n 分别是被加数和加数,C_n 是低位向本位的进位,C_{n+1} 是本位向高位的进位,S_n 是和数。全加器的逻辑表达式为

$$S_n = A_n \overline{B}_n \overline{C}_n + \overline{A}_n B_n \overline{C}_n + \overline{A}_n \overline{B}_n C_n + A_n B_n C_n = Y_1 + Y_2 + Y_4 + Y_7 = \overline{\overline{Y}_1 \overline{Y}_2 \overline{Y}_4 \overline{Y}_7}$$

$$C_{n+1} = A_n B_n \overline{C}_n + A_n \overline{B}_n C_n + \overline{A}_n B_n C_n + A_n B_n C_n = Y_3 + Y_5 + Y_6 + Y_7 = \overline{\overline{Y}_3 \overline{Y}_5 \overline{Y}_6 \overline{Y}_7}$$

上列表达式可用如图 3.16 所示的电路来实现。

用 MSI 组合功能件设计组合电路的基本步骤同用小规模集成电路(SSI)设计的步骤,只是逻辑表达式应该表示成类似于所选用的 MSI 组合功能件的输出/输入的标准逻辑表达式,以便很方便地应用所选用的 MSI 组合功能件实现实际问题所要求的逻辑功能。

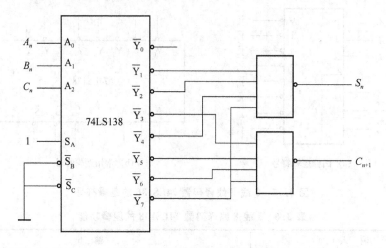

图 3.16　实现全加器逻辑

用 74LS153 或 74LS138 可以实现很多组合电路的逻辑功能,例如用 2 片 74LS153 可以设计 8 选 1 数据选择器,用 4 片 74LS153 可以设计成 16 选 1 数据选择器;用 2 片 74LS138 可以设计成 4-16 译码器;用 4 片 74LS138 可以设计成 5-32 译码器;用 1 片 74LS138 和 1 片 74LS153 可以设计总线传输结构电路。

用 MSI 组合功能件设计组合电路,不一定要严格按照组合电路的设计步骤,从列出真值表开始一步一步地进行,只要设计者对所实现的逻辑功能和所用器件的逻辑功能很清楚,有时可以直接用所给器件设计出电路图,即一步到位画出电路图。例如,用 1 片 74LS138 可以设计成 1~8 数据分配器,如图 3.17 所示,以 $A_2 A_1 A_0$ 作为地址,有两个方案,方案一是以 S_A 作为数据输入端,方案二是以 $\overline{S}_B$ 和 $\overline{S}_C$ 作为数据输入端,在地址 $A_2 A_1 A_0$ 为 000、001、…、111 时,输入数据 D 依次分配到输出端 Y_0……Y_7 或 OUT_0……OUT_7。

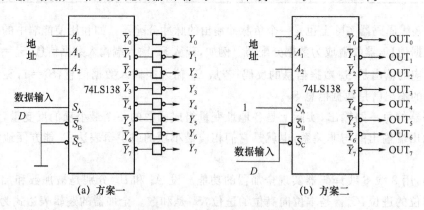

图 3.17　由 74LS138 构成的 1~8 数据分配器

3.二-十进制译码器

二-十进制译码器的逻辑功能是将输入的 BCD 码的 10 个代码译成 10 个高、低电平输出信号。输入 BCD 码(0000……1001),输出的 10 个信号分别与十进制数的 10 个数字相对应,其示意图如图 3.18 所示。二-十进制译码器 74LS42(又称 4 线-10 线译码器,其引脚如图 3.19 所示)的真值表如表 3.7 所示。

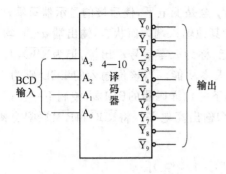

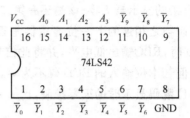

图 3.18　二-十进制译码器　　　　　　图 3.19　74LS42 引脚

表 3.7　74LS42 真值

序号	输入				输出									
	A_0	A_1	A_2	A_3	$\overline{Y}_0$	$\overline{Y}_1$	$\overline{Y}_2$	$\overline{Y}_3$	$\overline{Y}_4$	$\overline{Y}_5$	$\overline{Y}_6$	$\overline{Y}_7$	$\overline{Y}_8$	$\overline{Y}_9$
0	0	0	0	0	0	1	1	1	1	1	1	1	1	1
1	0	0	0	1	1	0	1	1	1	1	1	1	1	1
2	0	0	1	0	1	1	0	1	1	1	1	1	1	1
3	0	0	1	1	1	1	1	0	1	1	1	1	1	1
4	0	1	0	0	1	1	1	1	0	1	1	1	1	1
5	0	1	0	1	1	1	1	1	1	0	1	1	1	1
6	0	1	1	0	1	1	1	1	1	1	0	1	1	1
7	0	1	1	1	1	1	1	1	1	1	1	0	1	1
8	1	0	0	0	1	1	1	1	1	1	1	1	0	1
9	1	0	0	1	1	1	1	1	1	1	1	1	1	0
伪码	1	0	1	0	1	1	1	1	1	1	1	1	1	1
	1	0	1	1	1	1	1	1	1	1	1	1	1	1
	1	1	0	0	1	1	1	1	1	1	1	1	1	1
码	1	1	0	1	1	1	1	1	1	1	1	1	1	1
	1	1	1	0	1	1	1	1	1	1	1	1	1	1
	1	1	1	1	1	1	1	1	1	1	1	1	1	1

　　OC 型 4 线-10 线译码器 74LS45 的引脚和逻辑功能与 74LS42 相同,所不同的是其输出端为集电极开路型,与其引脚和逻辑功能相兼容的器件还有 74LS45 和 74LS145,只是吸入电流和耐压不同。

4. 七段译码器

　　74LS48 是 BCD / 7 段译码器,其功能是将 BCD 码译成 7 段码输出,其输出端常接显示器。其集成电路引脚如图 3.20 所示。该译码器的 BCD 码输入端为 $A_3 A_2 A_1 A_0$,输出端为 Y_a、Y_b、Y_c、Y_d、Y_e、Y_f、Y_g 共 7 线,另有 3 根控制端,即①$\overline{\text{LT}}$ 端(3 脚)为灯测试端,当为低电平时(必须在 $\overline{\text{BI}}$ 端—4 脚接高电平的前提下),$Y_a \sim Y_g$ 7 个输出端全为高电平,此端用来测试器件的好坏,②$\overline{\text{RBI}}$ 端(5 脚)为灭零输入端,当该端为低电平时(前提必须 $\overline{\text{LT}} = 1$、$\overline{\text{BI}} = 1$),如

果输入为 $A_3A_2A_1A_0 = 0000$,则输出端 $Y_a \sim Y_g$ 全是低电平,使后接的显示器灭零;③ $\overline{BI}$ 端(4 脚)为消隐输入端,当该端为低电平时,不管其他输入端为何状态,输出端 $a \sim g$ 均为低电平,使后接的显示器灭零;该端还有第二个功能,称为灭零信号输出端,记为 $\overline{RBO}$,其作用是用来控制与之相连的下一位显示器是否需要灭零功能。当该位输入的 BCD 码为 0000 且 $\overline{RBI} = 0$ 时,$\overline{RBO}$ 输出低电平,并将此信号接向下一位译码器的 $\overline{RBI}$ 端,控制下一位译码器也灭零。但若本位输入的 BCD 码不为零,则 $\overline{RBO}$ 输出高电平。将 $\overline{RBO}$ 和 $\overline{RBI}$ 端配合使用,能实现多位数码显示时的灭零控制。

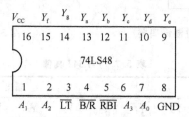

图 3.20　74LS48 引脚

正常使用时,常使 3 脚和 4 脚都接高电平,5 脚随意,此时 74LS48 的真值表如表 3.8 所示。当输入 DCBA 为 1010～1111 时,不显示任何字形。

表 3.8　74LS48 真值

功能和十进制数	输入							输出							显示
	$\overline{LT}$	$\overline{RBI}$	$\overline{BI}/\overline{RBO}$	A_3	A_2	A_1	A_0	Y_a	Y_b	Y_c	Y_d	Y_e	Y_f	Y_g	
试灯	0	×	1	×	×	×	×	1	1	1	1	1	1	1	8
灭灯	×	×	0	×	×	×	×	0	0	0	0	0	0	0	全灭
灭 0	1	0	1	0	0	0	0	0	0	0	0	0	0	0	灭 0
0	1	1	1	0	0	0	0	1	1	1	1	1	1	0	0
1	1	×	1	0	0	0	1	0	1	1	0	0	0	0	1
2	1	×	1	0	0	1	0	1	1	0	1	1	0	1	2
3	1	×	1	0	0	1	1	1	1	1	1	0	0	1	3
4	1	×	1	0	1	0	0	0	1	1	0	0	1	1	4
5	1	×	1	0	1	0	1	1	0	1	1	0	1	1	5
6	1	×	1	0	1	1	0	0	0	1	1	1	1	1	6
7	1	×	1	0	1	1	1	1	1	1	0	0	0	0	7
8	1	×	1	1	0	0	0	1	1	1	1	1	1	1	8
9	1	×	1	1	0	0	1	1	1	1	0	0	1	1	9

74LS46/47 是 OC 型 BCD / 7 段译码器,所有的引脚排列及功能均与 74LS48 相同,仅输出端 $Y_a \sim Y_g$ 为反码输出,且输出端为集电极开路型,可以直接驱动共阳数字显示器。CD4511 是 CMOS 型的 BCD / 7 段译码器,其引脚排列及功能与 74LS48 相同,只是工作时,3 脚和 4 脚接高电平,5 脚接低电平。

5. 优先编码器

普通编码器任一时刻只允许对一根输入端施以有效信号,如果同时有 2 个或 2 个以上的信号输入,输出端就会出现错误。而优先编码器则允许同时对几根输入端施以有效信号,此时编码器只对同时输入的几个信号中优先权最高的那一个输入信号进行编码,而视其余的输入信号为无效信号。

74LS148 是 8 线-3 线优先编码器,其引脚如图 3.21 所示,其真值表如表 3.9 所示。

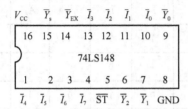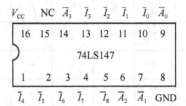

图 3.21 74LS148、74LS147 的引脚

表 3.9 74LS148 真值

$\overline{ST}$	$\overline{I}_0$	$\overline{I}_1$	$\overline{I}_2$	$\overline{I}_3$	$\overline{I}_4$	$\overline{I}_5$	$\overline{I}_6$	$\overline{I}_7$	$\overline{A}_2$	$\overline{A}_1$	$\overline{A}_0$	$\overline{Y}_{EX}$	$\overline{Y}_S$
1	*	*	*	*	*	*	*	*	1	1	1	1	1
0	1	1	1	1	1	1	1	1	1	1	1	1	0
0	*	*	*	*	*	*	*	0	0	0	0	0	1
0	*	*	*	*	*	*	0	1	0	0	1	0	1
0	*	*	*	*	*	0	1	1	0	1	0	0	1
0	*	*	*	*	0	1	1	1	0	1	1	0	1
0	*	*	*	0	1	1	1	1	1	0	0	0	1
0	*	*	0	1	1	1	1	1	1	0	1	0	1
0	*	0	1	1	1	1	1	1	1	1	0	0	1
0	0	1	1	1	1	1	1	1	1	1	1	0	1

注:"*"表示任意,可以是高电平、低电平,也可以是悬空。

74LS148 引脚说明:$\overline{ST}$、$\overline{Y}_{EX}$、$\overline{Y}_S$ 为输入、输出使能端。当 $\overline{ST}=1$ 时,编码器不工作,此时 $\overline{Y}_{EX}=\overline{Y}_S=1$。

$\overline{Y}_S$ 又称选通输出端,其低电平输出信号表示"电路工作,但无编码输入"。$\overline{Y}_{EX}$ 为扩展输出端,其低电平输出信号表示"电路工作,而且有编码输入"。$\overline{ST}=0$ 时,编码器工作;$\overline{I}_0 \sim \overline{I}_7$ 中至少有一个有请求信号(0 电平)时,$\overline{ST}=0$,$\overline{Y}_S=1$,否则 $\overline{Y}_{EX}=1$,$\overline{Y}_S=0$。当 $\overline{ST}=0$,$\overline{I}_0 \sim \overline{I}_7 = 11111111$ 时,$\overline{Y}_S=0$。$\overline{Y}_S$ 与另一编码器的 $\overline{ST}$ 连接可扩展功能,即可用 2 片 74LS148 扩展为 16 线-4 线优先编码器。

74LS147 是 10/4 线编码器,其引脚如图 3.21 所示,它有 9 根输入线,即 $\overline{I}_0 \sim \overline{I}_8$,4 根输出线,即 $\overline{Y}_3\,\overline{Y}_2\,\overline{Y}_1\,\overline{Y}_0$,编码优先权顺序为 $\overline{I}_8$(最高)$\sim \overline{I}_0$(最低),输入输出均为低电平有效,其真值表如表 3.10 所示。

表 3.10   74LS147 真值

输入									输出			
$\overline{I}_0$	$\overline{I}_1$	$\overline{I}_2$	$\overline{I}_3$	$\overline{I}_4$	$\overline{I}_5$	$\overline{I}_6$	$\overline{I}_7$	$\overline{I}_8$	$\overline{A}_3$	$\overline{A}_2$	$\overline{A}_1$	$\overline{A}_0$
1	1	1	1	1	1	1	1	1	1	1	1	1
*	*	*	*	*	*	*	*	0	0	1	1	0
*	*	*	*	*	*	*	0	1	0	1	1	1
*	*	*	*	*	*	0	1	1	1	0	0	0
*	*	*	*	*	0	1	1	1	1	0	0	1
*	*	*	*	0	1	1	1	1	1	0	1	0
*	*	*	0	1	1	1	1	1	1	0	1	1
*	*	0	1	1	1	1	1	1	1	1	0	0
*	0	1	1	1	1	1	1	1	1	1	0	1
0	1	1	1	1	1	1	1	1	1	1	1	0

三、实验仪器

① 数字实验仪、数字万用表。

② 主要器材:74LS153——2 片,74LS00——1 片,74LS138——2 片,74LS20——1 片,74LS42——1 片,74LS148——1 片。

四、实验内容

① 试测试 74LS153、74LS138、74LS42、74LS148 以及 74LS147 的逻辑功能。

② 利用 4 选 1 数据选择器设计一个表示血型遗传规律的电路,画出设计电路图,检测并记录电路功能。父母和子女之间的血型遗传规律如表 3.7 所示,其中父母血型栏中若仅有一项是 1,则表示父母是同一种血型。

③ 使用 3 线-8 线译码器和门电路设计一个 1 位二进制全加器或全减器,设一个控制端,控制端为 0 是全加器,控制端为 1 是全减器,画出设计的逻辑电路图,检测并记录电路功能。

④ 利用一个 4 选 1 数据选择器和最少数量的与非门,完成实验 3 中第 3 个输血受血任务。

⑤ 试用 1 片 74LS138 和 1 片 74LS153 设计-8 位数据宽的总线传输结构电路。

⑥ 试用 2 片 74LS148 设计 16 线-4 线优先编码器。

表 3.11　血型遗传规律

父 母 血 型				子女可能血型			
O	A	B	AB	O	A	B	AB
1	0	0	0	1	0	0	0
0	1	0	0	1	1	0	0
0	0	1	0	1	0	1	0
0	0	0	1	0	1	1	1
1	1	0	0	1	1	0	0
1	0	1	0	1	0	1	0
1	0	0	1	0	1	1	0
0	1	1	0	1	1	1	1
0	1	0	1	0	1	1	1
0	0	1	1	0	1	1	1

五、注意事项

① 在将 74LS138 作为 3 线-8 线译码器使用时,一定要注意其使能端 S_A、S_B、S_C 的使用,只有当 $S_A = H$, $S_B + S_C = L$ 时,74LS138 才能正确译码。所以,在实验过程中,若 74LS138 译码状态不对,则在检查过电源正确后,还必须用万用表的直流电压挡检查 S_A 是否为高电平,S_B、S_C 是否为低电平。

② 当集成电路的控制端必须输入低电平时应接地,必须输入高电平时不能悬空,而必须接到高电平上,或直接接到+5 V 上。

六、预习要求

① 弄清楚所要选用的集成电路的逻辑功能及引脚含义。

② 根据设计任务的要求,画出逻辑电路图,并标上引脚号,拟订好检测步骤。

③ 解答思考题。

七、思考题

① 数据选择器是一种通用性很强的功能件,它的功能很容易扩展,如何用 4 选 1 数据选择器实现 16 选 1 选择器功能?

② 如何将两个 3 线-8 线译码器组合成一个 4 线-16 线译码器?

八、实验报告要求

每个实验任务必须写出设计过程,画出设计逻辑图,附有实验记录,并对结果进行分析。

实验 4　集成触发器测试与应用

一、实验目的

① 掌握触发器的原理、作用及调试方法。

② 学习简单时序逻辑电路的设计和调试方法。

二、实验原理

1. 触发器

触发器是具有记忆功能的二进制信息存取器件,是时序逻辑电路的基本器件之一,本实验涉及的触发器为 74LS112JK 触发器和 74LS74D 触发器,它们的逻辑符号分别如图 3.22 和图 3.23 所示。

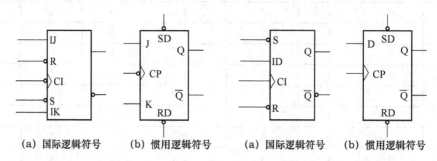

(a) 国际逻辑符号　　(b) 惯用逻辑符号　　(a) 国际逻辑符号　　(b) 惯用逻辑符号

图 3.22　JK 触发器逻辑符号　　　**图 3.23　D 触发器逻辑符号**

触发器有 3 种输入端,第 1 种是直接置位和复位端,用 S 和 R 表示。在 $S=0$(或 $R=0$)时,触发器将不受其他输入信号影响,使触发器直接置 1(或置 0)。第 2 种是时钟脉冲输入端,用来控制触发器发生状态更新,用 CP 表示(在国际标准符号中称为控制输入端,用 C 表示)。框外若有小圆圈表示触发器发生状态更新。第 3 种是数据输入端,它是触发器状态更新的依据。

对于 JK 触发器,采用下降沿触发,其状态方程为

$$Q^{n+1} = J\overline{Q}^n + \overline{K}Q^n$$

根据状态方程可知:当 $J=0$、$K=0$ 时,触发器保持原状态不变;当 $J=0$、$K=1$ 时,来一个触发脉冲后,触发器的状态为"0"态;当 $J=1$、$K=0$ 时,来一个触发脉冲后,触发器的状态为"1"态;当 $J=1$、$K=1$ 时,来一个触发脉冲后,触发器状态变化一次,这时触发器处于计数状态,因输出脉冲的频率是输入触发脉冲的一半,故此时触发器又称为二分频器。

对 D 触发器,采用上升沿触发其状态方程为

$$Q^{n+1} = D$$

根据状态方程可知:无论触发器原来是什么状态,只要来一个脉冲,输出恒等于 D 输入端的状态,如果将 D 端和非端输出端($\overline{Q}$)相连,此时来一个触发脉冲,触发器状态变化一次,故此时触发器又称为二分频器。

通常,当触发器的输出从"0"态变到"1"态,或从"1"态变到"0"态时,称触发器被触发,触发器要被触发,必须要有触发脉冲,但触发器究竟能否被触发,除了要有触发脉冲外,还要看现在输出状态和输入端情况,即 3 个条件共同决定触发器是否被触发。

2. 开关接触抖动(反跳)的影响及解决方法

本实验需使用微动开关,其结构如图 3.24 所示,由一个动触头和两个静触头(其中一个是动合触头,另一个是动断触头)组成,平时(手不按压按键时),动触头与动合触头接通,而与动断触头断开;当用手将按键按下后,动触头变成与动合触头断开,而与动断触头接通;而当把手放开后,又回到"平时"状态。

在按压按键时,由于机械开关的接触抖动,往往在几十微妙内电压会出现多次抖动,可在机械开关与被驱动电路间接入一个基本 RS 触发器,如图 3.25 所示。

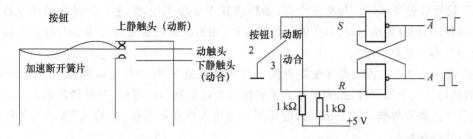

图 3.24　微动开关的结构　　　　图 3.25　无抖动开关电路

如图 3.25 所示的状态为 $S=0$，$R=1$，可得出 $\overline{A}=1$，$A=0$。当按压按键时，$S=1$，$R=0$，可得出 $\overline{A}=0$，$A=1$，改变了输出信号 A 的状态。若由于机械开关的接触抖动，则 R 的状态会在 0 和 1 之间变化多次，若 $R=1$，由于 $\overline{A}=0$，因此下面一个门电路输出仍然是"有低出高"，不会影响输出的状态。同理，当松开按键时，S 端出现的接触抖动亦不会影响输出的状态。因此，如图 3.25 所示的电路，开关每按下一次，A 点的输出信号仅发生一次变化。

三、实验仪器

① 数字实验仪、双踪示波器、函数信号发生器、数字万用表。

② 主要器材：74LS74——2 片，74LS00——2 片，74LS138——1 片，74LS20——1 片，74LS112——2 片，74LS04——1 片，微动开关——4 只。

四、实验内容

① JK 触发器 74LS112 的功能测试。按如表 3.12 所示的要求，观察和记录 Q 和 $\overline{Q}$ 的状态。

表 3.12　JK 触发器的逻辑功能

S	R	J	K	CP	Q_{n+1}	
					$Q_n=0$	$Q_n=1$
⊓⊔	1	*	*	*		
1	⊓⊔	*	*	*		
1	1	0	0	↓		
1	1	0	1	↓		
1	1	1	0	↓		
1	1	1	1	↓		

注：符号"*"表示任意状态。

② D 触发器 74LS74 的功能测试。按如表 3.13 所示的要求，观察和记录 Q 和 $\overline{Q}$ 的状态。

表 3.13　D 触发器逻辑功能

S	R	D	CP	Q_{n+1}	
				$Q_n=0$	$Q_n=1$
⊔⊓	1	*	*		
1	⊔⊓	*	0		
1	1	0	↑		
1	1	1	↑		

③ 设计广告流水灯。共有 8 个灯,始终使其中 1 暗 7 亮,且这 1 个暗灯循环左移。要求:①单脉冲观察(用指示灯);② 连续脉冲观察(用示波器观察时钟脉冲 CP,触发器输出端 Q_0、Q_1、Q_2 和 8 个灯波形)。

④ 设计一个 3 人智力竞赛抢答电路。具体要求如下:每个抢答人操纵一个微动开关,以控制自己的一个指示灯,抢先按动开关者能使自己的指示灯亮起,并封锁其余 2 人的动作(即其余 2 人即使再按开关也不再起作用),主持人可在最后按"主持人"微动开关使指示灯熄灭,并解除封锁。

所有的触发器可选 JK 触发器 74LS112,或 D 触发器 74LS74;也可采用"与非"门构成基本触发器。实现该任务的方法很多,这里仅举一例供参考,如图 3.26 所示。

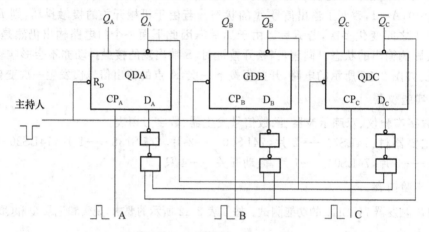

图 3.26 3 人智力竞赛抢答电路

图 3.26 中主持人开关平时为"1",按下微动开关为"0";CP_A、CP_B、CP_C 分别接由 A、B、C 3 人控制的微动开关,且平时为"0",按下微动开关为"1"。

分析:先清零,即主持人先按一下微动开关,使 Q_A、Q_B、Q_C 均为"0";若 A 先按微动开关,即抢答,则 CP_A 有一上升沿↑,此时 D_A 为 $Q_B Q_C$,即为"1",故 Q_A 为"1",$\overline{Q_A}$ 为"0",转而封锁 B 及 C,因为 D_B、D_C 被封锁为 0,故 B、C 不起作用。

同理,B 先动作封锁 A、C;C 先动作封锁 A、B。

五、注意事项

① 设计 3 人智力竞赛抢答电路时,一定要注意抢答开关的接法,还要考虑开关提供正脉冲,还是负脉冲。如实验 4 中,CP_A、CP_B、CP_C 给出的是正脉冲接法,若设计成负脉冲接法,原理上讲,A、B、C 按动开关后,谁按动开关后先放开,才是第一个抢答的人,因为 D 触发器是上升沿触发,这就会给实际操作过程带来误判断,可以说这样的设计是不成功的。

② 图 3.21 给出的仅仅是一个例子,实现的方法很多,请重新设计一种方案。

③ 完成本实验内容 3,用双踪示波器观察 CP、计数器输出 Q_0、Q_1、Q_2 及 8 个灯的波形时,应注意如下技巧。

首先,将需要观察的所有波形作为参考波形,然后,将该参考波形固定地送至双踪示波器主触发通道,其他波形依次送至另一个通道与之比较,得到对应的波形图,如图 3.27 所示为选择 Q_2 的波形作为参考波形的对应波形图。

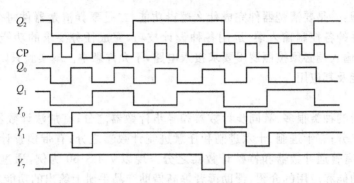

图 3.27　广告流水灯波形

　　选择 CP 作为参考波形不合适。因为,首先 CP 的变化频率较之其他波形快,不易稳定;其次,电路中一个周期往往是好几个 CP 周期,而 CP 无始无终,不易寻找电路的一个周期的始末,因而宜在需观察的所有波形中,选一个频率变化最慢、最有特征的波形作为参考波形。图 3.27 为选择 Q_2 的波形作为参考波形的对应波形图,也可从 8 个灯中任选一个波形作为参考波形,但以选 Y_0 为最佳。

五、预习要求

　　① 解答后面的思考题。

　　② 根据实验内容 4 中的要求,设计出电路,并画出逻辑电路图,标出引脚号。

六、思考题

　　① 触发器实现正常逻辑功能状态时,S 和 R 应处于什么状态? 悬空行不行?

　　② 设计广告流水灯,用一个 3 位 2 进制异步加法计数器,后面再接一个 3 线-8 线译码器,是否可行? 能否用计数器、译码器和组合电路设计较为复杂的广告灯,如能试自行举例设计。

　　③ 分析开关的反跳对设计的电路有没有影响? 若有,请采取相应的措施。

　　④ 试考察 8-3 优先编码器(74LS148)的逻辑功能,能否用它设计一个具有 8 人抢答的优先抢答器电路? 如能,试设计电路并测试(应考虑锁存抢答结果)。

七、实验报告要求

　　① 按任务要求记录实验数据。

　　② 画出设计的逻辑电路图,并对电路进行分析。

　　③ 画出实验内容 3 要求的波形图,将选择的参考波形画在最上面,波形图必须画在方格坐标纸上,且需在同一相位平面上,比较其相位。

实验 5　MSI 时序功能件的应用

一、实验目的

　　① 熟悉 MSI 时序功能件(各种集成计数器)的逻辑功能。

　　② 掌握 MSI 时序功能件(各种集成计数器)的应用。

二、实验原理

MSI 时序功能件常用的有计数器和移位寄存器等,对于一个使用者来说,合理地选择使用器件很关键:一是要清楚器件完成什么逻辑功能,二是要弄清楚器件每个引脚的含义,灵活地使用器件的各控制输入端,运用各种设计技巧,完成任务要求的功能。在使用 MSI 器件时,各控制输入端必须按照逻辑要求接入电路,不允许悬空。本实验只限于掌握各种计数器的逻辑功能及其应用。

1. 计数器

集成计数器的种类很多:有同步计数器和异步计数器之分;有加法计数器、减法计数器和可逆计数器之分;有十进制、十六进制和任意进制计数器之分;有带预置计数器和不带预置计数器之分;有普通计数器和特殊计数器之分。现以 74LS160 为例,通过对几个较典型的集成计数器功能和应用的介绍,帮助读者提高借助产品手册上给出的功能表,正确而灵活地运用集成计数器的能力。

(1) 74LS160 功能介绍

74LS160 为十进制可预置同步计数器,其逻辑符号和工作波形图如图 3.28 所示。功能表如表 3.14 所示。

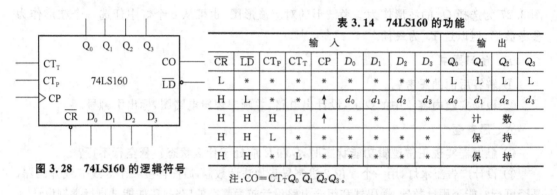

图 3.28　74LS160 的逻辑符号

表 3.14　74LS160 的功能

输　入									输　出			
$\overline{CR}$	$\overline{LD}$	CT_P	CT_T	CP	D_0	D_1	D_2	D_3	Q_0	Q_1	Q_2	Q_3
L	*	*	*	*	*	*	*	*	L	L	L	L
H	L	*	*	↑	d_0	d_1	d_2	d_3	d_0	d_1	d_2	d_3
H	H	H	H	↑	*	*	*	*	计		数	
H	H	L	*	*	*	*	*	*	保		持	
H	H	*	L	*	*	*	*	*	保		持	

注:CO=$CT_T Q_0 \overline{Q_1} \, \overline{Q_2} Q_3$。

计数器有下列输入端:异步清零端 $\overline{CR}$(低电平有效),时钟脉冲输入端 CP,同步并行置数控制端 $\overline{LD}$(低电平有效),计数控制端 CT_T 和 CT_P,并行数据输入端 $D_0 \sim D_3$。它有下列输出端:4 个触发器的输出 $Q_0 \sim Q_3$,进位输出 CO。

根据功能表 3.14,可看出 74LS160 具有下列功能。

① 异步清零功能。若 $\overline{CR} = 0$(输入低电平),则不管其他输入端(包括 CP 端)如何,实现 4 个触发器全部清零。由于这一清零操作不需要时钟脉冲 CP 配合(即不管 CP 是什么状态都行),所以称为"异步清零"。

② 同步并行置数功能。在 $\overline{CR} = 1$ 且 $\overline{LD} = 0$ 的前提下,在 CP 上升沿的作用下,触发器 $Q_0 \sim Q_3$ 分别接收并行数据输入信号 $D_0 \sim D_3$,由于这个置数操作必须有 CP 上升配合,并与 CP 上升沿同步,所以称为"同步"的。由于 4 个触发器同时置入,所以称为"并行"的。

③ 同步十进制加计数功能。在 $\overline{CR} = \overline{LD} = 1$ 的前提下,若计数控制端 $CT_T = CT_P = 1$,则对计数脉冲 CP 实现同步十进制加计数。这里,"同步"两字既表明计数器是"同步"而不是"异步"结构,又暗示各触发器动作都与 CP(上升沿)同步。

④ 保持功能。在 $\overline{CR} = \overline{LD} = 1$ 的前提下,若 $CT_T \cdot CT_P = 0$,即两个计数控制端中至少有一个输入 0,则不管 CP 如何(包括上升沿),计数器中各触发器保持原状态不变。

此外,表 3.14 指出,进位输出 CO = $CT_T \cdot Q_3 \cdot \overline{Q_2} \cdot \overline{Q_1} \cdot Q_0$,这表明进位输出端通常为 0,仅当计数控制端 $CT_T = 1$ 且计数器状态为 9 时它才为 1。

综上所述,74LS160 是具有异步清零功能的可置数十进制同步计数器。

(2) 74LS160 的应用

利用输出信号对输入端的不同反馈(有时需附加少量的门电路),可以实现任意进制的计数器。

① 用 74LS160 实现八进制计数器。下面用 3 个方案设计。

方案 1:$M=8$,一片 74LS160 即可。如图 3.29(a)所示为利用异步清零功能构成八进制计数器。设初始态全为 0,则在前 7 个计数脉冲作用下,均按十进制规律正常计数,而当第 8 个计数脉冲上升沿到来后,$Q_3Q_2Q_1Q_0$ 的状态变为 1000,通过与非门使 $\overline{CR}$ 从平时的 1 变为 0,借助"异步清零"功能,使 4 个触发器即被清成 0,从而中止了十进制的计数趋势,实现了自然态序模 8 加计数。(请注意:主循环中的 10 个状态是 0000 至 0111,它们各延续一个计数脉冲周期;而 1000 只是一个瞬态,实际上它只停留短暂的一瞬,如图 3.29(d)中所示)

方案 2:如图 3.29(b)所示为利用同步置数功能构成八进制计数器,在 $Q_3Q_2Q_1Q_0=0111$ 的状况下,准备好置数条件,即 $\overline{LD}=0$,这样,在下一个计数脉冲上升沿到来后,就不再实现"加 1"计数,而是实现同步置数,$Q_3Q_2Q_1Q_0$ 接收"并行数据输入信号"变成 0000,从而满足了模 8 的要求。此方法可称为借助同步置数功能的置全 0 法。

方案 3:如图 3.29(c)所示为利用同步置数功能构成八进制计数器的另一种方法。要求的模 $M=8$,因而多余的状态数 $=10-8=2$,十进制数 2 的对应 BCD 码是 0010,于是如果在 1001 状态下准备好同步置数条件,且"并行数据输入"$D_3D_2D_1D_0$ 分别接 0010,则下一个计数脉冲上升沿就能使 $Q_3Q_2Q_1Q_0$ 不变成 0000,而转为 0010,这样就跳过了 0000 至 0001 两个状态,实现了模 8 计数。该法充分利用了 1001 状态下 CO 才为 1 的特点。我们把这种方法称为借助同步置数功能的置值法。

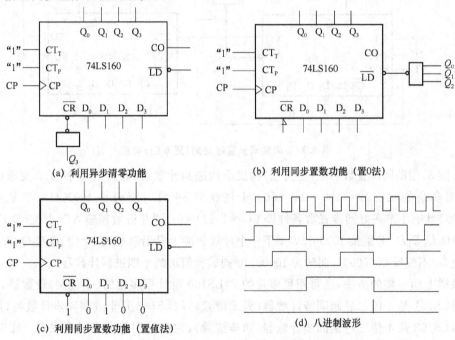

(a) 利用异步清零功能　　(b) 利用同步置数功能 (置0法)

(c) 利用同步置数功能 (置值法)　　(d) 八进制波形

图 3.29　用 74LS160 构成八进制计数器

② 用 74LS160 实现十四进制计数器。下面用 3 个方案设计。

方案 1:借助"异步清零"功能构成十四进制计数器,如图 3.30 所示。$M=14$,因为 $10<M<100$,所以用两片 74LS160,两片的 CP 端直接与计数脉冲相连,并将低位片(Ⅰ)的进位输出 CO 送到高位片(Ⅱ)的计数控制端 CT_T 和 CT_P。将个位的 Q_2 和十位的 Q_0 与非一下送至两片 74LS160 的清零复位端($\overline{CR}$)。一旦计数到 00010100,电路立刻复位,所以 00010100 为瞬态,在电路中实际不会出现 00010100 状态。

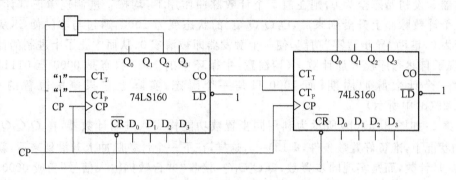

图 3.30 借助异步清零功能电路

方案 2:借助同步置数功能(置 0 位)构成十四进制计数器,如图 3.31 所示。第 1 片输出 Q_1Q_0 与第 2 片输出 Q_0 同时为 1 时,产生置数信号,使下一个作用时置 0,故此三输出经与非门(可用 74LS20)输出送至两片的 $\overline{LD}$,以构成同步置数条件。两片数据输入端均接 0。

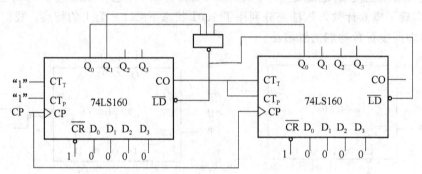

图 3.31 借助同步置数功能(置 0 法)电路

方案 3:借助同步置数功能(置值法)构成十四进制计数器,如图 3.32 所示。要求的 $M=14$,因而多余的状态数 $=100-14=86$。十进制数 86 的对应码是 10000110,于是如果在 10011001 状态下准备好同步置数条件即 $CO=1$、$\overline{LD}=0$ 且"并行数据输入"(十位)$D_3D_2D_1D_0$(个位)$D_3D_2D_1D_0$ 分别接 10000110,则下一个计数脉冲上升沿就能使(十位)$Q_3Q_2Q_1Q_0$(个位)$Q_3Q_2Q_1Q_0$ 不变成 00000000,而转为 10000110 构成置值法的十四进制计数器。

根据上面一样的方法,还可用更多片的 74LS160 设计更多位的(十进制)计数器。

74LS161 是 4 位二进制同步计数器(异步清除),74LS162 是十进制同步计数器(同步清除),74LS163 是 4 位二进制同步计数器(同步清除),它们的引脚分布及含义与 74LS160 完全一样。用这些计数器可以设计成各种进制的计数器。

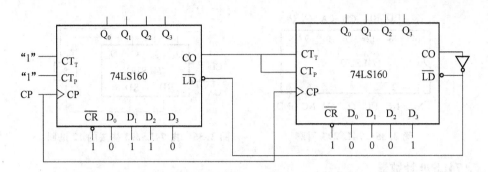

图 3.32 借助同步置数功能(置值法)电路

2. 74LS190 计数器

74LS190 是 BCD 同步加/减计数器,其引脚如图 3.33 所示,其引脚含义:$\overline{S}$ 是使能端,低电平有效;$\overline{LD}$ 是置数控制端,当 $\overline{LD}=0$ 时,计数器立刻置数,输出 $Q_D Q_C Q_B Q_A=$ 输入 $DCBA$;M 为加/减控制端,$M=0$ 是加法,$M=1$ 是减法;在加法计数到 1001,或减法计数到 0000 时,$\overline{Q_{CR}}$ 发出负脉冲,Q_{CC}/Q_{CB} 发出正脉冲。74LS191 是 4 位二进制同步加/减计数器,最大计数为 1111,其引脚分布及含义与 74LS190 完全一样。和 74LS160 一样,74LS190、74LS191 也可通过置数方法设计成其他进制计数器。

3. 74LS192 计数器

74LS192 是 BCD 同步加/减计数器(双时钟),其引脚如图 3.34 所示,其引脚含义:Cr 是清零端,Cr = 1 清零,Cr = 1 计数;$\overline{LD}$ 是置数控制端,$\overline{LD}=0$ 时,计数器立刻置数,输出 $Q_D Q_C Q_B Q_A=$ 输入 $DCBA$;$CP_D=1$,CP_U 输入脉冲时为加法计数,$CP_U=1$,CP_D 输入脉冲时为减法计数;在加法计数到 1001 时,$\overline{Q_{CC}}$ 发出负脉冲;在减法计数到 0000 时,$\overline{Q_{CB}}$ 发出负脉冲。74LS193 是 4 位二进制加/减计数器,最大计数为 1111,其引脚分布及含义与 74LS192 完全一样。

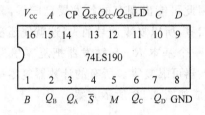

图 3.33 74LS190 引脚

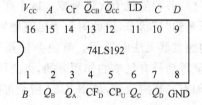

图 3.34 74LS192 引脚

4. 74LS293 计数器

74LS293 是 2-8-16 进制计数器,是最大进制为 16 进制的异步计数器,其引脚如图 3.35 所示,CA、CB 分别是内部第 1、2 级 J—K 触发器的触发输入端,RD_1、RD_2 是直接置零端。当 RD_1、$RD_2=1$ 时,内部 4 个 J—K 触发器全部置零。内部第 1 级触发器(CA 输入、Q_A 输出)是独立的,相当于二进制,后 3 级已经连成异步八进制计数器。如果 Q_A 和 CB 相连,就构成 16 进制加法计数器。

可以用 74LS293 设计任意进制计数器,比如设计 12 进制,在计数到 12 (即 $Q_D Q_C Q_B Q_A=$ 1100)时,立刻置零,如图 3.36 所示。

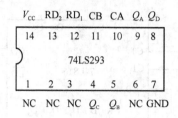

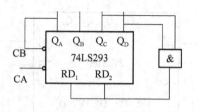

图 3.35　74LS293 引脚　　　　图 3.36　由 74LS293 构成的 12 进制

5. 74LS90 计数器

74LS90 是十进制异步计数器,其内部由二进制和五进制计数器两部分组成,CA、CB 分别是前部分二进制计数器和后部分五进制计数器的时钟输入端,$R_{0(1)}$ 和 $R_{0(2)}$ 是直接置 0 端。当 $R_{0(1)} \cdot R_{0(2)} = 1$ 时,器件被置 0,即 $Q_D Q_C Q_B Q_A = 0000$。$S_{0(1)}$ 和 $S_{0(2)}$ 是置 9 端。当 $S_{0(1)} \cdot S_{0(2)} = 1$ 时,器件被置 9,即 $Q_D Q_C Q_B Q_A = 1001$。$R_{0(1)}$、$R_{0(2)}$、$S_{0(1)}$、$S_{0(2)}$ 全为 0 时正常计数,当 Q_A 和 CB 相连,CA 输入时钟时,为十进制计数器,74LS90 器件引脚和由此构成的25 进制计数器如图 3.37 和图 3.38 所示。

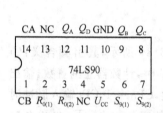

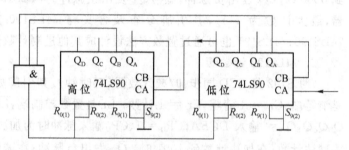

图 3.37　74LS90 引脚　　　　图 3.38　由 74LS90 构成的 25 进制

现在讨论归零可靠性问题:由于计数器中各个触发器的脉冲工作特性和带负载情况不可能都一样,各种随机干扰信号或大或小存在,因此可能出现有的触发器已归零,有的仍然还处于原来的"1"状态,但此时因为已有触发器归零,所以复零信号消失,这就使还没有来得及归零的触发器无法归零了。解决办法是利用一个基本 R—S 触发器把复零信号暂存一下,保证复零信号有足够的作用时间,以便使计数器可靠复零。所有的计数器复零都有可靠性问题,如有必要应改进,如图 3.36 所示可改进成如图 3.39 所示方案。

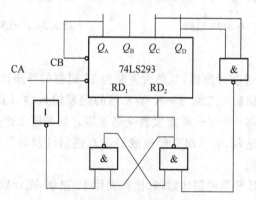

图 3.39　由 74LS293 构成的改进型 12 进制

计数器还可与其他器件构成各种实用电路。比如：计数器和译码器结合可以产生负脉冲分配器、计数器和选择器结合可以产生序列信号发生器、计数器和比较器结合可以设计任意进制计数器(进制由外部输入数字量决定)，以及计数器和 D/A 转换器结合可以产生阶梯波形等。

6. BCD 计数—译码—驱动集成芯片 74LS143(74LS144)

该器件集计数—译码—驱动 3 种功能为一体，可在计数的同时实现十进制显示，其集成电路引脚如图 3.40 所示，74LS143 和 74LS144 功能一样，前者可直接接 LED 显示器，后者一般加限流电阻接 LED 显示器。各引脚功能及含义如下：$\overline{E_T}$、$\overline{E_P}$ 为计数允许输入端，低电平有效；Clock 为计数脉冲输入端，上跳沿有效，$\overline{Clear}$ 为清零端，低电平有效，高电平计数和锁存；$\overline{RBI}$、$\overline{RBO}$、BI 为灭零控制及消隐控制；DP 为小数点控制；$\overline{Carry}$ 为进位信号输出端；$\overline{Latch}$ 为内部锁存器的锁存控制端，为高电平时计数器计数，为低电平时计数器的 BCD 值进入锁存器，并由此进入译码/驱动器，使显示与计数相隔离。$Q_D Q_C Q_B Q_A$ 为经过锁存后的 BCD 码输出端；$a \sim g$ 为七段码输出，集电极开路形式，可直接接数码显示管，配用共阳 LED 数码管。dp 为小数点输出端，与 LED 数码管的"h"段相连。

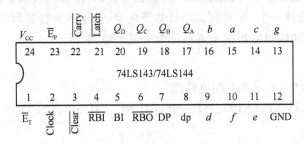

图 3.40　74LS143/71LS144 的引脚

7. 数码显示器

计数-译码-显示电路在自动测量和控制中使用非常广泛。译码器(这里指七段译码)的作用是将计数器输出的数码译成七段码输出，以驱动数码管实现数码显示，译码器的输入接计数器的相应输出(按从高位到低位顺序相接)，七段译码器前面实验中已经介绍。数码显示器是将计数器的计数结果直接用数码显示出来，有共阳和共阴两种，如图 3.41 所示。两者引脚相似，不同的是，使用共阳极时，$a \sim g$ 接的是译码器输出的取反量；而使用共阴极时，$a \sim g$ 接的是译码器输出的原变量，可以直接接译码器 74LS48 的相应输出端 $Y_a \sim Y_g$。$a \sim g$ 的数值决定显示结果：共阴极时，$a \sim g$ 的数值与 74LS48 输出一样，如表 3.8 所示的 74LS48 真值；共阳极时，显示同样结果时，$a \sim g$ 的数值与 74LS48 取反输出一样。

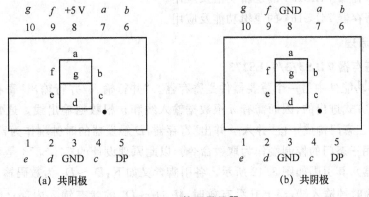

图 3.41　数码显示器

三、实验仪器

① 数字实验仪 、双踪示波器、函数信号发生器、数字万用表。

② 主要器件:74LS04——2 片,74LS160——1 片,74LS190——1 片,74LS192——1 片,74LS293——1 片,74LS90——2 片,74LS143——1 片,74LS48——2 片,共阴数码管——1 片,共阳数码管——1 片。

四、实验内容

① 试测试 74LS160、74LS190、74LS293、74LS90 和 74LS143 的逻辑功能。

② 用 74LS160 设计一个十、六进制加法计数器电路,并用数码管显示结果。

③ 用 74LS160 设计一个 35 进制加法计数器电路,并用数码管显示结果。

④ 用 74LS190 设计一个 八进制减法计数器电路,并用数码管显示结果。

⑤ 用 74LS192 设计一个 30 进制减法计数器电路,并用数码管显示结果。

⑥ 用 74LS293 设计一个 12 进制加法计数器电路,并用数码管显示结果。

⑦ 用 74LS90 设计一个 32 进制加法计数器电路,并用数码管显示结果。

⑧ 用 74LS143 和数码管搭接十进制计数—显示电路。

五、预习要求

① 设计实验内容中 2、3、4、6 的电路图。

② 弄清楚 74LS160、74LS192、74LS293、74LS90、74LS48、BS207 等器件的逻辑功能及引脚含义。

③ 完成第六项中的思考题。

六、思考题

① 试用 74LS160 设计一个 358 进制加法计数器。

② 试用 74LS90 设计一个 796 进制加法计数器。

实验 6 寄存器及其应用

一、实验目的

① 了解寄存器 74LS373/74LS273 的逻辑功能及应用。

② 了解寄存器 74LS194 的逻辑功能及应用。

③ 了解寄存器 74LS164 的逻辑功能及应用。

二、实验原理

1. 数码寄存器 74LS373/74LS273

MSI 时序功能件中另一个重要器件是寄存器。"并行输入/并行输出"寄存器中的 n 位数码是以并行方式进出的,因而需有 n 根数据输入线和 n 根数据输出线。通常可用 n 个 D 触发器接 n 个三态门构成 n 位"并入 / 并出"寄存器,D 触发器的时钟端作为寄存命令,上升沿到寄存,而用三态门的控制端作为取数命令。以此原理设计的 74LS373 是 8 位 3 态寄存器(也叫锁存器),其引脚如图 3.42 所示。各引脚含义如下:$D_7 \sim D_0$ 为数码输入;$Q_7 \sim Q_0$ 为数码输出;G 为时钟输入端,当上升沿有效时,将 $D_7 \sim D_0$ 的状态锁入内部;$\overline{OE}$ 为输出允许端,当此端为低电平时,输入数码反映到输出端,当$\overline{OE}$有效信号过后,$Q_0 \sim Q_7$ 恢复为高阻状态,如果$\overline{OE}=0$ 为 2 态输出。与之兼容的器件有 74LS374。

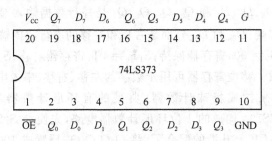

图 3.42 74LS373 的引脚

74LS273 是 2 态输出的寄存器,除引脚"1"为清零端(低电平有效)外,其余引脚和 74LS373 一样。使用 74LS273(74LS373 同样)可以控制多个电路,如图 3.43 所示。利用 74LS273 的锁存作用,可以实现工作繁忙的单片机或 FPGA/CPLD 器件对若干电路同时控制。

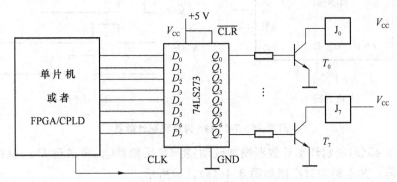

图 3.43 多个继电器控制电路

利用 74LS273/74LS373 的锁存作用还可以稳定数码管输出。如图 3.44 所示是 74LS273 共阳和共阴数码管接线,当输入数码变化时,只要 CLK 的上升沿没有到,数码管显示不变。

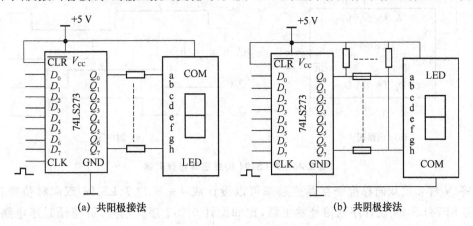

(a) 共阳极接法   (b) 共阴极接法

图 3.44 74LS273 和 数码管接线

2. 4 位双向移位寄存器

74LS194 是一个 4 位双向移位寄存器,它的逻辑符号如图 3.45(a)所示,其集成电路引脚见附录 4,其中 D_0、D_1、D_2、D_3 和 Q_0、Q_1、Q_2、Q_3 是并行数据输入端和输出端;CP 是时钟输入端;$\overline{CR}$ 是直接清零端;D_{SR} 和 D_{SL} 分别是右移和左移的串行数据输入端;S_1 和 S_0 是工作状态控制输入端。$S_1S_1 = 00$,寄存器保持;$S_1S_0 = 01$,寄存器右移;$S_1S_0 = 10$,寄存器左移;$S_1S_0 = 11$,寄存器置数。移位寄存器可用于数字的左移、右移、串入串出、串入并出、并入串出、并入并出,还可用来构成特殊计数器,典型的有环形计数器和扭环形计数器。如图 3.45(a)所示为 74LS194 构成的 4 位环形计数器电路,先使得 $S_1S_0 = 11$,进入同步置数工作方式,在时钟脉冲 CP 上升沿的配合下,将 $Q_0Q_1Q_2Q_3$ 预置成 1000;当 S_1 变回 0 后,进入右移工作方式,开始在 CP 上升沿作用下正常计数,波形如图 3.45(b)所示。

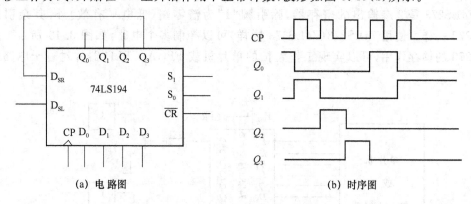

(a) 电路图 (b) 时序图

图 3.45 74LS194 构成环形计数器

将如图 3.45(a)所示环形计数器稍加改动:将 Q_3 反相得 $\overline{Q_3}$,再送至 D_{SR},就构成了 4 位扭环形计数器。其电路和时序图如图 3.46(a)、(b)所示。

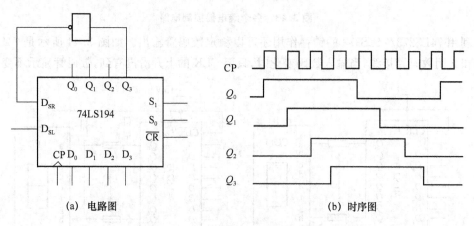

(a) 电路图 (b) 时序图

图 3.46 74LS194 构成扭环形计数器

将 N 片 4 位双向移位寄存器连起来可以设计成 $4 * N$ 位 74LS194 双向移位寄存器。还可以用 74LS194 设计序列信号发生器,比如设计 01011 序列信号,可遵循时序电路设计的一般方法,设计步骤如下。

① 确定状态及状态转换过程,如图 3.47 所示。状态及状态转换过程为 0101—1010—

1101—0110—1011—0101，要实现这样的状态及状态转换，可使 74LS194 右移，同时使右移输入端 D_{SR} 分别（自动）为 11010。当然也可以用左移方法实现。

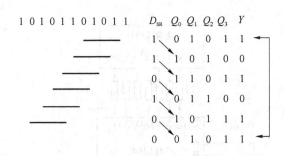

图 3.47　以右移的方法获取的状态

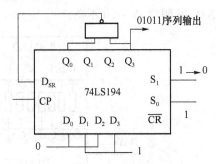

图 3.48　01011 序列输出

② 画出卡诺图，写出反馈逻辑表达式：$D_{SR} = \overline{Q_0 \cdot Q_3}$

③ 画出电路图，如图 3.48 所示，随着时钟的输入，Q_3 端不断输出 01011 序列。

3. 串行输入/串行（并行）输出移位寄存器

74LS164 是串行输入/串行（并行）输出移位寄存器，其引脚如图 3.49 所示，各引脚功能如下。

A、B 为串行数据输入端，使用时连在一起；CLK 为时钟，上升沿来时数据右移一位；$\overline{CLR}$ 为清零端，低电平有效；$Q_A \sim Q_H$ 为并行数据输出端，同时 Q_H 也是串行数据输出端，串行数据从 A、B 端最先进入的从 Q_H 端输出，最后进入的从 Q_A 端输出。

串行/并行转换器件的基本功能是由 DATA 端一位一位地接收串行二进制数据，当接收完 8 位二进制数时，从输出端并行输出 8 位二进制数据。如果这时还有数据送入，则原先到达内部的二进制数会从某一指定的输出端挤出去，然后被送向下一个芯片。输入数据是否被芯片接收由 CLK 控制。串行数据传送示意图如图 3.50 所示。在 t_1 时刻，DATA 线上首先出现"1"，随后来 CLK 脉冲，则该位的"1"被芯片收入；在 t_2 时刻，DATA 线上首先出现"0"，随后又来 CLK 脉冲，则芯片又收入 "0"……总之每个 CLK 脉冲都能使芯片从 DATA 收入 1 位二进制数。

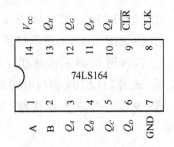

图 3.49　74LS164 的引脚

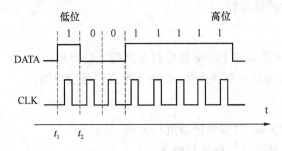

图 3.50　串行数据传送示意

如图 3.51 所示是使用 74LS164 构成的实用显示电路,用共阳 8 段 LED 显示器,在输入 16 个脉冲后,串行送入的 16 位数即以并行形式显示出来。其中 h 为小数点,共阳时, $h = 1$ 不亮,共阴时, $h = 0$ 不亮。

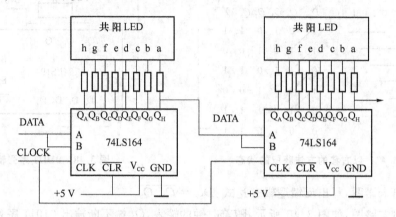

图 3.51 使用 74LS164 构成的实用显示电路

三、实验仪器

① 数字实验仪 、双踪示波器、函数信号发生器、数字万用表。

② 主要器件:74LS273——1 片,74LS373——1 片,74LS194——1 片,74LS164——1 片,共阴数码管——1 片,共阳数码管——1 片。

四、实验内容

① 试测试 74LS373、74LS194 和 74LS164 的逻辑功能。

② 按如图 3.44(a)所示接线,测试显示结果。

③ 按如图 3.48 所示接线,拟定实验步骤,测试序列信号输出结果。

④ 试用 74LS194 和门电路设计一个能产生 01101 的序列信号发生器。

⑤ 按如图 3.51 所示接线,每输 1 位数据,给 1 个脉冲,输入 16 位数据后,测试显示结果。

五、预习要求

① 弄清楚 74LS273、74LS373、74LS194、74LS164 等器件的逻辑功能及引脚含义。

② 弄清楚上述器件的应用。

③ 完成第六项中的思考题。

六、思考题

① 说明如图 3.43 所示多个继电器控制电路的工作原理。

② 试用 74LS194 设计一个能产生 011001 序列信号发生器。

七、报告要求

① 详细总结实验步骤,对实验记录进行分析。

② 工作波形图必须画在方格坐标纸上。

实验 7 脉冲信号产生及分配器电路

一、实验目的

① 掌握使用集成逻辑门和石英晶体振荡器产生脉冲信号的方法。

② 掌握影响输出脉冲波形参数的定时元件数值的计算方法。

③ 熟悉使用脉冲示波器测量脉冲信号周期 T 和脉宽 T_W 的方法。

④ 熟悉脉冲分配器 CD4017 逻辑功能及应用。

二、实验原理

1. 脉冲信号发生器

在数字电路系统中,经常需要各种宽度、幅度且边沿陡峭的脉冲信号来协调整个系统的工作,如触发器和各种时序电路的时钟信号 CP。需要说明的是:模拟电路产生的信号一般是正负对称的各种波形信号,而数字电路产生的信号一般是底部为 0 电平、顶部为 1 电平的脉冲信号。获取 CP 的方法很多,总的思路是利用多谐振荡器产生。除了用施密特触发器和 555 定时器能产生脉冲信号(后面实验介绍)外,本实验介绍一些其他常用的产生脉冲信号的方法。

(1) 利用与非门组成脉冲信号产生电路

与非门作为一个开关倒相器件,可用来构成各种脉冲波形的产生电路。电路的基本工作原理是利用电容器的充放电,当输入电压达到与非门的阈值电压 V_T 时,门的输出状态即发生变化,因此电路中的阻容元件数值将直接与电路输出脉冲波形的参数有关。

由门组成的自激多谐振荡器有对称型振荡器、非对称型振荡器等。如图 3.52 所示为一种带有 RC 网络的环行振荡器。其中 R_0 为振荡电阻,一般取 $100\ \Omega$,受电路工作条件约束,要求 $R \leqslant 1\ k\Omega$,电路输出信号的周期 $T \approx 2.2RC$。

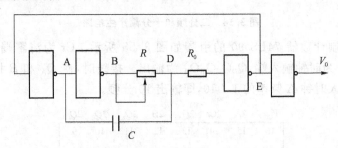

图 3.52 带有 RC 电路的环形振荡器

(2) 利用晶体振荡器组成脉冲信号产生电路

如图 3.53 所示介绍了几种常用的晶体振荡器电路,其中如图 3.53(a)、(b)所示为 TTL 电路组成的晶体振荡电路;如图 3.53(c)所示为由 CMOS 电路组成的晶体振荡电路,它是电子钟内用来产生秒脉冲信号的一种常用电路,其中晶体的 $f_0 = 32\ 768\ Hz$(即 2 的 15 次方)。图 3.53(c)中 CD4060 是 14 位二进制分频器(引脚图见附录 5,12 脚应接地)。其中电阻 $R = 10\ M\Omega$、电容 $C_1 = 100\ pF$,$C_2 = 51\ pF$,CD4060 中除了 16 端(电源端)、8 端(地端)、12 端(接地端)外,其他端输出各种不同频率的信号,最低频率为 2 Hz、最高频率为 32 768 Hz。

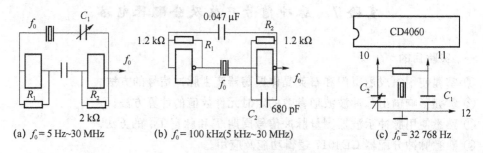

(a) $f_0 = 5\ Hz \sim 30\ MHz$　　(b) $f_0 = 100\ kHz(5\ kHz \sim 30\ MHz)$　　(c) $f_0 = 32\ 768\ Hz$

图 3.53　常用的晶体振荡电路

如图 3.54 所示是用晶体振荡器、双十进制计数器 74LS390 和 D 触发器 74LS74 组成的又一多频率产生电路,图中晶体振荡器除了 8 MHz 外,还可以用 2 MHz、4 MHz、12 MHz、24 MHz 等。D 触发器用于二分频,双十进制计数器用于 10 分频。图 3.54 中应选择工作频率高的集成电路。

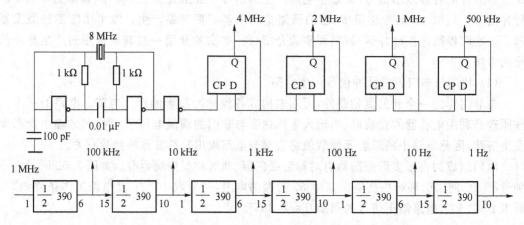

图 3.54　二分频和十分频产生电路

其中双十进制计数器 74LS390 的引脚如图 3.55 所示。Cr 为清零端,Cr = 1 清零、Cr = 0 计数;A 为时钟输入端,$Q_D Q_C Q_B Q_A$ 为输出。接线时,使 Q_A 和 B 相连,则 Q_C 输出脉冲的频率为输入时钟 A 频率的 1 / 10,即输出 10 分频。

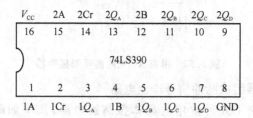

图 3.55　双十进制计数器 74LS390 的引脚

2. 脉冲分配器

脉冲分配器一般由计数器和译码器组成,其作用是产生多路顺序脉冲信号。CP 端上的系列脉冲经 n 位二进制计数器和相应的译码器,可以转变为 2^n 路顺序输出脉冲。

CD4017 是十进制计数/分配器,CD4022 是八进制计数/分配器。它们的引脚如图 3.56 所示。

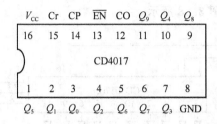

图 3.56　CD4017 和 CD4022 引脚

其中,CP 为时钟端,Cr 为清零端,$\overline{EN}$ 为使能端,其真值表如表 3.15 所示。

表 3.15　CD4017 与 CD4022 的真值

CP	$\overline{EN}$	Cr	输出计数 n
0	×	0	n
1	1	0	n
↑	0	0	$n+1$
↓	1	0	$n+1$
1	↓	0	$n+1$
1	↑	0	n
×	×	1	0

CD4017 的时序波形如图 3.57 所示。

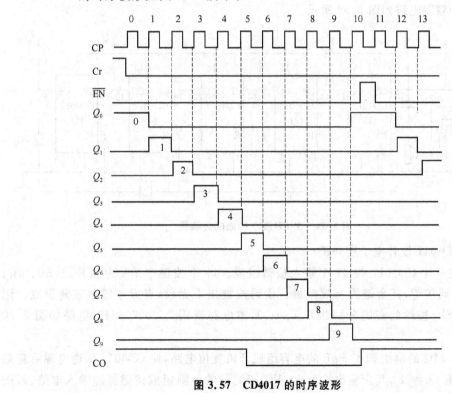

图 3.57　CD4017 的时序波形

（1）用 CD4017 设计彩灯追逐电路

将 2 片 4017 级联发光二极管 LED 从左到右依次为红、黄、绿，在 CP 作用下，LED 依次发光，形成彩灯追逐效果，如火箭发射，电路如图 3.58 所示。

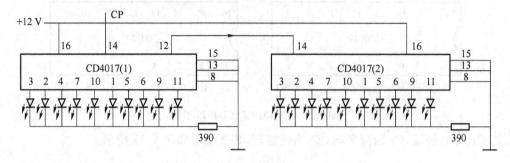

图 3.58 彩灯追逐电路

（2）用 CD4017 构成分频器电路

左边 CD4060 部分为脉冲发生器，选晶阵频率 512 kHz，此振荡信号经 CD4060 内部 9 级二分频后在其 13 脚输出频率 1 kHz；CD4017(1)~CD4017(3)构成三级 10 分频器，从 Q_2、Q_3、Q_4 分别输出 100 Hz、10 Hz、1 Hz 的脉冲；CD4017(5)输出端 Q_6 与其清零端 Cr 连接，与 CD4017(4)级联组成 60 分频器，故 Q_6 输出周期为 1 min 的脉冲。如图 3.59 所示中 51 kΩ 电阻和 4.7 μF 电容的作用是当电路接通时产生一正脉冲使各片 CD4017 清零复位。VD_1 的作用是当 CD4017(5)输出端 Q_6 出现高电平时只对 CD4017(5)清零，不对其他 CD4017 清零。本电路若再级联一级 60 分频还可获得周期为 1 小时的脉冲。由 CD4017 构成的 60000 分频器电路如图 3.59 所示。

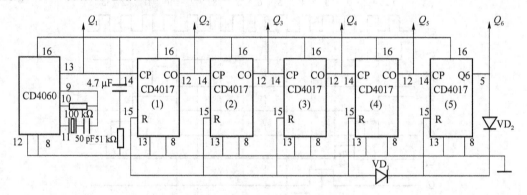

图 3.59 由 CD4017 构成的分频器

（3）用 CD4017 设计电子密码锁

本电路由一片 CD4017 与 11 个输入按键组成。11 个按键中 SA 为总开关，SB、SB_1、SB_5、SB_8 为伪码按键，其余键为有效按键。伪码按键按下无效，有效按键可重复设置。记 SB_0、SB_1、…、SB_9 按键的密码分别为 0、1、…、9，本电路密码为 302706249，电路如图 3.60 所示。

电路中，1 MΩ 的电阻和 4.7 μF 的电容组成开机复位电路，使 CD4017 接通电源后自动复位，此时只有 $Q_0 = 1$，其余输出均为 0。VT 与周围的电阻组成按键脉冲输入电路，每按

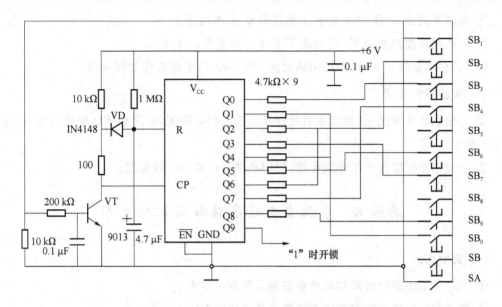

图 3.60　由 CD4017 设计的数字电子密码锁

一次有效按键,VT 导通一次并向 CP 输入一个脉冲。其工作原理如下:接通电源后,Q_0 输出"1"电平,此时按下 SB_3,则 Q_0 的高电平加到 VT 的基极,使其导通,当手松开后,SB_3 弹回断开,VT 又截止,这样按下 SB_3 后,在 VT 的集电极产生一个负脉冲,加到 CP 端,手松开后用集电极产生的上升沿使 Q_1 端输出"1"电平。接着按下 SB_0,同样过程使 Q_2 端输出"1"电平,这样按照密码顺序依次按动输入按键,则 Q_3、Q_4、Q_5、Q_6、Q_7、Q_8 依次输出"1"电平。当按动最后一位 SB_9 后,Q_9 端输出"1"电平,此端可作为开锁控制信号输出。

三、实验仪器

① 数字实验仪、双踪示波器、函数发生器/计数器、数字万用表、实验电路板。

② 主要器件:CD4017——1 片,CD4060——1 片,74HC74——2 片,74HC390——4 片,晶振——32 768 Hz、8 MHz,按键——12 只,电阻:100 Ω、300 Ω、4.7 kΩ、1 kΩ、10 MΩ 若干,电容:10 pF、51 pF、100 pF、300 pF、0.01 μF、0.047 μF 若干。

四、实验内容

① 按如图 3.53(c)所示电路连接线路,显示各输出端的波形,并测量其频率。

② 按如图 3.54 所示电路连接线路,显示各输出端的波形,并测量其频率。

③ 按如图 3.58 所示电路连接线路,观察彩灯追逐效果。

④ 按如图 3.60 所示电路连接线路,验证密码锁功能。

五、实验预习

① 分析如图 3.52 所示电路中电容器 C 的充放电过程。

② 熟悉 CD4017 的功能及应用。

六、思考题

(1) 按如图 3.52 所示连接电路,取 $R=1$ kΩ,$R_0=100$ Ω,$C=0.1$ μF。

① 观察并记录 A、B、D、E 各点工作波形及 v_o 的波形。

② 用通用计数器测量 V_o 的周期 T 和正脉冲宽度 t_w 的值。

（2）如果将如图 3.60 所示的密码改为 321796235,电路应作如何改动？

七、实验报告要求

① 写出设计计算过程,画出标有元件参数的实验电路图,并对测试结果进行分析(包括误差分析)。

② 用方格坐标纸画出工作波形图,图中必须标出零电压线位置。

实验8 单稳态与施密特触发器的应用

一、实验目的

① 学习使用集成门电路构成单稳态触发器的基本方法。

② 熟悉集成单稳态触发器的逻辑功能及其使用方法。

③ 了解施密特触发器的逻辑功能及应用。

二、实验原理

单稳态触发器有两种状态,一种是稳定状态,另一种只是暂时状态(暂稳态)。单稳态触发器在平时(无外界干扰情况下)处于稳态,在外界触发脉冲的作用下,电路从稳态到暂稳态,维持一段时间后又自动回到稳态,暂态时间的长短取决于电路参数。

1. 由门电路构成的微分型单稳态触发器

如图 3.61 所示为一种微分型单稳态触发器电路图及其输入输出的工作波形图。这种电路使用于触发脉冲宽度小于输出脉冲宽度(脉冲宽度变宽)的情况。稳态时要求 G2 门处于截止状态(输出高电平),故 R 必须小于 1 kΩ。根据元件参数 RC 取值不同,输出脉冲的宽度也不同,通常 $t_w = (0.7 \sim 1.3)RC$。

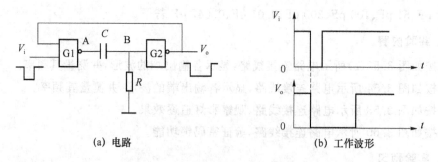

(a) 电路　　　　　　　　　　　(b) 工作波形

图 3.61　微分型单稳态触发器

2. 由门电路构成的积分型单稳态触发器

如图 3.62 所示为一种积分型单稳态触发器电路图及其输入输出的工作波形图。这种电路适用于触发脉冲宽度大于输出脉冲宽度(脉冲宽度变窄)的情况。稳定条件要求

$R \leqslant 1 \text{ k}\Omega$。与非分型单稳态触发器相似,脉冲宽度±$RC$ 之间的关系特有一个变化范围,实验证明 $t_w = (0.7 \sim 1.4)RC$。从电路分析可以知道,输出脉冲宽度和电路的恢复时间均与 RC 电路的充放电直接有关,因而电路的恢复时间较长。在实际工作中,要求触发脉冲(方波)的周期应大于单稳态触发器输出脉冲宽度的两倍以上。

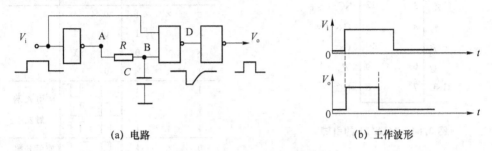

(a) 电路　　　　　　　　　　　　　(b) 工作波形

图 3.62　积分型单稳态触发器

3. 由门电路构成的施密特触发器

施密特触发器能对正弦波、三角波等信号进行整形,输出矩形波,如图 3.63 所示为利用与非门组成的两种施密特触发器。如图 3.63(a)所示,门 G1、G2 是基本 RS 触发器,二极管 VD 起电平偏移作用,以产生回差电压,其工作原理如下:设 $V_i = 0$,G3 截止,$R = 1$、$S = 0$,$Q = 1$,电路处于原态。V_i 由 0 V 上升到电路的接通电位 V_T 时,G3 导通,$R = 0$,$S = 1$,触发器翻转为 $Q = 0$ 的新状态。此后 V_i 继续上升,电路状态不变。当 V_i 由最大值降到 V_T 值的时间内,R 仍然等于 0,$S = 1$,电路状态也不变。当 $V_i < V_T$ 时,G3 由导通变为截止,而 $V_S = V_T + V_D$ 为高电平,因而 $R = 1$、$S = 1$,触发器状态仍然保持。只有 V_i 降至使 $V_s = V_T$,电路才翻回到 $Q = 1$ 的原态。电路的回差 $\Delta V = V_D$。如图 3.63(b)所示为工作波形图,如图 3.63(c)所示是由电阻 R_1、R_2 产生回差的电路。其正向阈值电压为 $V_{T+} = \left(1 + \dfrac{R_1}{R_2}\right)V_{TH}$,反向阈值电压为 $V_{T-} = \left(1 - \dfrac{R_1}{R_2}\right)V_{TH}$,回差电压 $\Delta V_T = V_{T+} - V_{T-}$。

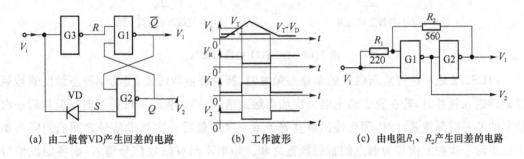

(a) 由二极管VD产生回差的电路　　　(b) 工作波形　　　(c) 由电阻R_1、R_2产生回差的电路

图 3.63　由集成门组成的施密特触发器

4. 集成单稳态触发器及其应用

常见的 TTL 集成单稳态触发器有 74LS121、74LS122(可重触发)和 74LS123(可重触发双单稳)。

74LS121 是一种通用型的单稳态触发器,输入端内带整形电路,其引脚如图 3.64 所示。

$\overline{Q}$	1	14	V_{cc}
NC	2	13	NC
A_1	3	12	NC
A_2	4	11	Cx、Rx
B	5	10	Cx
Q	6	9	R_{in}
GND	7	8	NC

图 3.64　74LS121 的引脚

表 3.16　74LS121 的功能

输入			输出		备注
A_1	A_2	B	Q	$\overline{Q}$	
0	×	1	0	1	
×	0	1	0	1	
×	×	0	0	1	
1	1	×	0	1	
1	↓	1	⎍	⎴	使用 A 端
↓	1	1	⎍	⎴	触发
↓	↓	1	⎍	⎴	
0	×	↑	⎍	⎴	使用 B 端
×	0	↑	⎍	⎴	触发

Q 为输出端,稳态时 $Q = 0$,暂态时 $Q = 1$;A_1、A_2 为触发输入端,下跳沿触发;B 为触发输入端,上跳沿触发;R_x、C_x 为定时电阻、电容;R_{in} 为内部定时电阻。74LS121 的功能如表 3.16 所示。如图 3.65 所示是 74LS121 的典型接法。外接 R_x 为 $1.4 \sim 40$ kΩ,外接 $C_x < 1\,000$ μF,暂态维持时间 $t_p \approx 0.7 R_x C_x$。

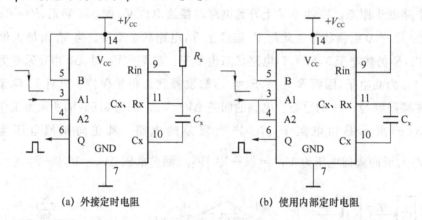

(a) 外接定时电阻　　　　　　　　　(b) 使用内部定时电阻

图 3.65　74LS121 的典型接法

74LS122 是一种可重新触发的单稳态触发器,所谓可重新触发,是指单稳态触发器被触发翻转进入暂态时,若在暂态结束前再次加以触发信号,那么暂态所维持的时间就从后一次触发的那一时刻重新计时,因此输出脉宽等于第一次和最后一次触发信号之间的间隔再加上以最后一次触发信号为起点的暂稳脉宽之和。如果不断有触发信号输入,而各触发信号之间的间隔均小于单稳仅受单次触发时的暂态时间,那么单稳就会一直处于暂态,直到触发信号消失后再过"一个暂态"时间,才能回到稳态(常态)。74LS122 的引脚如图 3.66 所示。其引脚和功能与 74LS121 基本相同,所不同的是增加了一个清零端$\overline{CLR}$。功能如表 3.17 所示。$A = A_1 \cdot A_2, B = B_1 \cdot B_2$。74LS122 的典型应用接法如图 3.67 所示。

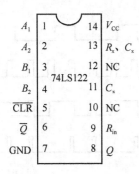

图 3.66　74LS122 的引脚

表 3.17　74LS122 的功能

输入			输出	
$\overline{\text{CLR}}$	A	B	Q	$\overline{Q}$
0	×	×	0	1
×	1	×	0	1
×	×	0	0	1
1	0	↑	⎍	⎍
1	↓	1	⎍	⎍
↑	0	1	⎍	⎍

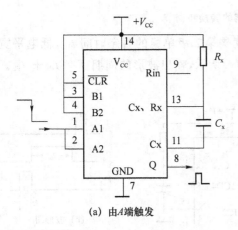

(a) 由 A 端触发

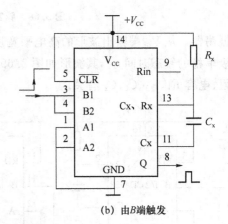

(b) 由 B 端触发

图 3.67　74LS122 的典型应用接法

74LS122 的暂态时间按式 $t_P \approx 0.45 C_X R_X$ 估算；R_X 范围在 $5 \sim 260 \text{ k}\Omega$。

74LS123 包含了两只可重触发的单稳态触发器，逻辑功能与 74LS122 相同，只是触发输入端 A 只有一端而没有 A_1、A_2 两端，输入端 B 也只有一端。其逻辑功能与表 3.17 所示一样。

CMOS 双单稳 CD4528 的引脚及功能与 74LS123 类似，A、B 分别为上、下跳沿触发端，$\overline{\text{RD}}$ 置零端。单稳态触发器常用于脉宽转换、信号延时、波形产生、波形整形等电路中。

（1）信号脉宽的转换和调节

如图 3.68 所示，显然 F 波形宽度是不规范的，不符合电路的要求，故利用该波形的上升沿去触发 74LS122 的 B 端，则单稳的 Q 端是等宽度的输出波形，调节 R_x，就能使脉冲宽度满足后续电路的要求。

（2）信号延时电路

利用两个单稳态触发器级联，就可以组成信号延时电路，如图 3.69 所示。V_{02} 比 V_i 延时了 t_{P1} 的宽度，V_{02} 的宽度为 t_{P2}，t_{P1} 由 R_1、C_1 决定，t_{P2} 由 R_2、C_2 决定。

（3）多谐振荡器

如图 3.69(a) 所示，只要把第二级单稳的输出 V_{02} 接到第一级的原 V_i 输入端，就可成为

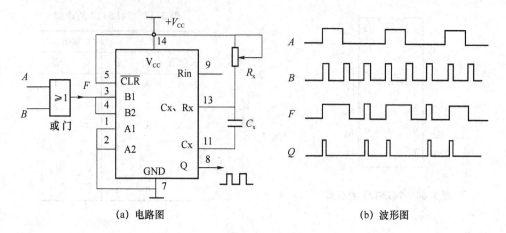

(a) 电路图　　　　　　　　　　(b) 波形图

图 3.68　脉宽的转换和调节

多谐振荡器。从 V_{02} 端输出波形的高电平宽度是第二级单稳的暂态时间 t_{P2}，低电平宽度是第一级单稳的暂态时间 t_{P1}，其波形如图 3.69(c)所示，输出波形的周期 $T = t_{P1} + t_{P2}$。与定时电阻、电容 R_1、R_2、C_1、C_2 有关。

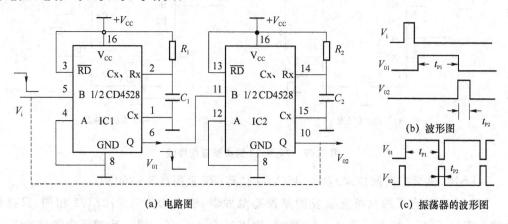

(a) 电路图　　　　　　　　(c) 振荡器的波形图

图 3.69　单稳延时电路

（4）波形整形

在许多自动检测应用中，从传感器得到的信号往往如图 3.70 所示的 u_i 那样不规则，必须插入一级输入端内部带有施密特电路的单稳态触发器，则经过单稳处理后的波形是边沿陡峭、宽度和幅度都符合后续电路的规范的波形。

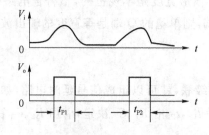

图 3.70　单稳的整形作用

5. 集成施密特触发器及其应用

集成施密特触发器具有性能一致性好,阈值(门槛电压)稳定、使用方便等优点。74LS13 是一种具有 4 个输入端的双与非施密特触发器,其引脚如图 3.71(a)所示。当 4 个输入端 A、B、C、D 都大于门槛电压 V_{T+} 时,Y 才为低电平,具有"与非"特性;而只要有一个输入端减少到下门槛电压 V_{T-} 时,Y 才为高电平,回差电压为($V_{T+} - V_{T-}$)。电源电压不同,V_{T+}、V_{T-}、$V_{T+} - V_{T-}$ 均不同。74LS132 是 2 个输入端的 4 与非施密特触发器,其引脚如图 3.71(b)所示。74LS14 是 6 反相器施密特触发器,其引脚如图 3.71(c)所示。施密特触发器对输入边沿没有要求,可以是缓慢变化的信号。

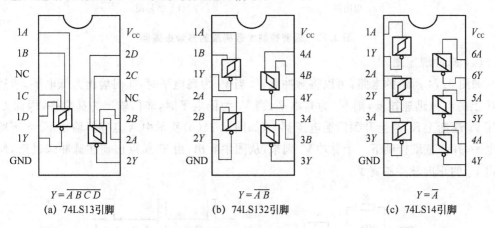

| (a) 74LS13引脚 | (b) 74LS132引脚 | (c) 74LS14引脚 |

$$Y = \overline{ABCD} \qquad Y = \overline{AB} \qquad Y = \overline{A}$$

图 3.71　集成施密特触发器

施密特触发器常用于波形转换、波形整形、构成多谐振荡器、脉冲展宽,下面举例说明。

(1) 波形转换

使用施密特触发器可以将非矩形信号(如三角波、正弦波等)变换成矩形脉冲,见图 3.63(b)。

(2) 波形整形

在许多实际应用中,常常会遇到不规则的信号波形,这种波形不符合后续电路的要求,用施密特触发器可以对它们进行整形。电路如图 3.72(a)所示,波形整形图如图 3.72(b)所示。

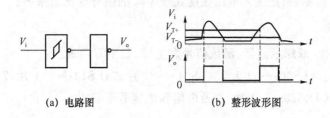

(a) 电路图　　　　　　　(b) 整形波形图

图 3.72　施密特整形电路

(3) 构成多谐振荡器

使用施密特触发器可以构成多谐振荡器,如图 3.73 所示。当输出 V_o 为高电平时,通过 R_2 对 C 充电,C 上电压 V_c 上升,当 V_c 升到上门槛电压 V_{T+} 时,输出 V_o 翻转为低电平,于是 C 通过 R_1 放电,u_c 下降,当 V_c 下降到下门槛电压 V_{T-} 时,输出 V_o 又翻转为高电平,如此周而复始,便形成了多谐振荡器。显然 R、C 值越大,振荡频率越低。改变 R_1、R_2、C 的数值可以改变振荡频率和占空比。

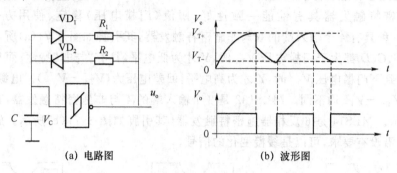

(a) 电路图　　　　　　　　　(b) 波形图

图 3.73　施密特触发器构成的多谐振荡器

（4）脉冲展宽图

如图 3.74 所示的电路,可以将脉冲展宽,当 V_i 为高电平时,非门输出为低电平,通过 D 将 C 上的电位迅速拉低,则 V_o 为高电平;当 V_i 为低电平时,非门输出为高电平,因而 C 的电压 V_c 逐渐上升,当上升到门槛电压 V_{T+}(如图 3.74(b)所示中 A 点)时,输出 V_o 才下跳到低电平,并一直维持到下一个脉冲 V_i 到来,从图中看出,由于 A 点出现在脉冲来过后,所以输出 V_o 的正向脉冲展宽了。

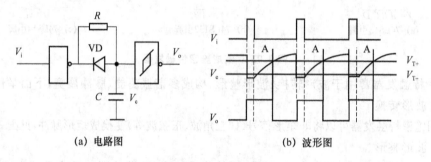

(a) 电路图　　　　　　　　　(b) 波形图

图 3.74　脉冲展宽电路

另外还可以用施密特触发器电路消除干扰、提高抗干扰能力;构成单稳态触发器,可将脉宽变窄;进行幅度鉴别;把输入电压幅度大于 V_{T+} 的信号鉴别出来等。

三、实验仪器

① 数字实验仪、双踪示波器、函数信号发生器、数字万用表。

② 主要器件:74LS00——1 片,74LS04——1 片,74LS121——1 片,74LS122——1 片,74LS14——1 片,CD4528——1 片,以及电阻和电容若干只。

四、实验内容

① 按如图 3.62 所示接线,$R = 300\,\Omega$,$C = 0.047\,\mu F$,输入频率为 1 kHz 的连续方波脉冲,显示 A、B、D 及输出端的波形。

② 按如图 3.75 电路连接,组成一个微分型单稳态触发器,其中 $R_i = 12\,k\Omega$,$C_i = 300\,pF$,$R = 300\,\Omega$,$C = 0.047\,\mu F$,输入信号 V_i 的频率 1 kHz。观察并记录输入信号 V_i,输出信号 V_o 以及 A、B、D 各点的工作波形,读出 V_o 的负脉冲宽度 t_w 的值。

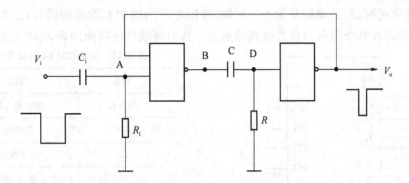

图 3.75　微分型单稳态触发器实验电路

③ 由集成门组成的施密特触发器,按如图 3.63 所示接线,输入 V_i,频率为 1 kHz 的 5 V 三角波,显示 V_R、V_1、V_2 端波形,并测量 V_1、V_2 的幅度和 V_{T+}、V_{T-} 的值。

④ 按如图 3.68 所示接线,输入 A,频率 1 kHz,占空比 30%,输入 B,频率 4 kHz,占空比 40%,显示 F 和 Q 点的波形,测量 Q 点的脉宽。

⑤ 按如图 3.73 所示接线,由施密特触发器 74LS14 构成的多谐振荡器,二极管 VD_1、VD_2 选 IN4148,自选 5 组 R_1、R_2、C 数值,显示输出波形,测量占空比。

五、预习要求

① 弄清 74LS121、74LS122、74LS14、CD4528 器件逻辑功能和引脚含义。

② 预习本实验的内容,并根据实验内容中参数要求,进行理论计算和分析。

六、思考题

① 试用施密特触发器设计成单稳态触发器,画出输出波形图。

② 如图 3.73 所示的脉冲展宽电路,如果将输入脉冲的占空比从 20% 提高到 50%,R、C 如何选择?

七、实验报告内容

① 画出实验电路图,弄清实验电路原理。

② 整理实验数据。

③ 分析实验数据,从而得出实验结论。

实验9　随机存取存储器的应用

一、实验目的

① 学会使用静态随机存取存储器。

② 加深对总线概念的理解。

二、实验原理

1. RAM2114A 工作原理

RAM2114A 是一种 1 024×4 的静态随机存取存储器,采用 HMOS 工艺制作,它的逻辑符号如图 3.76 所示。其引脚有 3 类:一类是输入地址脚,由地址脚决定输入数据存在何处或从何处取出数据;二类脚是输入控制脚,控制芯片的选中和数据的读写;三类是输入输出数据脚,是芯片和外界进行信息交换的通道。各引脚端具体功能如表 3.18 所示。

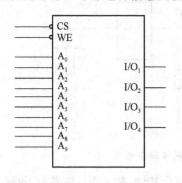

图 3.76　RAM2114A 逻辑符号

表 3.18　RAM2114A 引脚功能

端名	功能
$A_9 \sim A_0$	地址输入端
WE	写选通
CS	芯片选择
$I/O_4 \sim I/O_1$	数据输入/输出端
V_{CC}	+5 V

RAM2144A 具有如下特点。

① 采用直接耦合的静态电路,不需要时钟信号驱动,也无须刷新。

② 不需要地址建立时间,存取特别简单。

③ 在 CS=0,WE=1 时读出信息,读出是非破坏性的。

④ 在 CS=0 时,WE 输入一个负脉冲,则能写入信息;同样,在 WE=0 时,CS 输入一个负脉冲,也能写入信息。为了防止误写入,在改变地址码时,WE 或 CS 必须至少有一个为 1。

⑤ 输入、输出信号是同极性的,使用 I/O 端,能直接与系统总线相连接。

⑥ 使用单电源+5 V 供电。

⑦ 输入、输出与 TTL 电路兼容,输出能驱动一个 TTL 门和 $C_L=100$ pF 的负载 $I_{OL}=2.1 \sim 6$ mA,$I_{OH}=-1.0 \sim -1.4$ mA。

⑧ 具有独立选片功能和三态输出。

⑨ 器件具有高速与低功耗性能。

⑩ 读/写周期均小于 250 ns。

随机存取存储器种类很多,RAM2114A 是一种常用的静态存储器,是 RAM2114 的改进型。实验中也可以使用其他型号的随机存储器。例如,6116 是一种使用较广的 2 048×8 位的静态随机存取存储器,它的使用方法与 RAM2114A 相似,仅多一个 DE 读取通端,当 DE=0、WE=1 时,读出存储器内信息,在 DE=1、WE=0 时,则把信息写入存储器。

随机存取存储器是一种快速存取的存储器,广泛应用于计算机或其他数字系统作为主存储器使用,通电后可以根据要求写入信息,并在工作过程中能不断更改其存储内容。但一旦断电,信息全部消失,下次通电时,必须重新写入才能发挥作用。

2. 总线缓冲器的作用

RAM2114A 的 I/O 是一个输入、输出复用口,在计算机系统中是在数据总线上的。RAM 的工作需要一个输入数据寄存器,还需要一个输出数据寄存器,与 RAM 输出的数据得以暂存。两个寄存器均不能直接相连,而是要用三态门缓冲器与 RAM 相连系。这种挂接在总线上起缓冲作用的三态门叫总线缓冲器,图 3.77 画出了 4 bit 数据总线与 RAM2114A 及输入、输出数据寄存器的连接图,在本实验中输入数据寄存器实际上是用 4 位数据开关代替,向 RAM2114A 送入 BCD 码。输出数据寄存器实际上是用 BCD 码显示译码器和数码显示器(数码管)代替,直接显示 RAM2114A 输出的某个存储单元数据。

3. 数码循环显示电路原理

本实验是完成由年、月、日组成的 8 位数码在一个数码管上连续自动逐个显示数码的循环显示电路,完成数码循环显示电路。电路原理示意图见图 3.77,电路功能如下:电路先进入写入工作状态,用数据开关向 RAM2114A 写入 8 个 BCD 码数,例如将年、月、日 8 位 BCD 数码,按 RAM 地址顺序分别写入 RAM2114A 存储单元内。完成 8 个数据后,电路进入第 2 个工作阶段,逐个自动循环显示 RAM2114A 内存入的数据。

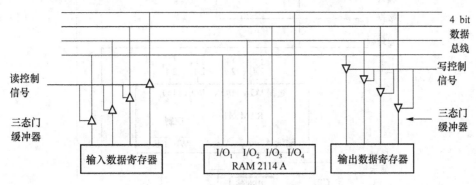

图 3.77　4 bit 总线缓冲器与 RAM 的连接电路

图 3.78 是数码循环显示电路原理示意图,本电路由 RAM2114A 地址发生器、总线发生器、数据开关列阵、BCD 码七段译码器、数码管等 6 个部分组成。该电路以 RAM2114A 为核心,通过总线缓冲器将来自数据开关列阵的 BCD 码送入 RAM,也可以通过总线缓冲器将 RAM 内的数据送到 BCD 码译码器;地址发生器是一个模 8 计数器,对存取的 8 个数据进行选址。若 CP 信号用连续信号,显示数码就能实现连续自动循环显示。

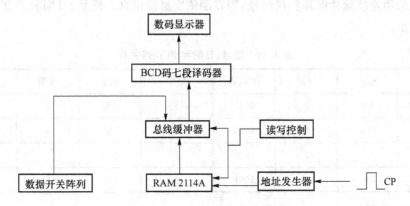

图 3.78　数码循环显示电路原理

图 3.79 是数码循环显示电路原理图,将 RAM2114A 的 I/O_1 端同时接至 74LS244 的 $2A_1$、$1Y_1$ 端;I/O_2 端同时接至 74LS244 的 $2A_2$、$1Y_2$ 端;I/O_3 端同时接至 74LS244 的 $2A_3$、$1Y_3$ 端;I/O_4 端同时接至 74LS244 的 $2A_4$、$1Y_4$ 端。具体工作过程如下。

日期写入:由计数器调好地址,输入数据端调好写入的日期数据,然后给写控制负脉冲,日期数据就通过 74LS244 的输入 $1A_4 1A_3 1A_2 1A_1$ 端到其 $1Y_4 1Y_3 1Y_2 1Y_1$ 输出端,最后通过 RAM2114A 的 I/O 端口写入存储器 RAM2114A,8 个 BCD 码需要一个个输入。

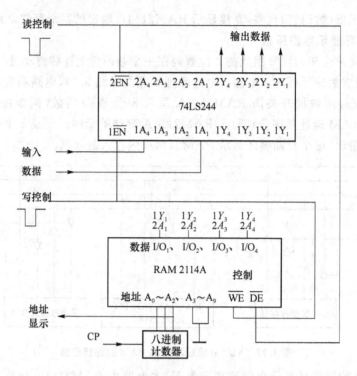

图 3.79 数码循环显示电路原理

日期读出:由计数器调好地址,或者用连续脉冲循环扫描地址,然后给读控制负脉冲(也可直接接地),则日期数据就从 RAM2114A 的 I/O 端口读出送至 74LS244 的输入 $2A_4 2A_3 2A_2 2A_1$ 端,最后再通过 74LS244 的输出 $2Y_4 2Y_3 2Y_2 2Y_1$ 端,送到译码显示器,显示日期,如果采用连续脉冲循环扫描地址,则日期依次显示出来。地址、日期和 BCD 码关系如表 3.19 所示。

表 3.19 地址、日期和 BCD 码关系

序号	地址	日期	BCD 码	序号	地址	日期	BCD 码
1	000	2	0010	5	100	0	0000
2	001	0	0000	6	101	5	0101
3	010	0	0000	7	110	1	0001
4	011	9	1001	8	111	8	1000

三、实验仪器

① 数字实验仪、数字万用表。

② 主要器件:74LS04——1 片,74LS160——1 片,74LS244——1 片,RAM2114A——1 片,74LS48——1 片,4205——1 片。

四、实验内容

(1) 按数码循环显示电路原理设计并搭试实验电路。具体要求如下。

① 将实验当日的日期(8 位数码)写入 RAM2114A 内。

② 循环显示 RAM2114A 存储单元数据。

③ 将 RAM 地址码接上 LED,监视地址码。

(2) 设计并搭试一个能显示任意字型的字码循环显示电路。例如能显示 A、b、c、d、E、F……
字符。(提示:使用两片 RAM2114A 设计该电路)

五、预习要求

① 了解随机存取存储器的基本工作原理,区分地址码与存储内容两个不同概念。

② 完成 CMOS 继承电路的使用规则。

③ 完成第六项中的报告。

六、实验报告要求

① 画出设计电路图全图。

② 叙述设计思想及设计过程。

③ 列出存入数据与地址码、显示字码、数码关系表。

实验 10　555 定时器及其应用

一、实验目的

① 掌握集成定时器 555 的基本功能。

② 理解有关应用 555 功能的实例。

二、实验原理

集成定时器 555 是由基本 $R-S$ 触发器、比较器、分压器、输出缓冲器、三极管开关等部分组成,是一种模拟—数字组合电路,有较大的带负载能力,其高电平输出电流和低电平吸入电流均可达 200 mA(NE555),工作电源为 4.5~15 V。7555 是单极性的 CMOS 器件,输出电流和功耗小,工作电源为 3~18 V。

555 时基电路的内部电路如图 3.80 所示。电路主要由两个高精度比较器 C_1,C_2 以及一个 RS 触发器组成。比较器的参考电压分别是 $2V_{cc}/3$ 和 $V_{cc}/3$,利用触发输入端 TR 输入一个小于 $V_{cc}/3$ 的信号,或者阈值输入端 TH 输入一个大于 $2V_{cc}/3$ 的信号,可以使 RS 触发器状态发生变换。CT 是控制输入端,可以外接输入电压,以改变比较器的参考电压值。在不接外加电压时,通常接 0.01 μF 电容器到地。C_t 是放电输入端,当输出端的 $F=0$ 时,C_t 对地短路,当 $F=1$ 时,C_t 对地开路。R 是复位输入端,当 $\overline{R}=0$ 时,输出端有 $F=0$。器件的电源电压 V_{cc} 可以是 $+5\sim+15$ V,输出的最大电流可达 200 mA。当电源电压为 $+5$ V时,电路输出与 TTL 电路兼容。555 电路能够输出从微秒级到小时级很广时间范围的信号。

图 3.80 各引脚的功能如下。

1——接地端。

2——低触发端,此端电平低于 $V_{cc}/3$(下触发电平)时,引起触发。

3——输出端。

4——复位端,此端送一低电位,可使输出端变成低电平。

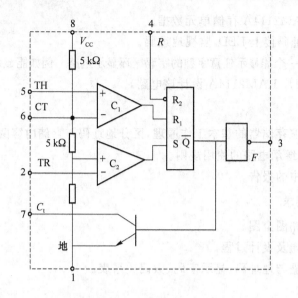

图 3.80   555 时基电路内部电路

5——电压控制端,此端外接一个参考电源,可以改变上下触发电平的值。

6——高触发端,此端电平高于 $2V_{CC}/3$(上触发电平)时,引起触发。

7——放电端,也作为集电极开路输出。

8——电源 V_{cc} 端。

555 定时器有如下几方面的作用。

(1) 组成自激多谐振荡器

按图 3.81 所示进行连接,即被连成一个自激多谐振荡器电路,此电路的工作过程与单稳态触发器工作过程不同之处是电路没有稳态,仅存在两个暂稳态,电路不需要外加触发信号,利用电源通过 R_1,R_2 向 C 充电,以及 C 通过 R_2 向放电端 C_t 放电,使电路产生振荡。输出信号的时间参数为

$$T = T_1 + T_2$$

其中 $T_1 = 0.7(R_1 + R_2)C$(正脉冲宽度),$T_2 = 0.7R_2C$(负脉冲宽度),$T = 0.7(R_1 + 2R_2)C$。

555 电路要求 R_1 与 R_2 均应大于或等于 1 kΩ,但$(R_1 + R_2)$应小于或等于 3.3 MΩ。

在图 3.81 所示电路中接入部分元件,可以构成下述电路。

① 若在电阻 R_2 上并接一只二极管(2AP3),并取 $R_1 \approx R_2$,电路可以输出接近方波的信号。

② 在 C 与 R_2 连接点和 TR 与 TH 连接点之间的连接线上,串接入一个如图 3.81 所示的晶体网络,电路便成为一个晶体振荡器。晶体网络中 1 MΩ 电阻器作直流通路用,并联电容用来微调振荡器的频率。只要选择 R_1,R_2 和 C,使在晶体网络接入之前,电路振荡在晶体的基频(或谐频)的稳定振荡信号。

图 3.82 是又一形式的由 555 构成的多谐振荡器电路,随着充放电电容 C_1、C_2 分别接大、小电容量,555 定时器还可分别输出低频段(零点几赫兹到十几赫兹)和高频段(几十千赫兹到几百千赫兹)的信号,必要时可增加并联电容来增加频段。调节图中的 RW_1、RW_2 旋钮,可分别调节输出波形的宽度和频率。图中 R_2、R_3 通常选几千欧,R_1、R_4 通常选几十

千欧, RW_1 选几百千欧, RW_2 选几十千欧。

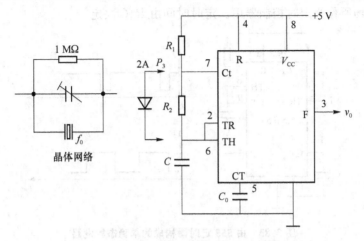

图 3.81 由 555 构成的自激多谐振荡器电路

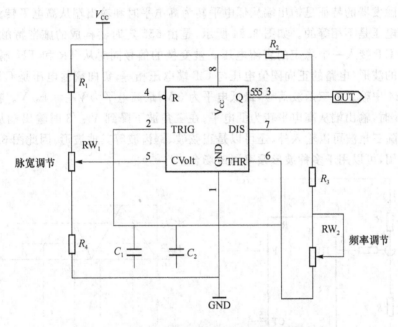

图 3.82 由 555 构成的频率可调多谐振荡器电路

用 555 定时器产生的信号是 TTL 数字脉冲电平信号,可以直接用于数字电路的输入,它的输出驱动能力一般要比普通数字集成电路的驱动能力大 10 倍以上,输出最大可高达 200 mA(NE555),此电流可直接用于驱动继电器、可控硅等控制部件。

(2) 组成单稳态触发器

555 电路按图 3.83 连接,即被连成一个单稳态触发器,其中 R,C 是外接定时电源,平时,在无输入信号时,输出端 F 为低电平,放电端 CT 与地短路。在输入端加负向脉冲信号 V_i,驱动 TR 端使电路进入暂稳态,F 输出由低变高,同时 CT 端成高阻态。电源 V_{cc} 通过 R 向 C 充电,当 C 的电压上升到 $2V_{cc}/3$ 时,此时由于 TH 端电压大于 $2V_{cc}/3$,电路状态再次发生变化,CT 端与地短路,C 通过 CT 端迅速放电,F 输出由高变低,暂稳态结束,电路又恢复到稳态。单稳态触发器的输出脉冲宽度 $t_w \approx 1.1RC$。单稳态触发器可以在楼梯过道、交通路口等公共场所作为定时控制器用。定时时间由 R、C 决定。

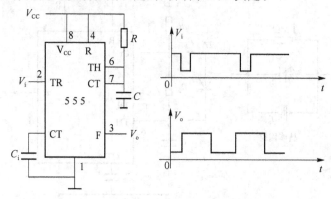

图 3.83　由 555 定时器构成的单稳态触发器

(3) 组成施密特触发器

施密特触发器的特征是输出端从低电平转为高电平时和输出端从高电平转为低电平时的输入转换电压是不相等的。如图 3.84 所示,是由 555 定时器构成的施密特触发器,利用控制输入端 CT 接入一个稳定的直流电压。被变换的信号同时从 TR 和 TH 端输入,即可输出整形后的波形(电路的正向阈值电压与 CT 端电压相等,负向阈值电压是 CT 端电压的 1/2。图 3.84 中输入的三角波信号,最低电平为 0 V,最高电平为 $V_{cc} = +5$ V。在三角波上升到 $2V_{cc}/3$ 时,输出端从高电平转为低电平;在三角波下降到 $V_{cc}/3$ 时输出端从低电平转为高电平。除三角波可以输入外,还可以是正弦波、锯齿波等其他波形,因此图 3.84 可作为波形转换器用,可以用于多种波形频率测试场合。

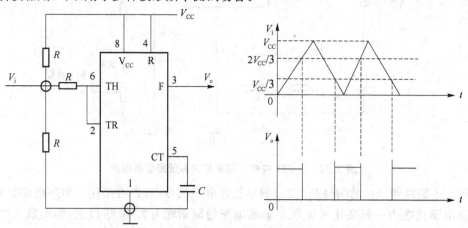

图 3.84　由 555 定时器构成的施密特触发器

(4) 组成宽度调制电路

如图 3.85 所示,在 555 的 5 脚加了一个调制电压 V_m,此时单稳态触发器不再在电容 C 充电到 $2V_{cc}/3$ 时翻转了,而是在 C 充电至调制电压 V_m 时翻转。因此 C 的充电时间(即单稳的暂态时间)是随调制电压 V_m 的变化规律而变化的,这使输出 V_o 波形的宽度受到了 V_m 的调制。

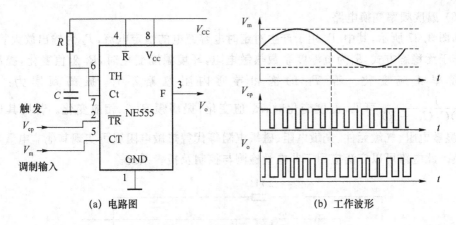

(a) 电路图　　　　　　　　　(b) 工作波形

图 3.85　脉冲宽度调制电路

（5）救护车音效电路

如图 3.86 所示，电路能够产生"滴—嘟、滴—嘟"高低音相间的救护车音响效果，IC_1 组成第一个振荡器的振荡频率约在 1 Hz 左右，IC_2 组成的第二个振荡器的振荡频率受到 5 脚电压的调制。所以第二个振荡器的频率是变化的，其输出 V_{o2} 如图（b）所示。在 $0 \sim t_1$ 期间，第一个振荡器的输出 V_{o1} 为高电平，通过电阻 R 使 5 脚电压抬高，使第二个振荡器的电容充电时间变长，其周期变长频率降低；在 $t_1 \sim t_2$ 期间，IC_1 输出 V_{o1} 为低电平，使第二个振荡器的电容充电时间变短，其频率升高。因此 V_{o2} 的波形是高低频率相间的，所以扬声器发出高低音相间的"滴—嘟、滴—嘟"救护车音响效果。

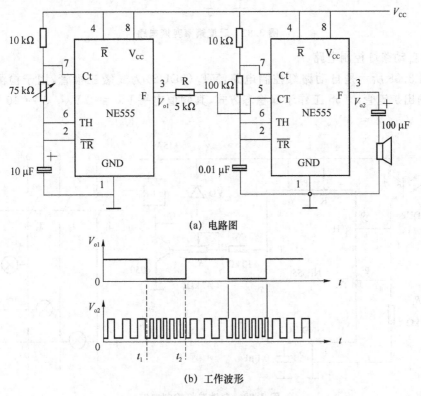

(a) 电路图

(b) 工作波形

图 3.86　救护车音效电路

（6）温度频率变换电路

如图 3.87 所示，其中 T_1 用于产生对定时电容充电的恒定电流，T_2 为输出放大管，定时器工作于无稳态方式，R_t 为负温度系数热敏电阻，环境温度变化时，R_t 阻值变化，控制输出方波频率相应变化。若 T_1 的饱和导通内阻忽略不计，振荡频率为：$f_0 = \dfrac{1}{2(\ln 2)C_T(R_t + R)}$ 可见，温度变化时，R_t 值变化，振荡频率 f_0 相应变化。若用其他传感器，如湿敏电阻、气敏元件、光敏电阻、磁敏电阻等代替热敏电阻就可实现其他非电量与频率的转换。此电路可以广泛应用于非电量检测与控制及报警系统。

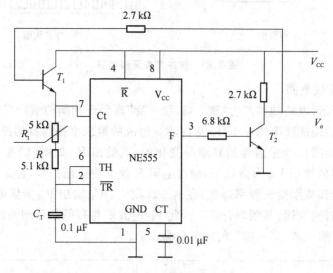

图 3.87　温度频率变换电路

（7）自动路灯控制电路

如图 3.88 所示是自动路灯控制电路，VT_1（3DU2）为光敏三极管，用于检测光强度，VT_2 为输出扩流管。555 工作于双稳态方式，其阈值电平 $V_{th1} = 2\,V_{CC}/\,3 = 10\,V$，触发电压 $V_{th2} = V_{th1}/\,2 = 5\,V$。

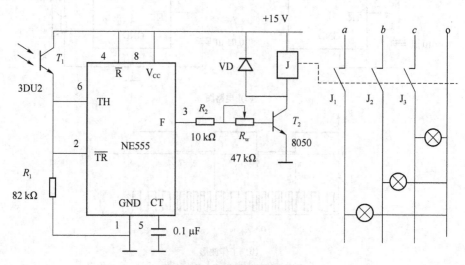

图 3.88　自动路灯控制电路

当自然光强度较弱时,VT$_1$ 阻值很大,555 的 2 脚电压 $V_2 \leqslant V_{th2}$,555 处于置位状态,输出 3 脚为高电平,三极管 VT$_2$ 导通,继电器 J 动作,其常开触点 J$_1$ ~ J$_3$ 闭合,路灯通电点亮;当自然光强度较强时,VT$_1$ 阻值很小,555 的阈值电压输入端 6 脚电压 $V_6 \geqslant V_{th1}$,$V_2 = V_6 > V_{th2}$,555 处于复位状态,输出 3 脚为低电平,三极管 VT$_2$ 截止,继电器 J 断电,其常开触点 J$_1$ ~ J$_3$ 断开,路灯自动熄灭。

三、实验仪器

① 数字实验仪、双踪示波器、函数信号发生器、数字万用表。

② 主要器件:NE555——1 片,5 kΩ 热敏电阻——1 只,光敏三极管 3DU2——1 只,8 Ω喇叭——1 只,以及电阻和电容若干只。

四、实验内容

(1) 用 555 定时器构成多谐振荡器,要求振荡频率为 10 kHz,C 取 0.01 μF,占宽比为 0.7,请计算出 R_A 和 R_B 的阻值,以及振荡周期、脉冲宽度。其中振荡周期为 $T \approx 0.7(R_A + 2R_B)C$;脉宽 $T_1 \approx 0.7(R_A + R_B)C$;空度 $T_2 \approx 0.7 R_B C$;占宽比 $T_1/T = T_1/(T_1 + T_2) = (R_A + R_B)/(R_A + 2R_B)$。

将计算出的器件参数填入表 3.20 中。

表 3.20　多谐振荡器设计参数

C_1	C	f	T_1/T	T	T_1	R_A	R_B	实测 T	实测 T_1	实测幅度
0.01 μF	0.01 μF	10 kHz	0.7							(V)

① 按图 3.81 接线,将 555 构成多谐振荡器,检查电路接线无误后,加上规定的电源电压(建议 $V_{CC} = 5$ V)。

② 用示波器观察 V_c、V_o 波形,并按时间对应关系,把各点波形记录下来,同时测出输出波形的周期、脉冲宽度、幅度,填入表 3.20 中。比较实测值与计算值。

(2) 按图 3.82 接线,图中 $R_1 = R_4 = 51$ kΩ、$R_2 = R_3 = 2$ kΩ、$RW_1 = 680$ kΩ、$RW_2 = 22$ kΩ、$C_1 = 47$ μF、$C_2 = 510$ pF,试分别测量低频段和高频段输出频率范围。

(3) 用 555 定时器构成一单稳态触发器,要求单稳态电路的输出高电平持续时间为 0.06 μs,C 取 0.02 μF,请计算出 R 的阻值,并填入表格 3.21 中,其中,脉冲公式 t_w 的计算公式为

$$t_w \approx 1.1 RC$$

① 按图 3.83 连线,将 555 构成一单稳态触发器。检验电路接线无误后,接上规定的电源电压。

② 用脉冲信号源输出的方波($T = 0.2$ ms)作为单稳态触发器的输入触发信号 V_i,用示波器观察 V_i、V_c、V_o。各点波形,并按时间对应关系,把各点波形记录下来,同时测出波形的宽度 t_w、幅度,填入表 3.21 中,比较实测值与计算值。

表 3.21　单稳态触发器设计参数

t_w	T	C_1	C	R	实测 t_w	实测幅度
60 μs	0.2 ms	0.1 μF	0.02 μF			(V)

（4）用 555 定时器构成一施密特触发器。按图 3.84 接线,将 555 构成一施密特触发器。

① 调节脉冲信号发生器的上升沿、下降沿时间旋钮,使其输出信号为一频率为 5 kHz 的三角波(请借助示波器调节信号)。

② 将三角波信号输入到施密特触发器的 V_i 输入端。用示波器观察 V_i、V_o 的波形,并按时间的对应关系,把各点波形记录下来。

（5）按如图 3.85 所示接线,使输入正弦波形的频率在 100 Hz～10 kHz 之间变化,观察输出波形。

（6）按如图 3.86 所示接线,显示两个输出端的波形,测试电路音效。

五、预习要求

① 预习参考书中有关 555 定时器的内容。

② 预习本实验的内容,并根据实验内容中的一些要求,进行元件参数的计算。

六、思考题

① 图 3.81,图 3.83 电路中,5 脚端所接电容器有什么作用?

② 图 3.81 所示多谐振荡器的输出方波,其占空比能达到 50％吗? 若不能,请改动使之能输出占空比 50％的方波。

③ 能否将如图 3.86 所示救护车音效电路作适当变化,产生警车音响效果?

④ 如何应用 555 设计数字脉冲调制电路(有调制信号时才有输出脉冲)?

七、实验报告内容

① 要求写出设计题目的完整求解步骤。

② 画出实验电路图。

③ 整理实验数据。

④ 分析实验数据,从而得出实验的结论。

实验 11 D/A 转换器及其应用

一、实验目的

① 熟悉 D/A 转换器的转换过程和原理。

② 掌握 D/A 转换器 DAC0832 的基本使用方法。

③ 掌握 D/A 转换器 AD7520 的基本使用方法。

二、实验原理

数/模转换器(D/A 转换器)和下一个实验所讲的模/数转换器(A/D 转换器)在数字仪表、自动测量和控制中、微机应用中有着很广泛的用途。例如对温度、湿度、压力等非电物理量的测量和控制,如果希望用数码显示或用数字芯片(微处理器、单片机、可编程逻辑器件等)实现,就必须将传感器得到的模拟量(须经放大)转换成数字量,才能被数字芯片接收,而数字芯片输出的数字量要转换为模拟量才能实现某种控制。目前数/模转换电路已经有串行输入型、模/数转换电路已经有串行输出型。本教材只介绍并行型的转换器。本实验只介绍并行输入型的 D/A 转换器及应用,下一个实验只介绍并行输出型的 A/D 转换器及应用,至于串行型的转换器及应用请读者看相关文献资料,本教材不介绍。

1. DAC0832 原理介绍

DAC0832 是 CMOS 型的 8 位乘法 D/A 转换器,可直接与 8080、8048、Z80 及其他微处理器接口,由于该电路采用双缓冲寄存器,使它具有双缓冲、单缓冲和直通 3 种工作方式,使用起来具有更大的灵活性。

DAC0832 的功能框图及引脚图如图 3.89 所示,它由 8 位输入寄存器、8 位 DAC 寄存器、8 位乘法 DAC 和转换电路构成,采用 20 只引脚双列直插封装。

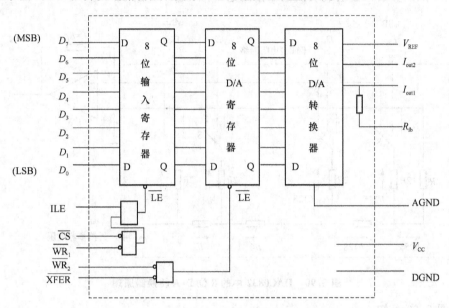

图 3.89　DAC0832 功能框图及引脚

其各引脚的功能如下。

CS:输入寄存器选通信号,低电平有效,同 ILE 组合选通 WR_1。

ILE:输入寄存器允许信号,高电平有效,与 CS 组合选通 WR_1。

WR_1:输入寄存器写信号,低电平有效,在 CS 与 ILE 均有效的条件下,WR_1 位低,则将输入数字信号装入寄存器。

XFER:传送控制信号,低电平有效,用来控制 WR_2 选通 DAC 控制器。

WR_2:DAC 寄存器写信号,低电平有效,当 WR_2 和 XFER 同时有效时,将输入寄存器的数据装入 DAC 寄存器。

$D_0 \sim D_7$:8 位数字输入信号端,D_0 为最低位(LSB),D_7 是最高位(MSB)。

I_{out1}:DAC 电流输出 1,当 DAC 寄存器输出全为 1 时,I_{out1} 最大,而 DAC 寄存器输出全为 0 时,I_{out1} 为零。

I_{out2}:DAC 电流输出 2,当 DAC 寄存器输出全为 0 时,I_{out2} 最大,反之 I_{out2} 为零,即满足 $I_{out1} + I_{out2} =$ 常数。

R_{fb}:DAC 反馈电阻连接端,与外接运算放大器输出端短接,用来作这个外部输出放大器的反馈电阻。

V_{REF}：参考电压(基准电压)输入端,电压范围为$-10 \sim +10$ V。

V_{CC}：电源电压,可以从$+5 \sim +15$ V选用,用$+15$ V是最佳工作状态。

AGND：模拟地。

DGND：数字地。

DAC0832中的8位D/A转换器是由倒T型电阻网络和电子开关组成,内部没有参考电压,工作时需外接参考电压;并且该芯片位电流输出型D/A转换器件,要获得模拟电压输出时,需外加运算放大器组成模拟电压输出电路,如图3.90所示。

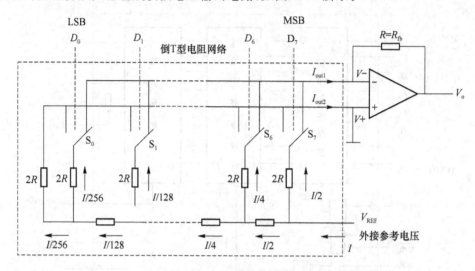

图3.90　DAC0832中的8位D/A转换器原理

由图3.90可知

$$I = \frac{V_{REF}}{R}$$

$$I_{out1} = \frac{V_{REF}}{2^8 R}(2^7 D_7 + 2^6 D_6 + 2^5 D_5 + 2^4 D_4 + 2^3 D_3 + 2^2 D_2 + 2^1 D_1 + 2^0 D_0)$$

若用B来表示输入的8位二进制数,即$B = D_7 D_6 D_5 D_4 D_3 D_2 D_1 D_0$,则有

$$I_{out1} = \frac{V_{REF}}{2^8 R}(B)_{10}$$

同理可得

$$I_{out2} = \frac{V_{REF}}{2^8 R}(B)_{10}$$

通过外接运算放大器将模拟电流输出变成模拟电压输出,器件输出电压为

$$V_o = -I_{out1} R = -\frac{V_{REF}}{2^8}(2^7 D_7 + 2^6 D_6 + 2^5 D_5 + 2^4 D_4 + 2^3 D_3 + 2^2 D_2 + 2^1 D_1 + 2^0 D_0)$$

由上式可知,当V_{REF}一定时,输出模拟电压是单极性的,此时DAC0832单极使用。

单极性输出时的实验电路如图3.91所示。

如果想产生双极性模拟输出,加入一个偏移电路将DAC0832双极即可,如图3.92所

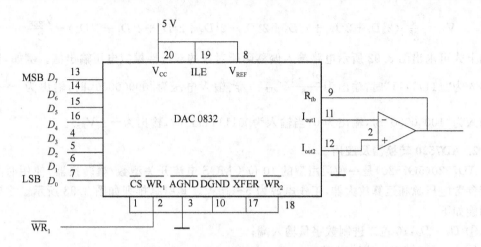

图 3.91　单极性输出时的 D/A 转换器

示,此电路的数字输入位偏移码,在控制信号 WR_1 为低电平才能将其装入输入寄存器,并经过 D/A 寄存器和 D/A 转换器转换为相应的模拟电压输出。

在如图 3.92 所示的电路中,外接一个带有负参考电压源($-V_{REF}$)的支路,该支路产生一个与最高位权电流数量相等、极性相反的偏移电流($I/2$),把它送入运放求和点,运放产生的模拟输出电压为

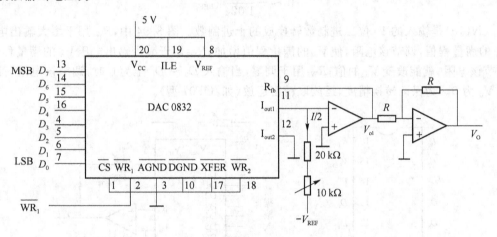

图 3.92　双极性输出时的 D/A 转换器

$$V'_o = -\left(I_{out1} - \frac{I}{2}\right)R_{fb} = -\frac{V_{REF}}{2^8}(2^7 D_7 + 2^6 D_6 + \cdots + 2^0 D_0) + \frac{V_{REF}}{2}$$

注意,在这种情况下,输出模拟电压的动态范围没有变化,例如,单极性运用时为 0～5 V,现在双极性运用则是 -2.5～$+2.5$ V。

在这种数字输入码制中,要求数字各位全部为 0 时,模拟输出应为负满刻度;数字各位全部为 1 时,模拟输出应为正满刻度减一个 LSB;数字输入最高位为 1,其余各位为 0 时,模拟输出应为零(图 3.92 中的电位器可看作调零电位器,即输入数字量为 10000000 时,调节该电位器,使输出为零),因此在 V_{REF} 为正电压时,需要加一个放大倍数为 1 的反向放大器,使输出为

$$V_o = \frac{V_{REF}}{2^8}(2^7 D_7 + 2^6 D_6 + 2^5 D_5 + 2^4 D_4 + 2^3 D_3 + 2^2 D_2 + 2^1 D_1 + 2^0 D_0) - \frac{V_{REF}}{2}$$

根据上式可求出图3.92所示电路输入偏移码所对应的双极性模拟电压输出值。例如,当数字输入为"11111111"时,输出为$\frac{2^7-1}{2^8}V_{REF}$; 当输入电压为"00000000"时,输出为$-\frac{V_{REF}}{2}$;

当输入为"10000000"时,输出为0;当输入为"01111111"时,输出为$-\frac{1}{2^8}V_{REF}$。

2. AD7520 转换器及应用

AD7520(5G7520)是一种通用型的10位CMOS电流开关型数/模转换器,使用时必须外接参考电压源和运算放大器,工作电源为5～15 V。其引脚排列如图3.93所示。主要引脚功能如下。

① $D_9 \sim D_0$:10位二进制数字量输入端;

② I_{o1}, I_{o2}:模拟电流输出端;

③ V_{REF}:参考电压输入端,±10 V以内。

(1) AD7520 用于单极性输出

电路如图3.94所示,当$R_{W1} = R_{W2} = 0$时,输出电压为

$$V_o = -(V_{REF}/2^{10}) \times N_{(10)}$$

范围为

$$0 \sim -\frac{1\,023}{1\,024}V_{REF}$$

$N(10)$是输入的10位二进制数转换成的十进制数。图3.94中,R_{W1}用于增大输出电压V_o的满量程值,调节该电阻,使V_o的满量程值增加;R_{W2}用于减少输出电压V_o的满量程值,调节该电阻,就能改变V_o的值;R_{W3}用于调零,当输入$D_9 \sim D_0$全为0时,调节该电阻,使输出V_o为0。为保证转换精度,运放取精密运放(如:OP07型)。

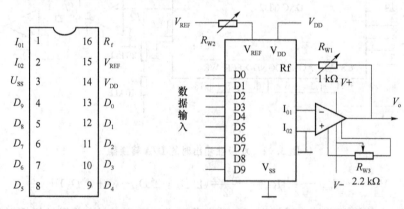

图3.93　AD7520 引脚排列　　　　图3.94　AD7520 单极性转换

(2) AD7520 用于双极性输出

当需要D/A输出的模拟电压为双极性时,可采用如图3.95所示的电路。其输出为

$$V_o = \left(1 - \frac{N_{(10)}}{2^{10-1}}\right)V_{REF} = \left(1 - \frac{N_{(10)}}{512}\right)V_{REF}$$

范围为$-\frac{511}{512}V_{REF} \sim V_{REF}$,输入全为0时,输出为$V_{REF}$;输入全为1时,输出为$-\frac{511}{512}V_{REF}$;只

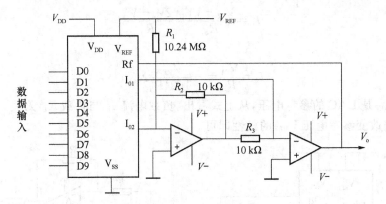

图 3.95　AD7520 双极性转换

有当 $D_9 = 1$ 时,输出为 0。

（3）用 AD7520 组成数字式可编程增益控制放大电路

用 AD7520 可以组成可编程增益控制放大电路,如图 3.96 所示,输入数字量 $D_9 \sim D_0$ 决定电压放大倍数,$D_9 \sim D_0$ 全为 1 时,电压放大倍数为 -1;$D_9 \sim D_0$ 不能全为 0 。放大倍数公式如下。

$$A_V = \frac{V_o}{V_i} = -\frac{2^{10}}{2^9 D_9 + 2^8 D_8 + \cdots + 2^0 D_0}$$

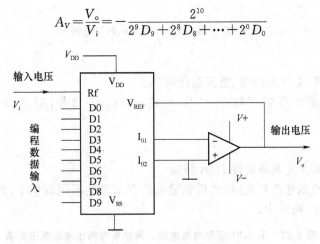

图 3.96　数字可编程放大器

（4）用 AD7520 实现数控电流源

在某些自动控制和测试仪表中,常需要由数字量精细调节的电流源,称为数控电流源。如图 3.97 是用 AD7520 构成的数控电流源,是 $D_9 \sim D_0$,输出电流 I_L 只和输入的数字量有关,与负载 R_L 无关。

图 3.97 中前部分是单极性输出,其输出 $V_{01} = -(V_{REF}/2^{10}) \times N_{(10)}$;运放 A_2 构成同相输入的比例运算放大器,放大倍数为 2;A_3 构成跟随器。利用运放的"虚短"概念可以求出:

$$V_a = \frac{V_{01} - V_d}{2} + V_d = \frac{V_{01} + V_d}{2}$$

经整理:

$$V_{01} = 2V_a - V_d$$

又因为

$$I_L = \frac{V_{02} - V_b}{R_S} = \frac{2V_a - V_d}{R_S}$$

则

$$I_L = \frac{V_{01}}{R_S} = -\frac{V_{REF}}{1024R_S}N_{(10)}$$

其中 V_{REF} 是 DAC 的参考电压,从上式看出,负载电流 I_L 与负载 R_L 无关。若要改变电流方向,只需改变参考电压 V_{REF} 的极性即可。

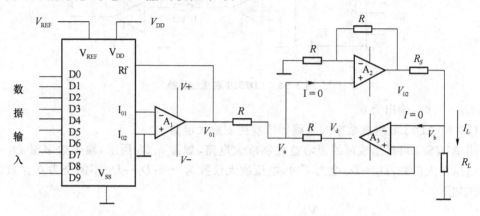

图 3.97　用 AD7520 构成的数控电流源

三、实验仪器

① 数字实验仪、数字万用表、直流稳压电源。

② 主要器件:芯片 DAC0832——1 片,运放 μA741——2 片,AD7520——1 片,电阻、电容若干只。

四、实验内容

(1) 用 DAC0832 实现单极性 D/A 转换

按如图 3.91 所示连接好电路,然后在输入数字信号的不同取值下,测试模拟输出电压值,并记入如表 3.22 所示中。

表 3.22　图 3.91 所示电路的输入数字量与输出模拟电压关系

数 字 输 入 代 码								输出模拟电压(V_o)	
D_7	D_6	D_5	D_4	D_3	D_2	D_1	D_0	计算值	测量值
0	0	0	0	0	0	0	0		
0	0	0	1	1	0	1	0		
0	0	1	1	0	0	1	1		
0	1	0	0	1	1	0	1		
0	1	1	0	0	1	1	0		
1	0	0	0	0	0	0	0		
1	0	0	1	1	0	1	0		
1	0	1	1	0	0	1	1		
1	1	0	0	1	1	0	1		
1	1	1	1	0	1	1	0		
1	1	1	1	1	1	1	1		

（2）用 DAC0832 实现双极性 D/A 转换

按图 3.92 所示连接好电路，然后在输入数字信号的不同取值，测试模拟输出电压值，并记入自拟表格中。

（3）按如图 3.94 所示接线，用 AD7520 实现单极性转换，测试模拟输出电压值，并记入自拟表格中。

（4）按如图 3.95 所示接线，用 AD7520 实现双极性转换，测试模拟输出电压值，并记入自拟表格中。

五、预习要求

① 熟悉 DAC0832、AD7520 的功能和引脚排列。

② 计算出表 3.22 中输入数字量所对应的输出模拟电压的值。

六、实验报告要求

① 填好表 3.22。

② 比较表 3.22 中计算值与测量值的绝对误差和相对误差。

实验 12　A/D 转换器及其应用

一、实验目的

① 熟悉 A/D 转换器的转换过程和原理。

② 掌握 A/D 转换器 ADC0804 的基本使用方法。

二、实验原理

1. ADC0804 转换器

ADC0804 是 8 位逐次渐进型的 A/D 转换器，它采用 CMOS 工艺，20 只引脚双列直插式封装。有三态锁存器可直接驱动数据总线，与计算机相连时不需要附加接口电路。ADC0804 的主要性能如下：

① 分辨率为 8 位；

② 最大转换误差率为 ±1 LSB；

③ 转换时间为 100 μS；

④ 逻辑电平与 CMOS 和 TTL 电路兼容；

⑤ +5 V 单电源供电；

⑥ 可对 0～+5 V 的输入模拟电压进行转换。

ADC0804 的引脚排列如图 3.98 所示，各引脚功能如下。

$\overline{CS}$：片选端，低电平有效。

$\overline{RD}$：输出使能端，低电平有效。

$\overline{WR}$：转换启动时，低电平有效。

CLK：外部时钟输入端，当使用内部时钟时，该端接定时电容。

V_{IN}（+）、V_{IN}（-）：差分模拟电压输出端，当单端输入时，一端接地，另一端接输入电压。

$\overline{INTR}$：转换结束（中断）信号输出端，当输出由高电平变为低电平表示本次转换完成。

AGND:模拟地。

DGND:数字地。

V_{CC}:电源输入端,电源电压为+5 V。

$\dfrac{V_{REF}}{2}$:参考电源输入端,其值对应输入电压范围的 1/2,该电压可外部提供,也可由内部产生,当电源电压 V_{CC} 较稳定时,该端悬空,此时通过内部电压可以得到芯片电源电压的 1/2,即 2.5 V的基准电源电压。当要求基准电源电压的稳定度较高时,$\dfrac{V_{REF}}{2}$ 则由外部稳定度较高的电源提供。

$D_0 \sim D_7$:数据输出端。

CLKR:当使用内部时钟时,该端接定时电阻。

产生内部时钟的原理电路如图 3.99 所示,RC 积分电路有施密特触发器组成多谐振荡器,其自激振荡周期 $T_{CLK} \approx 1.1RC$,其中 R 为 10 kΩ 左右。典型应用参数为 $R=10$ kΩ,$C=150$ pF,$f_{clk}=640$ kHz,每次转换一万次。

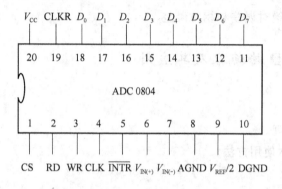

图 3.98　ADC0804 引脚排列

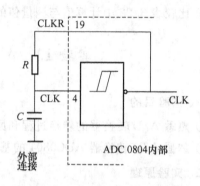

图 3.99　产生内部时钟的电路原理

图 3.100 所示电路是 ADC0804 的典型应用,其工作时序图如图 3.101 所示。

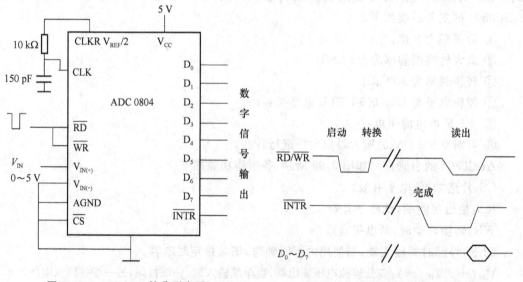

图 3.100　ADC0804 的典型应用　　　　图 3.101　图 3.55 电路的工作时序

在图 3.100 所示电路中,由于是单端输入,范围为 0~5 V,所以将 $V_{IN}(-)$ 接地,$V_{IN}(+)$ 接输入模拟信号 V_{IN}。此外,由于 $\dfrac{V_{REF}}{2}$ 端悬空,则由内部电路提供参考电压为 5 V。其转换公式为

$$(B)_{10} = 2^7 D_7 + 2^6 D_6 + \cdots + 2^1 D_1 + 2^0 D_0 = \frac{2^8}{V_{REF}} V_{IN}$$

电路的工作过程如下:由于 $\overline{CS}$ 端接地即片选信号始终有效,所以先使控制信号 $\overline{WR}$ 为低电平,即可启动 A/D 转换器开始转换,在 $\overline{WR}$ 上升沿后约 100 μS 转换完成,中断请求信号 $\overline{INTR}$ 输出自动由高电平变为低电平;此后使控制信号 $\overline{RD}$ 为低电平就可以打开输出三态门,送出数字信号。在 $\overline{RD}$ 前沿后 $\overline{INTR}$ 又自动变为高电平。

如果想要对 $-5 \sim +5$ V 范围内输出的双极性模拟信号实现 8 位 A/D 转换,只要在图 3.100 所示电路的模拟电压输入 $V_{IN(+)}$ 端加上输入电压转换电路,将输入电压范围变为 $0 \sim +5$ V 即可,如图 3.102 所示。其转换公式为

$$(B)_{10} = 2^7 D_7 + 2^6 D_6 + \cdots + 2^1 D_1 + 2^0 D_0 = \frac{2^8}{V_{REF}} \left[\frac{1}{2}(V_{CC} + V_{IN}) \right]$$

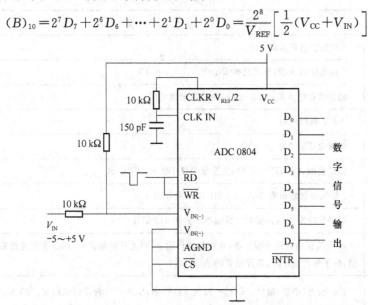

图 3.102　用 ADC0804 对 -5 V~$+5$ V 双极性模拟信号实现 A/D 转换的电路

2. ADC0809 转换器

ADC0809 是一个带有 8 通道多路开关、与微处理器兼容的 8 位 A/D 转换器,它是一种单片的 CMOS 器件,使用逐次逼近法作为转换技术。器件的主要特性如下。

① 8 路 8 位 A/D 转换器,即分辨率 8 位。

② 具有转换起、停控制端。

③ 转换时间为 100 μs。

④ 单个 $+5$V 电源供电。

⑤ 模拟输入电压范围 $0 \sim +5$ V,不需要零点和满刻度校准。

⑥ 工作温度范围为 $-40 \sim +85$ ℃。

⑦ 总的不可调误差为 ± 0.5 LSB 和 1 LSB。

⑧ 低功耗,约 15 mW。

其集成电路引脚如图 3.103 所示,其引出脚的逻辑功能如表 3.23 所示。

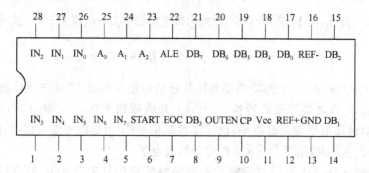

图 3.103   ADC0809 集成电路引脚

表 3.23   ADC0809 引出脚的逻辑功能

端　名	功　　能
$IN_0 \sim IN_7$	8 路模拟量输入端
A_2,A_1,A_0	3 位地址输入端,分别选择 IN_0,IN_1,IN_2,…,IN_7
ALE	地址锁存输入端,ALE 上升沿时,输入地址码
V_{cc}	+5 V 电源供电
REF+、REF−	参考电压输入端(+5 V)
OUTEN	输出使能,OUTEN=1 时,变换结果从 $DB_7 \sim DB_0$ 输出
$DB_7 \sim DB_0$	8 位数字量输出端,DB_0 为 LSB,DB_7 为 MSB
CP	时钟脉冲输入端。要求时钟频率不高于 640 kHz
START	A/D 转换启动信号输入端,在正脉冲作用下,当上升沿到达时,内部逐次逼近寄存器(SAR)复位,在下降沿到达后,即开始启动 A/D 转换
EOC	转换结束(中断)输出。EOC=0,表示在转换,EOC=1,表示转换结束。START 与 EOC 连接实现连续转换,EOC 的上升沿就是 START 的上升沿,EOC 的下降沿必须滞后上升沿 8 个时钟脉冲+2 μs 时间后才能出现,系统第 1 次转换必须加 1 个启动信号。当 OE 输入高电平时,输出三态门打开,转换结果的数字量输出到数据总线上

ADC0809 的模数转换关系同 ADC0804。

3. ICL7107 模数转换器

ICL7107 是目前广泛应用于数字测量系统的一种三位半 A/D 转换器。它采用的是双积分原理完成 A/D 转换,全部转换电路用 CMOS 大规模集成电路技术设计,具有功耗低、精度高、功能完整、使用简单等特点,是一种集三位半 A/D 转换器、段驱动器、位驱动器于一体的大规模专用集成电路,其主要特点如下。

① 能够直接驱动共阳极 LED 数码管,不需要另加驱动电路和限流电阻。

② 采用±5 V 双电源供电。

③ 功耗小于 15 mW,最大静态电流为 1.8 mA。

④ 段驱动电流的典型值为 8 mA,最小值为 5 mA。

⑤ 显示器可采用 7 段共阳极数码管。

$3\frac{1}{2}$ 位双积分 A/D 转换器 ICL7107 是 CMOS 大规模集成电路芯片,其片内已经集成了模拟电路部分和数字电路部分,所以只要外接少量元件就成了模拟电路和数字电路部分,就可实现 A/D 转换。

ICL7107 一共有 40 个引脚,采用 DIP-40 封装,各引脚功能如下。

① 1 端:$U+=5$ V,电源正端。

② 26 端:$U-=-5$ V,电源负端。

③ 19 端:$ab4$,千位数笔段驱动输出端,由于 $3\frac{1}{2}$ 位的计数满量程显示为"1999",所以 $ab4$ 输出端应接千位数显示器显示"1"字的 b 和 c 笔段。

④ 20 端:POL,极性显示端(负显示),与千位数显示器的 g 笔段相连接(或另行设置的负极性笔段)。当输入信号的电压极性为负时,负号显示,如"-19.99";当输入信号的电压极性为正时,极性负号不显示,如"19.99"。

⑤ 21 端:BP,液晶显示器背电极,与正负电源的公共地端相连接。

⑥ 27 端:INT,积分器输出端,外接积分电容 C(一般取 $C=0.22\ \mu F$)。

⑦ 28 端:BUFF,输入缓冲放大器的输出端,外接积分电阻 R(一般取 $R=47\ k\Omega$)。

⑧ 29 端:AZ,积分器和比较器的反相输入端,接自校零电容 C_{AZ}(取 $C_{AZ}=0.47\ \mu F$)。

⑨ 30、31 端:INLO、INHI,输入电压低、高。由于两端与高阻抗 CMOS 运算放大器相连接,可以忽略输入信号的注入电流,输入信号应经过 $1\ M\Omega$ 电阻和 $0.01\ \mu F$ 电容组成的滤波电路输入,以滤除干扰信号。

⑩ 2~8 端:个位数显示器的笔段驱动输出端,各笔段输出端分别与个位数显示器对应的笔段 $a_1\sim g_1$ 相连接。

⑪ 9~14、25 端:十位数显示器的笔段驱动输出端,各笔段输出端分别与十位数显示器对应的笔段 $a_2\sim g_2$ 相连接。

⑫ 15~18、22~24 端:百位数显示器的笔段驱动输出端,各笔段输出端分别与百位数显示器对应的笔段 $a_3\sim g_3$ 相连接。

⑬ 32 端:COM,模拟公共电压设置端,一般与输入信号的负端、负基准电压端相接。

⑭ 33、34 端:$C_{REF(-)}$、$C_{REF(+)}$,基准电容负压、正压端,它被充电的电压在反相积分时,成为基准电压,通常取 $C_{REF}=0.1\ \mu F$。

⑮ 35、36 端:REFLO、REFHI,外接基准电压低、高位端,由电源电压分压得到。

⑯ 37 端:TEST,数字地设置端及测试端,经过芯片内部的 $500\ \Omega$ 电阻与 GND 相连,此端有两个功能,第 1 个功能是做"测试指示",将它与 $V+$ 短接后,LED 显示器显示全部笔画 1888,据此可确定显示器有无笔段残缺现象;第 2 个功能是作为数字地供外部驱动器使用,构成小数点、标志符显示电路。

⑰ 38、39、40 端:$OSC_{1\sim3}$,产生时钟脉冲振荡器的引出端,外接 R_1、C_1 元件。振荡器主振频率 f_{OSC} 与 R_1C_1 的关系为

$$f_{\text{OSC}} = \frac{0.45}{R_1 C_1}$$

如图 3.104 所示是由 ICL7107 组成的三位半数字电压表电路,它可作为温度显示电路。ICL7107 显示的满量程电压与基准电压的关系为 $V_M = 2V_{REF}$。若将 V_{REF} 选择100 mV,则可组成满量程为 200 mV 的电压表。只要把小数点定在十位,即可直接读出测量结果。由于 ICL7107 没有专门的小数点驱动信号,使用时可将共阳极数码管的公共阳极接+5 V,小数点接 GND 时点亮,接−5 V 或悬空时灭。

在图 3.104 中,R_1、C_1 分别为震荡电阻和震荡电容,R_2 与 R_3 构成基准电压分压器,调节 R_2 的值可以改变基准电压,使 $V_{REF} = 100$ mV,R_2 采用精密多圈定位器。R_4、C_3 为模拟信号输入端高频滤波电路,以提高仪表的抗干扰能力。C_2、C_4 分别为基准电容和自动调零电容。R_5、C_5 为积分电阻和积分电容。

为了提高测量温度的精度,本电路输入满量程2 V 的电压信号,输入端另加一分压网络以扩大量程。

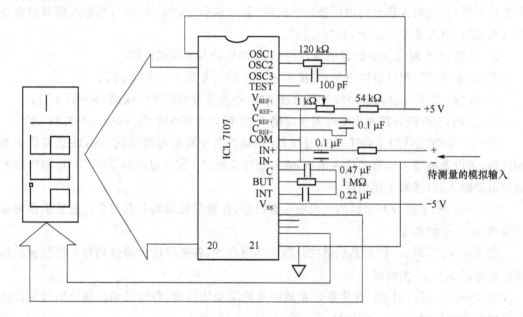

图 3.104　温度显示电路

三、实验仪器

① 数字实验仪、数字万用表、直流稳压电源。

② 主要器材:芯片 ADC0804——1 片,芯片 ADC0809——1 片,芯片 ICL7107——1 片,运放 μA741——2 片,电阻、电容若干只。

四、实验内容

(1) 用 ADC0804 实现单极性输入 A/D 转换

按图 3.100 所示连接好电路,然后在输入模拟电压 V_{IN} 的不同取值下,测试 ADC0804 的输出数字信号,并记入表 3.24 中。

表 3.24　图 3.100 所示电路的输入模拟电压与输出数字量关系

模拟输入电压 /V	输出数字量														
	计算值								测量值							
	D_7	D_6	D_5	D_4	D_3	D_2	D_1	D_0	D_7	D_6	D_5	D_4	D_3	D_2	D_1	D_0
0																
0.5																
1.0																
1.5																
2.0																
2.5																
3.0																
3.5																
4.0																
4.5																
5.0																

（2）用 ADC0804 实现双极性输入 A/D 转换

按图 3.102 所示连接好电路，然后在输入模拟电压 V_{IN} 的不同取值下，测试 ADC0804 的输出数字信号，并记入表 3.25 中。

表 3.25　图 3.102 所示电路的输入模拟电压与输出数字量关系

模拟输入电压 /V	输出数字量														
	计算值								测量值							
	D_7	D_6	D_5	D_4	D_3	D_2	D_1	D_0	D_7	D_6	D_5	D_4	D_3	D_2	D_1	D_0
5																
4.5																
4.0																
3.5																
3.0																
2.5																
2.0																
1.5																
1.0																
0.5																
0.0																
−0.5																
−1.0																
−1.5																
−2.0																
−2.5																
−3.0																
−3.5																
−4.0																
−4.5																
−5.0																

（3）利用 ADC0809A/D 转换器，组成一个简易数字电压表，用 8 个 LED 指示器显示电路输出

① 设计和制作一个振荡频率为 640 kHz 的时钟脉冲发生器，其输出作为电压表的时钟信号。画出电路图，经安装调试，测量并记录输出信号的频率。

② 按图 3.105 连接线路，IN_0、IN_1、IN_2、…、IN_7 端分别输入 8 路模拟电压信号（最大为 +5 V），$A_2A_1A_0$ 分别输入 000、001、…、111 地址信号，观察并记录 8 路信号的数字量输出 $DB_7DB_6…DB_0$，与理论计算应得的 8 位二进制数进行比较，计算各路的误差。

③ 将测量得的各路 8 位二进制数的电压值换算成十进制数表示的电压值，与用标准数字电压表实测各路输入端的电压值进行比较，计算转换误差。

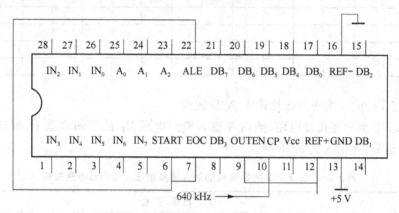

图 3.105 ADC0809 转换电路

（4）按图 3.104 连接线路，输入接 0 V、0.5 V、1.0 V、1.5 V、2.0 V、2.5 V、3.0 V、3.5 V、4.0 V、4.5 V、5 V 模拟电压，输出接数码管，观察数码管显示数值和输入模拟量是否一致。

五、预习要求

① 熟悉 ADC0804 的功能和引脚排列。

② 计算出表 3.24 中输入模拟电压所对应的输出数字量值。

③ 计算出表 3.25 中输入模拟电压所对应的输出数字量值。

六、实验报告要求

① 填好表 3.24 和表 3.25。

② 比较表 3.24 中计算值与测量值的绝对误差和相对误差。

③ 比较表 3.25 中输出数字量的计算值与测量值的误差位数。

第4章 原理图编程实验

实验1 常用组合电路编程一

一、实验目的

① 用原理图方法设计数据选择器电路、数据分配器电路,并通过仿真验证其逻辑功能。

② 熟悉 4 位全加器的应用,并测试其应用电路的逻辑功能。

二、实验原理

应用开发软件分析组合电路的逻辑功能步骤:绘好电路原理图→编译→仿真→下载测试→从仿真图/测试结果里写出真值表→从真值表中判断逻辑功能。

1. 4 选 1 数据选择器

4 选 1 数据选择器电路原理图如图 4.1 所示。

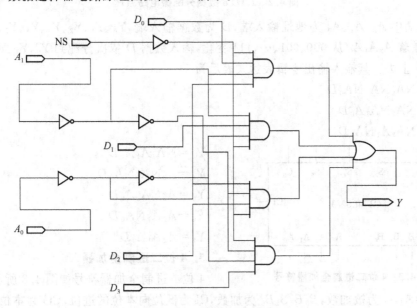

图 4.1　4 选 1 数据选择器电路原理

输入 NS 端为使能端,NS=0 时,数据选择器使能,D_0、D_1、D_2、D_3 分别为数据端,A_1A_0 为地址端,当 $A_1A_0=00$ 时,输出 $Y=D_0$,即输出选择 D_0;当 $A_1A_0=01$ 时,输出 $Y=D_1$,即输出选择 D_1;当 $A_1A_0=10$ 时,输出 $Y=D_2$,即输出选择 D_2;当 $A_1A_0=11$ 时,输出 $Y=D_3$,即输出选择 D_3。其输入输出逻辑关系式为

$$Y=\overline{\mathrm{NS}}(\overline{A_1}\ \overline{A_0}D_0+\overline{A_1}A_0D_1+A_1\ \overline{A_0}D_2+A_1A_0D_3)$$

2. 1 TO8 数据分配器电路

1 TO 8 数据分配器电路原理图如图 4.2 所示。

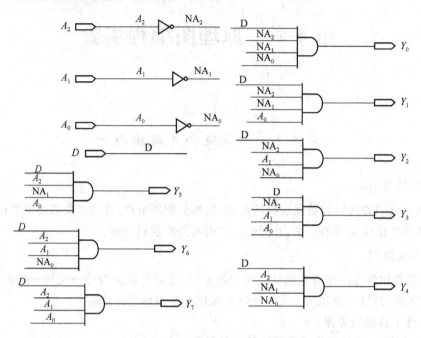

图 4.2　1 TO 8 数据分配器电路原理

图 4.2 中 A_2、A_1、A_0 为地址输入端,D 为数据输入端,Y_0、Y_1、Y_2、Y_3、Y_4、Y_5、Y_6、Y_7 为输出端,随着 $A_2A_1A_0$ 从 000、001、…、111 变化,输入数据 D 依次分配到 Y_0、Y_1、Y_2、Y_3、Y_4、Y_5、Y_6、Y_7 上去。其输入输出逻辑表达式表示为

$$Y_0 = \mathrm{NA_2\,NA_1\,NA_0}\,D$$

$$Y_1 = \mathrm{NA_2\,NA_1\,A_0}\,D$$

$$Y_2 = \mathrm{NA_2\,A_1\,NA_0}\,D$$

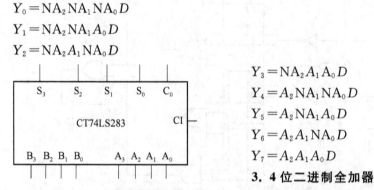

图 4.3　4 位二进制全加器符号

$$Y_3 = \mathrm{NA_2\,A_1\,A_0}\,D$$

$$Y_4 = \mathrm{A_2\,NA_1\,NA_0}\,D$$

$$Y_5 = \mathrm{A_2\,NA_1\,A_0}\,D$$

$$Y_6 = \mathrm{A_2\,A_1\,NA_0}\,D$$

$$Y_7 = \mathrm{A_2\,A_1\,A_0}\,D$$

3. 4 位二进制全加器

4 位二进制全加器符号如图 4.3 所示。

$A_3A_2A_1A_0$ 为被加数,$B_3B_2B_1B_0$ 为加数,CI 为低位向本位的进位,CO 为本位向高位的进位 $S_3S_2S_1S_0$ 为和输出,其逻辑关系为

$$\mathrm{CO}S_3S_2S_1S_0 = A_3A_2A_1A_0 + B_3B_2B_1B_0 + \mathrm{CI}$$

三、实验内容

① 试测试图 4.1 数据选择器、图 4.2 数据分配器的逻辑功能。

② 试通过编程测试 4 位全加器 74LS283 的逻辑功能。

③ 如图 4.4 所示是用 4 位全加器设计成的电路,试通过编程测试、确定真值表,判断其逻辑功能。

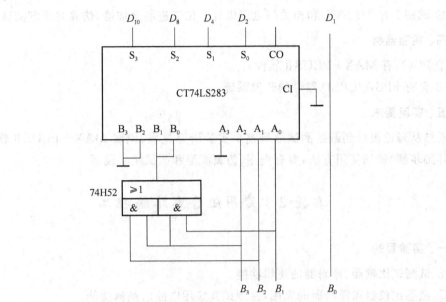

图 4.4　实验 3 组合电路

④ 如图 4.5 所示是用 4 位全加器设计成的电路,试通过编程测试、确定真值表,判断其逻辑功能。

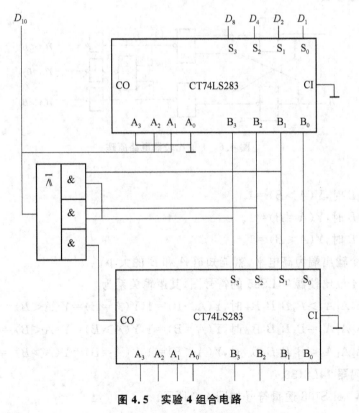

图 4.5　实验 4 组合电路

⑤ 试用 1 片 74LS283 和相关门电路设计一个 4 位二进制全减器电路,仿真并下载测试。

⑥ 试用 2 片 74LS283 和相关门电路设计 8 位二进制全加器,仿真并下载测试。

四、实验器材

① PC(装有 MAX＋PLUSⅡ软件)。

② 含有 FPGA/CPLD 器件的开发系统。

五、实验要求

总结从理论设计到最后测试结果整个实验研究过程、说明 MAX＋PLUSⅡ软件(包括仿真详细步骤)详细使用方法,要有例图、仿真波形和测试结果说明。

实验2　常用组合电路编程二

一、实验目的

① 试测试比较器、译码器的逻辑功能。

② 熟悉比较器和译码器的应用,并测试其应用电路的逻辑功能。

二、实验原理

1. 1 位比较器

其电路原理如图 4.6 所示。

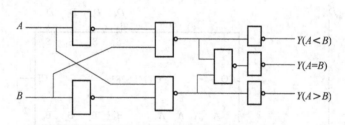

图 4.6　1 位比较器电路原理

因为:

① 当 $A>B$ 时,$Y(A>B)=1$。

② 当 $A=B$ 时,$Y(A=B)=1$。

③ 当 $A<B$ 时,$Y(A<B)=1$。

所以根据哪一个输出端为高电平,就能知道 A 和 B 的大小。

图 4.7 是 4 位比较器 74LS85 的符号图,其逻辑关系为

① 当 $A_3 A_2 A_1 A_0 > B_3 B_2 B_1 B_0$ 时,$Y(A>B)=1$,$Y(A=B)=Y(A<B)=0$。

② 当 $A_3 A_2 A_1 A_0 = B_3 B_2 B_1 B_0$ 时,$Y(A=B)=1$,$Y(A>B)=Y(A<B)=0$。

③ 当 $A_3 A_2 A_1 A_0 < B_3 B_2 B_1 B_0$ 时,$Y(A<B)=1$,$Y(A=B)=Y(A>B)=0$。

2. 3-8 译码器 74LS138

3-8 译码器 74LS138 逻辑符号如图 4.8 所示。

A、B、C 为数据输入端，G_1、G_{2AN}、G_{2BN} 为控制输入端，Y_{0N}、Y_{1N}、Y_{2N}、Y_{3N}、Y_{4N}、Y_{5N}、Y_{6N}、Y_{7N} 为输出端，当 CBA 从 000 增到 111 时，输出从 Y_{0N}、Y_{1N} 最后到 Y_{7N} 依次为低电平。

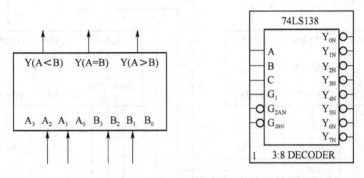

图 4.7　4 位比较器符号　　　　图 4.8　74LS138 的逻辑符号

3. 将 74LS85 并行扩展为 16 位比较器

并行扩展为 16 位比较器需要 5 片 74LS85，前 4 片输入 2 组 16 位数据，第 5 片再接前 4 片的输入，这样就构成了并行输入 16 位比较器，如图 4.9 所示。

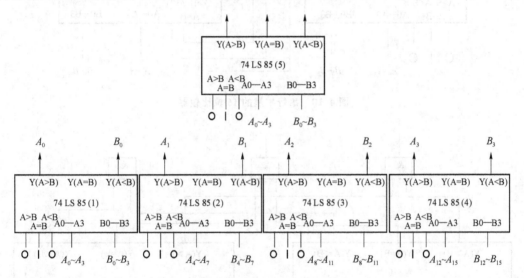

图 4.9　并行扩展的 16 位比较器

4. 将 74LS85 串行扩展为 16 位比较器

串行扩展思路是先进行第 1 片 A3A2A1A0 与 B3B2B1B0 比较，然后进行第 2 片 A7A6A5A4 与 B7B6B5B4 比较，再次进行第 3 片 A11A10A9A8 与 B11B10B9B8 比较，最后进行第 4 片 A15A14A13A12 与 B15B14B13B12 比较。串行扩展 16 位比较器如图 4.10 所示。

三、实验内容

① 试分别测试 4 位比较器(74LS85)、3-8 译码器(74LS138)的逻辑功能。

② 试用 74LS138 设计一个能使 8 个发光管依次左移的电路，并仿真测试。

③ 如图 4.11 所示是用 4 位比较器设计成的电路，试通过编程测试，确定真值表，判断

其逻辑功能。

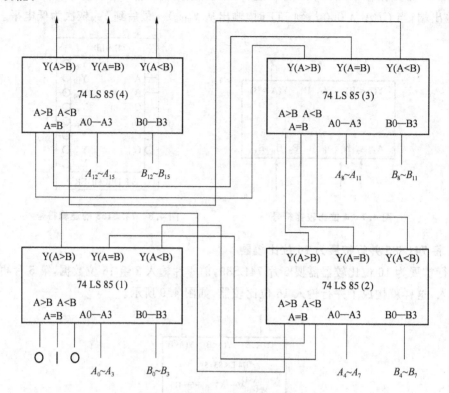

图 4.10　串行扩展的 16 位比较器

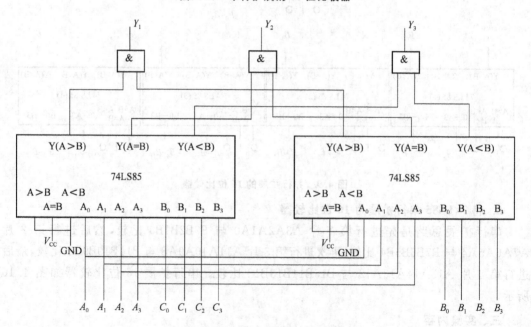

图 4.11　由 74LS85 组成的实验图

④ 如图 4.12 所示是用 3-8 译码器设计成的电路,试通过编程测试,确定真值表,判断其逻辑功能。

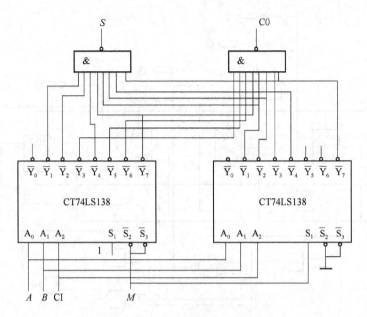

图 4.12　由 74LS138 组成的实验

⑤ 按如图 4.9 所示接线,试测试验证并行扩展的 16 位比较器的逻辑功能。

⑥ 按如图 4.10 所示接线,试测试验证串行扩展的 16 位比较器的逻辑功能。

四、实验器材

① PC(装有 MAX＋PLUSⅡ软件)。

② 编程系统。

五、实验报告要求

总结从理论设计到最后测试结果整个实验研究过程、说明 MAX＋PLUSⅡ软件(包括仿真详细步骤)详细使用方法,要有例图、仿真波形和测试结果说明。

实验 3　常用时序电路编程一

一、实验目的

① 用原理图方法测试十进制加法计数器逻辑功能并设计测试其应用电路。

② 用 74LS160 分别设计六十进制、326 进制加法计数电路。

③ 用可预置同步十六进制加法计数器和译码器来设计脉冲分配器。

④ 用 74LS161 设计任意进制计数器。

二、实验原理

时序电路逻辑功能的测试是通过仿真和下载测试,找出时序电路在输入脉冲作用下输出端的状态及状态转换过程,再根据状态转换过程判断该电路能完成什么逻辑功能。

1. 同步十进制加法计数器

其原理图如图 4.13 所示,是由 4 个 JK 触发器和门电路设计而成。

随着计数脉冲的加入,输出 $Q_3Q_2Q_1Q_0$ 在 0000、0001、0010、…、1001、…、0000 之间依次变化,可以考虑在此电路基础上加上清零输入端和进位输出端。

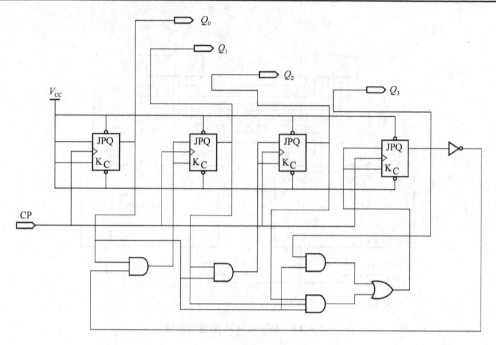

图 4.13　同步十进制加法计数器原理

74LS160/161 是可预置同步十/十六进制加法计数器,通过清零复位(也可置位)可以设计任意进制计数器,下面列举了几个例子,验证时应该以下载测试结果为准。

2. 用可预置同步十进制加法计数器 74LS160 来设计 60 进制加法计数器

如图 4.14 所示是 60 进制加法计数器原理图,左边计数器是个位十进制,右边计数器是十位六进制,个位到十位的进位方法如图中所示。随着计数脉冲的加入,输出 $Q_7Q_6Q_5Q_4Q_3Q_2Q_1Q_0$ 在 0000 0000-0000 0001,…、0101 1001-0000 0000 之间依次变化。

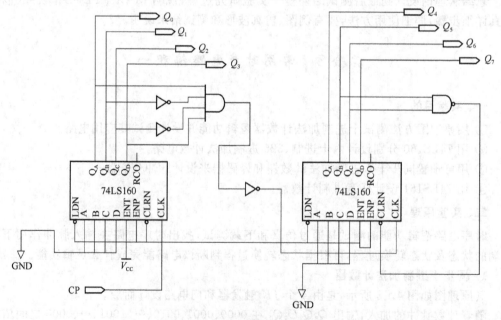

图 4.14　六十进制加法计数器原理

3. 用可预置同步十进制加法计数器 74LS160 来设计 326 进制加法计数器

如图 4.15 所示是 326 进制同步加法计数器原理图。图中将个位的 Q_1Q_2、十位的 Q_1、百位的 Q_1Q_0,引出来,通过与非门后加到 74LS160 的各个清零端,74LS160 的进位端接高位的保持端,计数脉冲同时加到 74LS160 的时钟端。

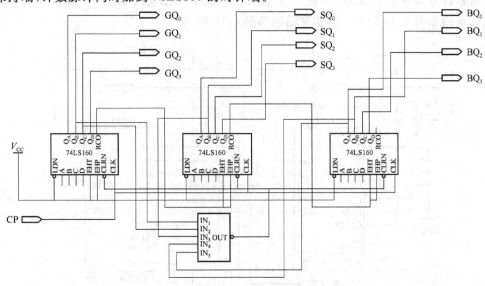

图 4.15　326 进制同步加法计数器

4. 用可预置同步十六进制加法计数器和译码器来设计脉冲分配器

如图 4.16 所示是由可预置同步十六进制加法计数器 74LS161 和译码器 74LS138 设计成的具有 12 个输出的负脉冲分配器电路。图中计数器通过置数的方法变为十二进制加法计数器,2 个 3-8 译码器接成 4.16 译码器,随着计数脉冲的输入,从译码器的 Y_1、Y_2、Y_3、Y_4、Y_5、Y_6、Y_7、Y_8、Y_9、Y_{10}、Y_{11}、Y_{12} 输出端依次输出负脉冲。

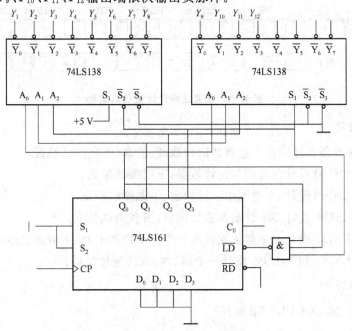

图 4.16　负脉冲分配器电路

5. 任意进制计数器设计

应用计数器和比较器可以设计任意进制计数器,本实验应用 4 位二进制加法计数器 74LS161 和 4 位比较器来设计任意计数器,计数器的模由外输入数字量 B3B2B1B0 决定。当计数器计数值等于 B3B2B1B0 时,计数器即清零复位,因此数字量 B3B2B1B0 即为计数器的模。电路如图 4.17 所示。其仿真结果如图 4.18 所示。

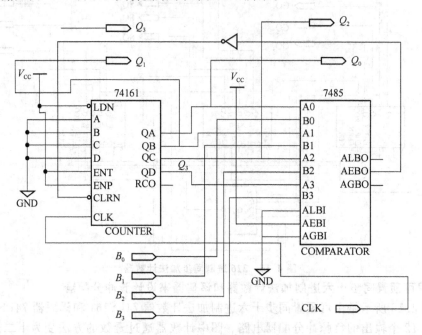

图 4.17 任意进制计数器电路

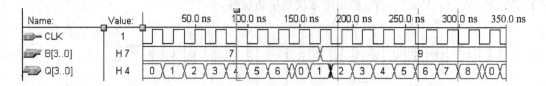

图 4.18 任意进制计数器仿真结果

三、实验内容

① 用 JK 触发器设计同步十进制加法计数器,仿真、下载测试验证。

② 试用 74LS160 设计九进制加法计数器,下载测试验证。

③ 试用 74LS160 设计 60 进制加法计数器,下载测试验证。

④ 试用 74LS160 设计 248 进制加法计数器,下载测试验证。

⑤ 试用 74LS161 设计一个能依次输出 9 个负脉冲的电路,下载测试验证。

⑥ 试用 74LS161 和 74LS85 设计一个四、六、八进制计数器。

四、实验器材

① PC(装有 MAX+PLUS II 软件)。

② 编程系统。

五、实验报告要求

总结从理论设计到最后测试结果整个实验研究过程、说明 MAX＋PLUS II 软件(包括仿真详细步骤)详细使用方法,要有例图、仿真波形和测试结果说明。

实验 4　常用时序电路编程二

一、实验目的

① 用原理图方法测试 4 位双向移位寄存器逻辑功能。

② 测试用 74LS194 设计的环型计数器和序列信号发生器的结果。

③ 学习用译码器 74LS138 和数选器 74LS151 设计总线结构。

④ 了解并行(串行)输入/串行输出移位寄存器功能及应用。

⑤ 掌握数字电路设计的层次化设计思想。

二、实验原理

1. 4 位双向移位寄存器 74LS194

其符号图如图 4.19 所示。

CLRN 为清零端,CLRN＝0 时移位寄存器清零,CLRN＝1 时工作;SLSI、SRSI 分别是左、右移位寄存器数据输入端,S_1、S_0 为模式控制端,$S_1S_0＝00$ 保持、$S_1S_0＝01$ 右移、$S_1S_0＝10$ 左移、$S_1S_0＝11$ 置数。

2. 8 选 1 数据选择器 74LS151

其符号图如图 4.20 所示。

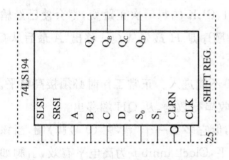

图 4.19　4 位双向移位寄存器符号

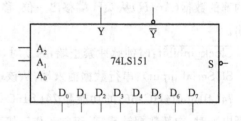

图 4.20　74LS151 符号图

其逻辑功能:$S＝0$ 时使能,当 $A_2A_1A_0$ 从 000—001—010—011—100—101—110—111 变化时,其输出 Y 依次为:D_0、D_1、D_2、D_3、D_4、D_5、D_6、D_7。

3. 用译码器 74LS138 和数选器 74LS151 设计总线结构

该总线结构由计数器 74LS160、译码器 74LS138 和数选器 74LS151 构成。如果将计数器、译码器、数选器看作是模块(从软件里调用的器件模块或用户设计产生的模块),则由这些模块构成的图就是上一层图,这个上一层图还可以再作为模块供更上一层图去调用,这就是复杂数字电路和系统的层次化设计思想:将复杂电路经过层层划分,最后分成一个个模块,将一个个模块设计好,最终将复杂电路设计好。层次化表达电路可以有若干个层次,任何层次的设计都既可以用原理图表示又可以用 VHDL 语言描述。用原理顶层图表示的数据传送总线结构(这里只有两个层次)如图 4.21 所示。

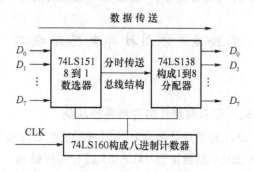

图 4.21 数据传送总线结构

图 4.21 中 74LS160 设置成八进制计数器,74LS138 设置成 1 到 8 分配器。随着第 1～8 个脉冲发出,电路依次将 8 个输入数据信号以总线形式分时传送出去。

4. 并行(串行)输入/串行输出移位寄存器

74LS165(74HC165)是常用的一种并行(串行)输入/串行输出移位寄存器,该器件能在一个信号的控制下并行置入一个字节的数据,然后在时钟脉冲的作用下逐位移出,也能使数据从另外一个引脚串行输入,该器件的引脚图如图 4.22 所示。引脚含义如下。

$A \sim H$:一个字节的并行数据输入端。

$S/\overline{L}$(Shift/Load):控制信号输入端,为 1 时移位;为 0 时,将 $A \sim H$ 端的数据输入到内部保存。

CLK:时钟信号(移位脉冲)输入端,当 $S/\overline{L}=1$,CLK 的每一次正跳变,都会使已经输入到内部的数据($A \sim H$)从 QH 端移出一位,移位的顺序是 H 最先从 QH 移出,A 最后从 QH 移出。

$\overline{Clock\_inhibit}$:时钟脉冲禁止端,为 0 时,CLK 不能进入。正常工作时必须接高电平。

SI(Serial input):串行数据输入端,从该端接收串行数据,从 QH 端移出。

74LS166(74HC166)的功能和 74LS165 一样,但它多了一个"清零"(9 号脚)端,当该端为低电平时,内部数据被清零,正常工作时接高电平,Clock inhibit 为高电平有效,引脚如图 4.23 所示。

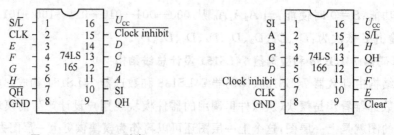

图 4.22 74LS165 引脚   图 4.23 74LS166 引脚

并入/串出移位寄存器主要用于需要减少信号传输线数目的场合,如图 4.24 所示,需要检测多个外部开关量信号(即高电平或低电平),而主电路(比如单片机)缺少足够的输入线数目,因此无法直接读取多个外部信号。应用并串转换器件 74LS165,可以把外部的 16 个信号(即 16 位二进制)一位一位地从 QH 端输出并由主电路读入,达到了扩展输入线的目的。

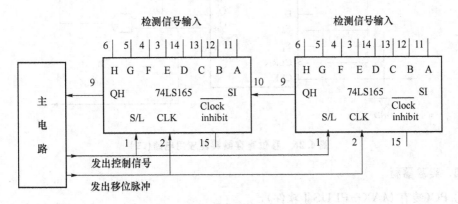

图 4.24　并入/串出移位寄存器的应用

三、实验内容

① 试测试 74LS194、74LS165、74LS166 的逻辑功能。

② 试对图 4.25 进行编程测试,画出仿真波形图,判断其逻辑功能。

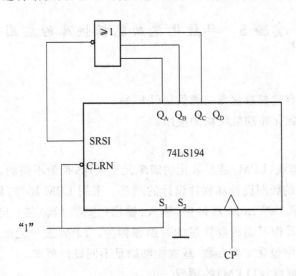

图 4.25　移位寄存器实验应用电路(一)

③ 用双向 4 位移位寄存器可以设计序列信号发生器,如图 4.26 所示,试通过编程确定该电路能产生什么序列信号。

④ 试用 74LS160、74LS138、74LS151 设计 8 路信号传送的总线结构,并仿真和下载测试。

⑤ 试对图 4.22 进行编程测试,画出仿真波形图。

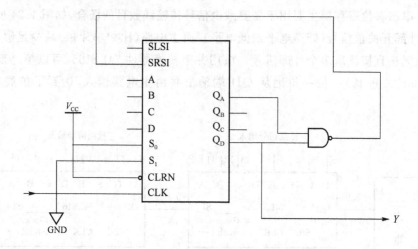

图 4.26 移位寄存器实验应用电路(二)

四、实验器材

① PC(装有 MAX＋PLUSⅡ软件)。

② GW48EDA 编程系统。

五、实验报告要求

总结从理论设计到最后测试结果整个实验研究过程,说明 MAX＋PLUSⅡ软件(包括仿真详细步骤)详细使用方法,要有例图、仿真波形和测试结果说明。

实验 5 参数化兆功能模块库的应用

一、实验目的

① 学会调用和自建参数化兆功能模块(LPM)。

② 掌握常用参数化兆功能模块的应用。

二、实验原理

参数化兆功能模块(LPM)是参数化的宏单元模块库,是为不同的设计者设计不同的电路而制定的,是优秀的版图设计和软件设计的结晶。采用 LPM 器件,只要修改其某些参数就可以达到设计要求。即 LPM 器件中,输入、输出(包括位宽)在一定范围内可以灵活设置,可将 LPM 器件看作可编程器件里的可编程器件。LPM 宏单元库中,各种类型的器件比较丰富,目前该库中包含 4 类参数,基本能够满足不同设计要求。

1. 参数化兆功能模块(LPM)的类型

(1) 门电路函数

lpm_and(参数化与门)、lpm_bustri(参数化三态缓冲器)、lpm_clshift(参数化逻辑移位器)、lpm_constant(参数化常量产生器)、lpm_decode(参数化译码器)、lpm_inv(参数化反相器)、lpm_mux(参数化选择器)、lpm_or(参数化或门)、lpm_xor(参数化异或门)。

(2) 算术运算函数

lpm_abs(参数化绝对值函数)、lpm_add_sub(参数化加减函数)、lpm_compare(参数化比较器)、lpm_counter(参数化计数器)、lpm_mult(参数化乘法器)。

（3）具有存储功能的函数

lpm_ff(参数化触发器)、lpm_latch(参数化锁存器)、lpm_ram_dq(参数化 RAM(I/O 分开))、lpm_ram_io(参数化单端口 RAM)、lpm_rom(参数化 ROM)、lpm_shiftreg(参数化移位积存器)。

（4）用户定制函数

Csfifo(参数化先进先出队列)、csdpram(参数化双口 RAM)。

2. 参数化兆功能模块(LPM)的调用

打开图形编辑界面,双击空白处,在弹出的对话框中选择器件库 mega_lpm,在函数库中选择某一宏函数,在图形编辑界面出现模块图,双击右上方编辑元件参数对话框,对元件的输入和输出进行编辑。

（1）lpm_and(参数化与门)

如图 4.27 所示是 lpm_and 的模块图,左右两个模块等效。双击左模块右上方区域即可编辑,LPM_SIZE 表示有多少输入端,LPM_WIDTH 表示输入和输出的位宽。LPM_WIDTH ＝ 2,表示有 2 个与门。

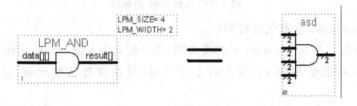

图 4.27　lpm_and 的模块

以左模块为例,如果输入为 A[7..0],输出为 Y[1..0],则 A7A5A3A1—Y_1 成与门关系,A6A4A2A0—Y_0 成与门关系;以右模块为例,如果输入分别为 $A[1..0]$、$B[1..0]$、$C[1..0]$、$D[1..0]$,输出为 $Y[1..0]$,则 A1B1C1D1—Y_1 成与门关系,A0B0C0D0—Y_0 成与门关系。

（2）lpm_decode(参数化译码器)

如图 4.28 所示是 lpm_decode 的模块图,双击右上方区域即可编辑,LPM_WIDTH 表示输入位宽,LPM_PIPELINE 表示流水线级数,LPM_DECODES 表示译码输出数,enable 表示使能端,可取消。

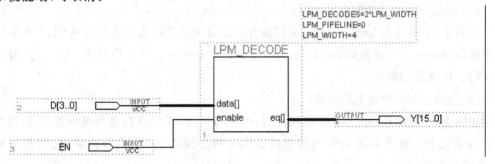

图 4.28　lpm_decode 的模块

（3）lpm_mux(参数化选择器)

如图 4.29 所示是 lpm_mux 的模块图,左右两个模块等效。双击左模块右上方区域即可编辑。LPM_SIZE 表示输入数目,LPM_WIDTH 表示输入位宽。以左模块为例,如果数据输入为 $D[7..0]$,地址输入为 $A[1..0]$,输出为 $Y[1..0]$,则 D7D5D3D1—Y_1 和 D6D4D2D0—Y_0 分别成选择关系;以右模块为例,如果输入分别为 $A[1..0]$、$B[1..0]$、$C[1..0]$、$D[1..0]$,则 A1B1C1D1—Y_1 和 A0B0C0D0—Y_0 分别成选择关系。本模块也可看成是 2 位宽的 4 选 1 总线型数据选择器。

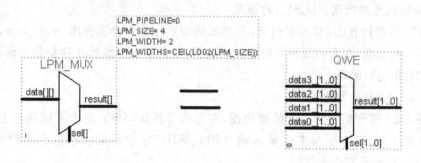

图 4.29 lpm_mux 的模块

（4）lpm_compare(参数化比较器)

如图 4.30 所示是 lpm_compare 的模块图,设计位宽为 8 位,当 $A > B$、$A = B$、$A < B$ 时,AGB、AEB、ALB 分别为 1。双击右上方区域,可以改变位数比较,还可增加输入输出数。

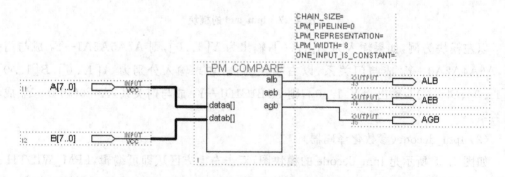

图 4.30 lpm_ compare 的模块

（5）lpm_counter(参数化计数器)

如图 4.31 所示是 lpm_counter 的模块图,LPM WIDTH 表示几位二进制,6 表示 6 位二进制,updown 为加减控制,updown $= 0$ 为减法;updown $= 1$ 为加法。CLK 为输入时钟,$Q[5..0]$ 为计数输出。

（6）lpm_mult(参数化乘法器)

如图 4.32 所示是 lpm_ mult 的模块图,$A * B = Y$,A 和 B 位宽均可设置,Y 位宽为 A 和 B 位宽之和。还有其他 aclk 异步时钟、clken 时钟使能、clock 同步时钟,这些都是可选项,可选可不选。

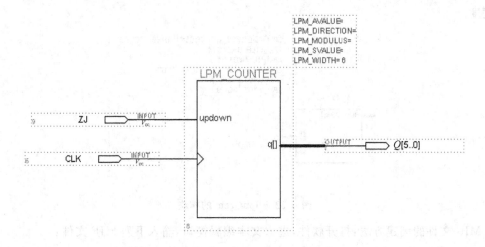

图 4.31　lpm_counter 的模块

参数对话框最后一行"USB EAB ＝"编辑时要注意,只能添入"ON"或"OFF",而且要根据不同的器件进行选择,如"MAX7000"、"MAX9000"、"FLEX6000/8000"等器件本身没有"EAB"宏单元,因此只能选择"OFF",即使选择"10K10"系列,也要看器件所带的"EAB"是否放得下 8×8(假如输入位宽为 8),如果不能,也只能选择"OFF"。设置后在添加输入、输出引脚时,要与设置位宽一致。

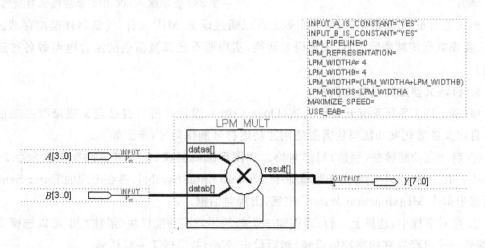

图 4.32　lpm_ mult 的模块

(7) lpm_rom(参数化 ROM)

如图 4.33 所示是 lpm_rom 的模块图,lpm_rom 是参数化只读存储器模块,可看成是可编程器件内部的存储器。编辑元件参数对话框,其含义如下:"LPM ADDRESS CONTROL＝"表示地址控制方式,REGISTERED 为时序型,UNREGISTERED 为组合型;"LPM_OUTDA-TA＝"表示数据控制方式,REGISTERED 为时序型,UNREGISTERED 为组合型;"LPM NUMWORDS＝"表示数据深度,一般指组合 ROM 块中有多少位数据;"LPM FILE ＝"表示 ROM 的初始化文件名,以. MIF 文件形式表示,要把输出数据和输入地址的关系以. MIF 文件表达出来;"LPM_WIDTH ＝"表示输出数据宽度;"LPM WIDTHAD ＝"表示输入地址宽度。

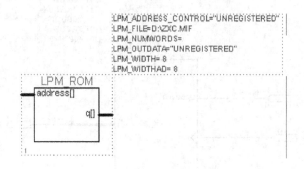

图 4.33 lpm_rom 的模块

MIF 文件的创建方法:打开软件,进入文本编辑窗口,输入下列 MIF 文件:

WIDTH = 8;   — 表示输出数据位为 8 位

DEPTH = 256;   — 表示输入地址有 $2^8 = 256$ 个

ADDRESS_RADIX = DEC;   — 地址以 10 进制表示,如 HEX 为 16 进制

DATA_RADIX = DEC;   —数据以 10 进制表示,如 HEX 为 16 进制

CONTENT BEGIN

0:00;1:02;2:04;3:06; ------255:00;   —冒号:之前是地址,之后是数据

END;   —以 END 表示结束,以.MIF 为后缀保存就可以

形式上 lpm_rom 是存储器件,实际上可以通过设定.MIF 文件,使该器件模块存储波形数据、实现数据加减乘除运算、实现码制转换、实现所有已知真值表的组合电路等各种逻辑功能。

3. 自定义参数化兆功能模块

MAX+PLUS II 具有开放性内核(Open Core),设计者可以自己定义或修改兆功能模块。自定义参数化兆功能模块需要使用兆功能符号制作向导,步骤如下。

① 启动兆功能模块(函数)制作向导。在图形编辑器窗口下,直接选择菜单命令 File/Megafunction Wizard,或者选择菜单命令 Symbol/Enter Symbol,再在出现的 Enter Symbol 对话框中单击 Megafunction Wizard 按钮,出现对话框。

② 在对话框中,选择上一行,即创建一个新的用户兆功能模块(函数),也可以选择下一行,编辑一个已经存在的兆功能符号,然后单击[Next],出现又一对话框。

③ 选择某一模块,并在 What name do you want for the output 栏中输入自定义兆功能模块路径及符号名称,然后单击[Next],出现又一新对话框。

④ 根据需要选择输入的引脚数及数据位等各项,再单击[Next],最后单击[Finish]。

三、实验内容

① 试用 lpm_decode 设计一个 4-16 译码器模块,仿真并下载测试。

② 试用 lpm_mux 设计一个 4 个 6 选 1 数据选择器模块,仿真并下载测试。

③ 试用 lpm_compare 设计一个 6 位二进制比较模块,仿真并下载测试。

④ 试用 lpm_counter 设计一个 12 进制计数器模块,仿真并下载测试。

⑤ 试用 lpm_mult 设计一个 5×5 乘法器模块,仿真并下载测试。

四、实验器材

① PC(装有 MAX+PLUS II 软件)。

② GW48EDA 编程系统。

五、实验报告要求

总结常用兆功能模块的设计方法,并进行仿真和下载测试。

实验 6　序列信号发生器

一、实验目的

设计序列发生器,仿真、测试并下载验证。

二、实验原理

1. 用数据选择器和计数器设计序列发生器

数据选择器是随着地址端连续变化依次选择输入端数据的电路,如果将输入地址端接计数器的输出端,当计数器输出端连续变化时,则数据选择器的输出端依次循环输出/输入端的数据。为了使输出的序列更加稳定可靠,可将数据选择器的输出序列再通过触发器输出,触发器和计数器时钟脉冲同步。由数据选择器和计数器构成的序列发生器如图 4.34 所示。

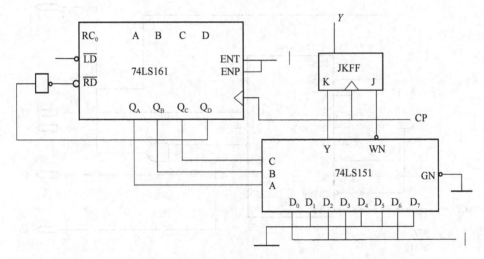

图 4.34　由数据选择器和计数器构成的序列发生器

由于 JK 触发器 JKFF 的输入端 K 和 J 不等时,输出 $Y=J$,因此该电路在时钟脉冲的作用下,将不断循环输出 01001101 序列(将输入数据 10110010 依次取反)。

2. 用移位寄存器设计序列发生器

首先根据要发出的序列确定好状态及状态转换过程,然后说明用左移或右移方法实现,根据状态及状态转换过程要求和卡诺图,来写出左移或右移数据输入端和输出端的逻辑方程,最后画出电路图并测试验证。

例如,试设计一个能产生 1110001 序列的信号发生器。

先根据要发出的序列,确定好状态及状态转换过程,如图 4.35 所示。

如图 4.35(a)所示是以右移方式获取的状态及状态转移过程,如图 4.35(b)所示是根据图 4.35(a)确定的状态转移过程和输出序列的要求,作出的状态转换过程及输出图,要实现图 4.35(a)所定的状态转移过程,必须使移位寄存器的右移数据输入端 SRSI 的数据按照 1110001 序列自动变化,使发出的序列也按照 1110001 序列自动循环变化,再根据图 4.35(b)中 $Q_A Q_B Q_C Q_D$ 中相应的 SRSI 值,作出卡诺图,使 $Q_A Q_B Q_C Q_D$ 的无效状态时的 SRSI 值取适当值(0 或 1),以保证 SRSI 的逻辑表达式最简单,同时电路能自启动,由此得 SRSI 与 $Q_A Q_B Q_C Q_D$ 的逻辑关系为 SRSI $= \overline{Q_C Q_D}$,用一个 2 输入与非门即可实现,如图 4.36 所示。

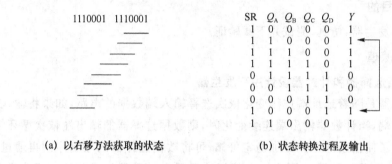

| (a) 以右移方法获取的状态 | (b) 状态转换过程及输出 |

图 4.35　序列发生器状态转换示意图

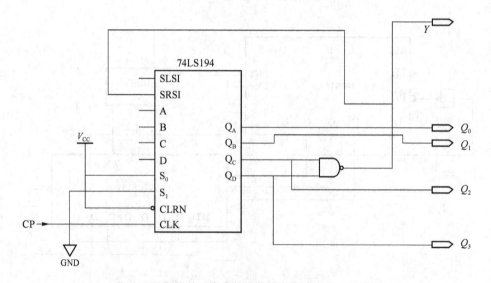

图 4.36　能产生 1110001 序列的信号发生器

另外还可以用左移的方法实现,读者可自行设计。

3. 用移位寄存器和数据选择器设计序列发生器

一般将移位寄存器的输出端和数据选择器的地址端连在一起,将数据选择器的输出端反馈连到移位寄存器的左移或右移数据输入端,而数据选择器的数据输入端输入适当的信号,即可构成所需系列的信号发生器,这种方法一般用于产生位数较多的序列信号。

三、实验内容

① 试用数据选择器和计数器方法来设计能产生 00101011 序列的信号发生器。试通过编程测试确定状态转换过程,画出仿真波形图,验证结果是否正确。

② 试用移位寄存器和最少数量的门电路设计能产生 110011 序列的电路,试通过编程测试确定状态转换过程,画出仿真波形图,验证结果是否正确。

③ 试对如图 4.37 所示电路进行编程测试,写出状态转换过程,判断其逻辑功能。

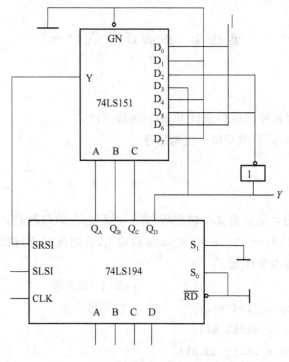

图 4.37　实验电路

四、实验器材

① PC(装有 MAX＋PLUSⅡ软件)。

② GW48EDA 编程系统。

五、实验报告要求

总结从理论设计到最后测试结果整个实验研究过程,说明 MAX＋PLUSⅡ软件(包括仿真详细步骤)详细使用方法,要有例图、仿真波形和测试结果说明。

第5章 VHDL语言编程实验

实验1 组合逻辑设计一

一、实验目的

① 熟练掌握编程软件使用和 VHDL 语言编程方法。

② 学会用 VHDL 语言编写组合逻辑程序。

二、实验原理

1. 三态门电路

三态门电路：输出可能具有3个输出状态"0、1、Z"之一的门电路。如：三态与门电路程序，输入为 a,b，控制端为 en，当 en=1 时，a,b 与输出，否则高阻(Z)输出。

其 VHDL 语言参考程序如下。

```
library ieee;                          --调用 IEEE 库
use ieee.std_logic_1164.all;           --打开程序包
use ieee.std_logic_arith.all;
use ieee.std_logic_unsigned.all;
ENTITY stm IS                          --实体定义
PORT(a,b,en:IN Std_Logic;              --a,b,en 为输入
y:OUT Std_Logic);                      --y 为输出
END stm;
ARCHITECTURE behav OF stm IS
BEGIN
PROCESS(a,b,en)                        --a,b,en 为输入敏感信号
BEGIN
IF en = ´1´ THEN
y<= a AND b;                           --当 en=1 时,a 和 b 相与输出
ELSE
y<= ´Z´;                               --当 en=0 时,高阻输出
END IF; END PROCESS; END behav;
```

该程序的仿真波形结果如图 5.1 所示。

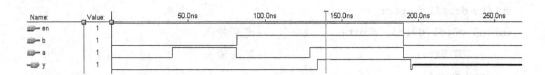

图 5.1　三态与门电路仿真波形结果

2. 8 位双向总线缓冲器

a,b 为 8 位的输入输出端口,输入 en＝0 时,输出呈高阻状态;输入 en＝1、dir＝1 时,信号流向从 a 到 b;dir＝0 时,信号流向从 b 到 a。

其 VHDL 语言参考程序如下。

```
library ieee;
use ieee.std_logic_1164.all;
ENTITY bidir IS
PORT(a,b:INOUT Std_Logic_Vector(7 DOWNTO 0);
en,dir:IN Std_Logic);
END bidir;
ARCHITECTURE behav_bidir OF bidir IS
BEGIN
PROCESS(en,dir,a)
BEGIN
IF(en = ´0´)THEN                      --如果 en = 0,则 b 输出高阻
    b<= "ZZZZZZZZ";
ELSIF  (en = ´1´ AND dir = ´1´)THEN   --否则如果 en = 0,同时 dir = 1
    b<= a; END IF;                     --则以 a 为输入,b 为输出
END PROCESS;                          --输入 a 传入到输出 b
PROCESS(en,dir,b)
BEGIN
IF (en = ´0´)THEN                     --如果 en = 0,则 b 输出高阻
a<= "ZZZZZZZZ";
ELSIF (en = ´1´ AND dir = ´0´)THEN    --否则如果 en = 0,同时 dir = 0
a<= b;ENDIF;                          --则以 b 为输入,a 为输出
END PROCESS;END behav_bidir;          --输入 b 传入到输出 a
```

3. 4 选 1 数据选择器

4 选 1 数据选择器有两个地址端 A_1A_0,4 个数据端 $D_0D_1D_2D_3$,1 个输出端 Y。其逻辑功能是 $A_1A_0 = 00, Y = D_0; A_1A_0 = 01, Y = D_1; A_1A_0 = 10, Y = D_2; A_1A_0 = 11, Y = D_3$。

其 VHDL 语言参考程序如下。

```
library ieee;
use ieee.std_logic_1164.all;
```

```
entity dmux41 is port
(a1,a0,d0,d1,d2,d3;IN Bit;                --定义输入
    y;OUT Bit);                           --定义输出
    end dmux41;
architecture cond of dmux41 is
begin
Y <=  d0 WHEN a1 = '0' AND a0 = '0' ELSE  --当 a1a0 = 00 时,选择 d0
    d1 WHEN a1 = '0' AND a0 = '1' ELSE     --当 a1a0 = 00 时,选择 d1
    d2 WHEN a1 = '1' AND a0 = '0' ELSE     --当 a1a0 = 00 时,选择 d2
    d3; end cond;                          --当 a1a0 = 00 时,选择 d3
```

该程序的仿真波形结果如图 5.2 所示。

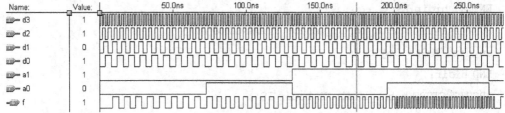

图 5.2　4 选 1 数据选择器仿真波形结果

注:本程序没有加上使能端,读者可自行加上使能端,还可以用其他语句(如:IF 语句、CASE 语句)编写设计程序,请读者自行设计。

4. 复合型数据选择器

复合型数据选择器又叫总线型数据选择器,输入/输出都是以总线的形式出现。如:4 个 6 选 1 数据选择器,4 表示总线里有 4 根线,下面的 VHDL 参考程序,a,b,c,d,e,f 就是总线型数据输入,地址 s 也是总线型输入,当 s 以 000—001—010—011—100—101 变化时,输出 x 分别选择 a,b,c,d,e,f。

其 VHDL 语言参考程序如下。

```
library ieee;
use ieee.std_logic_1164.all;
entity mux461 is port
    (a,b,c,d,e,f;in std_logic_vector(3 downto 0);    --定义总线型输入
        s;in std_logic_vector(2 downto 0);           --定义总线型地址
        x; out std_logic_vector(3 downto 0));        --定义总线型输出
end mux461;
architecture arc of mux461 is begin
mux461;process(a,b,c,d,s)
begin
    if s = "000" then x<= a;                          --如果 s = 000 输出选择 a
```

```
        elsif s = ″001″ then x<= b;                    --否则如果 s = 001 输出选择 b
        elsif s = ″010″ then x<= c;                    --否则如果 s = 010 输出选择 c
        elsif s = ″011″ then x<= d;                    --否则如果 s = 011 输出选择 d
        elsif s = ″100″ then x<= e;                    --否则如果 s = 100 输出选择 e
        elsif s = ″101″ then x<= f;                    --否则如果 s = 101 输出选择 f
        elsif s = ″110″ then x<= f;                    --此选择无意义
        elsif s = ″111″ then x<= f;                    --此选择无意义
        end if; end process mux461; end arc;
```

5. 3-8 线译码器

任何组合电路,只要能描述出输出和输入之间的真值表,都可以用 CASE 语句表达编程,如果能描述出输出和输入之间的逻辑关系,也可以用并行信号赋值语句表达编程。

下面是用 CASE 语句编写的 3-8 线译码器的 VHDL 语言程序。

```
library ieee;
use ieee. std_logic_1164. all;
ENTITY DECODER38 IS
PORT (a,b,c;in std_logic;
   STA,STB,STC;in std_logic;
      Y; out std_logic_vector(7 downto 0));
end DECODER38;
architecture arc of DECODER38 is
SIGNAL INDATA;std_logic_vector(2 downto 0);        --定义内部信号名
BEGIN
        INDATA<= A&B&C;                             --对输入 A、B、C 进行总线化处理
        PROCESS(INDATA, STA,STB,STC)                --定义输入敏感信号
        BEGIN
        IF(STA = ′1′AND STB = ′0′AND STC = ′0′) THEN  --如果条件满足,就执行下面语句
        CASE INDATA IS
        WHEN ″000″ => Y <= ″11111110″;             --当输入为 000,输出为 11111110
        WHEN ″001″ => Y <= ″11111101″;             --当输入为 001,输出为 11111101
        WHEN ″010″ => Y <= ″11111011″              --当输入为 010,输出为 11111011
        WHEN ″011″ => Y <= ″11110111″;             --当输入为 011,输出为 11110111
        WHEN ″100″ => Y <= ″11101111″;             --当输入为 100,输出为 11101111
        WHEN ″101″ => Y <= ″11011111″;             --当输入为 101,输出为 11011111
        WHEN ″110″ => Y <= ″10111111″;             --当输入为 110,输出为 10111111
        WHEN ″111″ => Y <= ″01111111″;             --当输入为 111,输出为 01111111
        WHEN OTHERS => Y <= ″ZZZZZZZZ″;            --当输入为其他时,输出为 ZZZZZZZZ
        END CASE;
        ELSE                                       --不满足条件时
        Y <= ″11111111″;                           输出为 11111111
```

END IF; END PROCESS; END ARC;

该程序的仿真波形结果如图 5.3 所示。

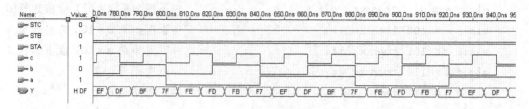

图 5.3　3-8 译码器仿真波形结果

三、实验内容

① 用 VHDL 语言法设计各类门电路,仿真和下载测试验证。

输入为 A,B,输出分别为 Y_1(将 A,B 与非)、Y_2(将 A,B 或非)、Y_3(将 A,B 异或)、Y_4(将 A,B 同或)、Y_5(将 A,B 与或非)、Y_6(将 A 取非)。

② 试用 CASE 语句编写带有使能端的 10 选 1 数据选择器程序。

③ 试用 VHDL 语言分别编写 7 个 8 选 1 数据选择器程序,并测试验证。

④ 试用 CASE 语句编写一个 7 段译码器程序。

四、实验器材

① PC(装有 MAX+PLUS II 软件)。

② GW48EDA 编程系统。

五、实验报告要求

写出设计源程序,总结用 VHDL 语言法输入组合电路到最后下载测试的整个过程,画出仿真图、记录下载测试结果。

实验 2　组合逻辑设计二

一、实验目的

① 熟练掌握编程软件使用和 VHDL 语言编程方法。

② 学会用 VHDL 语言编写组合逻辑程序。

二、实验原理

1. 数据分配器

数据分配器是数据选择器的反向过程,其数据输入端只有一个,这个输入端的数据究竟分配至哪一个输出端,由地址来决定。1 到 8 数据分配器是 3 个地址端,8 个输出端。

其 VHDL 语言参考程序如下。

```
library ieee;

use ieee.std_logic_1164.all;

entity dmux_1to8 is
```

```
port( data,enable :in std_logic;              —定义数据和使能端
S :in std_logic_vector(2 downto 0);           —定义地址端
y0,y1,y2,y3,y4,y5,y6,y7 : out std_logic);     —定义输出端
End dmux_1to8;
Architecture a of dmux_1to8 is begin
process(enable,S,data)
Begin
If enable = ´0´then
y0<= ´1´;y1<= ´1´;y2<= ´1´;y3<= ´1´;y4<= ´1´;
y5<= ´1´;y6<= ´1´;y7<= ´1´;
elsif S = ″000″then y0<= NOT(data);          —如果 S = 000,输入数据反相送 y0
elsif S = ″001″then y1<= NOT(data);          —如果 S = 001,输入数据反相送 y1
                   y0<= ´0´;
elsif S = ″010″then y2<= NOT(data);          —如果 S = 010,输入数据反相送 y2
       y0<= ´0´ ; y1<= ´0´;
elsif S = ″011″then y3<= NOT(data);          —如果 S = 011,输入数据反相送 y3
       y0<= ´0´;y1<= ´0´;y2<= ´0´;
elsif S = ″100″then y4<= NOT(data);          —如果 S = 100,输入数据反相送 y4
   y0<= ´0´;y1<= ´0´;y2<= ´0´;y3<= ´0´;
elsif S = ″101″then y5<= NOT(data);          —如果 S = 101,输入数据反相送 y5
   y0<= ´0´;y1<= ´0´;y2<= ´0´;y3<= ´0´;y4<= ´0´;
elsif S = ″110″then y6<= NOT(data);          —如果 S = 110,输入数据反相送 y6
   y0<= ´0´;y1<= ´0´;y2<= ´0´;y3<= ´0´;y4<= ´0´;y5<= ´0´;
elsif S = ″111″then y7<= NOT(data);          —如果 S = 111,输入数据反相送 y7
   y0<= ´0´;y1<= ´0´;y2<= ´0´;y3<= ´0´;y4<= ´0´;y5<= ´0´;y6<= ´0´;
end if; end process; end a;
```

该程序的仿真波形结果如图 5.4 所示。

图 5.4　分配器仿真波形结果

2. 1 位全加器

模块符号见图 5.4,A 为被加数,B 为加数,CIN 为低位向本位的进位,S 为全加和,COUT 为本位向高位的进位。$S = A + B + CIN$。

其 VHDL 语言参考程序如下。

```
library ieee;
use ieee.std_logic_1164.all;
use ieee.std_logic_unsigned.all;
ENTITY ywqj IS
PORT ( cin,a,b : IN Std_Logic;
S,COUT : OUT STD_LOGIC) ;
END YWQJ ;
ARCHITECTURE behav OF YWQJ IS
SIGNAL SINT : STD_LOGIC_VECTOR(1 DOWNTO 0);      --定义内部信号 SINT
SIGNAL AA,BB : STD_LOGIC_VECTOR(1 DOWNTO 0);     --定义内部信号 AA,BB
BEGIN
AA<= ´0´& A;                                     --为进位提供空间
BB<= ´0´& B;
SINT <= AA + BB + CIN ;                          --全加
S <= SINT(0);                                    --低位是和
COUT <= SINT(1) ;                                --高位是进位
END behav;
```

请将该程序修改为 4 位全加器程序。

3. 4 位比较器

4 位比较器电路有 2 个 4 位二进制输入端 A、B,有 3 个电平信号输出端 EQ、LT、GT。当 $A = B$ 时,EQ $= 1$;当 $A < B$ 时,LT $= 1$;当 $A > B$,GT $= 1$。任何时候只有 1 个输出端为高电平,根据哪个输出端是高电平,就可判别输入端 A、B 的相对大小。

其 VHDL 语言参考程序如下。

```
library ieee;
  use ieee.std_logic_1164.all;
entity COMP4 is
  port (A,B : in std_logic_vector(3 downto 0);
EQ,LT,GT : out std_logic);
end COMP4;
architecture a of COMP4 is begin
    comp4 :process(A,B)
    Begin
    if (A = B)    then EQ<= ´1´;GT<= ´0´;LT<= ´0´;
    Elsif (A>B) then EQ<= ´0´;GT<= ´1´;LT<= ´0´;
    Elsif (A<B) then EQ<= ´0´;GT<= ´0´;LT<= ´1´;
    End if; end process comp4;   end a;
```

该程序的仿真波形结果如图 5.5 所示。

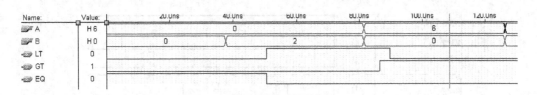

图 5.5　4 位比较器仿真波形结果

4. 10—4 优先编码器

编码器是译码器的反过程，10—4 优先编码器 VHDL 语言程序如下，$A_9 \sim A_0$ 为 10 个输入，高电平输入；EN 为使能输入，高电平有效；$Y_3 Y_2 Y_1 Y_0$ 为编码输出。

```
LIBRARY IEEE;
USE IEEE.STD_LOGIC_1164.ALL;
ENTITY YXBM104 IS
PORT (A: IN STD_LOGIC_VECTOR(9 DOWNTO 0);
      EN: IN STD_LOGIC;
      Y : OUT STD_LOGIC_VECTOR(3 DOWNTO 0));
END YXBM104 ;
ARCHITECTURE behav OF YXBM104 IS
SIGNAL SEL: STD_LOGIC_VECTOR(10 DOWNTO 0);
BEGIN
   SEL< = EN&A;
   WITH SEL SELECT
   Y< = "0000"WHEN"10000000001",   --当输入是"0000000001"时,输出为"0000"
      "0001"WHEN"10000000010",   --当输入是"0000000010"时,输出为"0001"
      "0010"WHEN"10000000100",   --当输入是"0000000100"时,输出为"0010"
      "0011"WHEN"10000001000",   --当输入是"0000001000"时,输出为"0011"
      "0100"WHEN"10000010000",   --当输入是"0000010000"时,输出为"0100"
      "0101"WHEN"10000100000",   --当输入是"0000100000"时,输出为"0101"
      "0110"WHEN"10001000000",   --当输入是"0001000000"时,输出为"0110"
      "0111"WHEN"10010000000",   --当输入是"0010000000"时,输出为"0111"
      "1000"WHEN"10100000000",   --当输入是"0100000000"时,输出为"1000"
      "1001"WHEN"11000000000",   --当输入是"1000000000"时,输出为"1001"
      "0000"WHEN OTHERS;          --当输入是其他情况时,输出为"0000"
END behav ;
```

其仿真结果如图 5.6 所示。输出相对于输入应缓一步看结果。

5. 二进制—十进制转换器

在有些情况下要将二进制转换为十进制，以便进行显示，其 VHDL 语言程序如下。

```
LIBRARY IEEE;
USE IEEE.STD_LOGIC_1164.ALL;
USE IEEE.STD_LOGIC_ARITH.ALL;
```

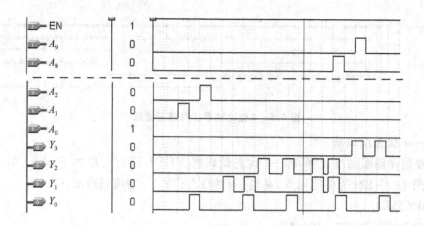

图 5.6　10—4 优先编码器仿真结果

```
USE IEEE.STD_LOGIC_UNSIGNED.ALL;
ENTITY ZHQ210 IS
PORT (A: IN STD_LOGIC_VECTOR(3 DOWNTO 0);
      Y0,Y1 : OUT STD_LOGIC_VECTOR(3 DOWNTO 0));
END ZHQ210 ;
ARCHITECTURE behav OF ZHQ210 IS
SIGNAL S: STD_LOGIC_VECTOR(3 DOWNTO 0);
BEGIN
   PROCESS(A)
   BEGIN
   IF A<10 THEN
   Y1< = "0000";   Y0< = STD_LOGIC_VECTOR(A);   S< = STD_LOGIC_VECTOR(A);
   ELSE
   Y1< = "0001";   Y0< = A - 10;   S< = STD_LOGIC_VECTOR(A) - 10;
   END IF;   END PROCESS;   END behav ;
```

其仿真结果如图 5.7 所示。

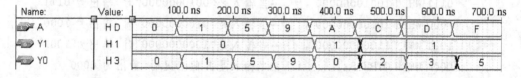

图 5.7　二进制—十进制转换器仿真结果

6. 4 位 2 进制乘法器

用 VHDL 语言可以设计加、减、乘、除运算程序,2 个 4 位二进制乘法程序如下。

```
LIBRARY IEEE;
USE IEEE.STD_LOGIC_1164.ALL;
USE IEEE.STD_LOGIC_ARITH.ALL;
```

```
USE IEEE.STD_LOGIC_UNSIGNED.ALL;
ENTITY CFQ IS
PORT (A,B: IN STD_LOGIC_VECTOR(3 DOWNTO 0);
Y : OUT STD_LOGIC_VECTOR(15 DOWNTO 0));
END CFQ ;
ARCHITECTURE behav OF CFQ IS
BEGIN
Y <= A * B;        END behav ;
```

其仿真结果如图 5.8 所示。

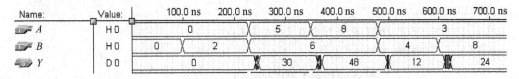

图 5.8　A×B 乘法器仿真结果

三、实验内容

① 试用 VHDL 语言编写一个 1 到 12 分配器的程序。

② 试用 VHDL 语言编写一个 4 位全加器程序。

③ 试用 VHDL 语言编写一个 6 位比较器程序。

④ 试用 VHDL 语言设计 8-3 优先编码电路程序。

⑤ 试用 VHDL 语言编写将 8 位二进制转化为十进制的程序。

⑥ 试用 VHDL 语言编写 6 位二进制乘法器程序。

四、实验器材

① PC(装有 MAX＋PLUSⅡ软件)。

② GW48 EDA 编程系统。

五、实验报告要求

写出设计源程序,总结用 VHDL 语言法输入组合电路到最后下载测试的整个过程,画出仿真图,记录下载测试结果。

实验 3　时序逻辑设计一

一、实验目的

① 熟练掌握编程软件使用和 VHDL 语言编程方法。

② 学会用 VHDL 语言编写时序电路程序。

二、实验原理

1. D 触发器

D 触发器的状态方程为 $Q = D$,无论以前是什么状态,只要来一个脉冲,输出恒等于 D

输入端的状态。因此,一个 D 触发器可以作为二分频器用。

2. 计数器

计数器是非常重要的时序部件,分类方法很多。有同步计数器和异步计数器;加法计数器、减法计数器和可逆计数器;有带预置和不带预置的计数器;有十进制、十六进制及任意进制计数器;有普通计数器和特殊计数器。

各类计数器可用触发器进行原理图设计,又可直接用 VHDL 语言设计。

三、实验内容

1. 用 VHDL 语言设计上升沿触发的 D 触发器

其 VHDL 语言参考程序如下。

```
LIBRARY IEEE;
        USE IEEE.STD_LOGIC_1164.ALL;
        ENTITY DFF1 IS
            PORT(CLK,D:IN STD_LOGIC;
            Q:OUT STD_LOGIC);
            END DFF1;
        ARCHITECTURE ONE OF DFF1 IS
            BEGIN
            PROCESS(CLK)
            BEGIN
            IF (CLK′ EVENT AND CLK = ′1′) THEN
            Q<= D;
END IF; END PROCESS;END ONE;
```

如果 D 和 Q 是 N 总线结构,则该程序可看成是 N 位锁存器。

2. 用 VHDL 语言设计一个十进制加法计数器程序

其 VHDL 语言参考程序如下。

```
LIBRARY IEEE;
USE IEEE.STD_LOGIC_1164.ALL;
USE IEEE.STD_LOGIC_UNSIGNED.ALL;
ENTITY BCD10 IS
PORT(data:IN STD_LOGIC_VECTOR(3 DOWNTO 0);
CLK,LD,P,T,CLR:IN STD_LOGIC;
COUNT:buffer STD_LOGIC_VECTOR(3 DOWNTO 0);
TC:OUT STD_LOGIC);
END BCD10;
ARCHITECTURE BEHAVIOR OF BCD10 IS
SIGNAL CQI: STD_LOGIC_VECTOR(3 DOWNTO 0);
BEGIN
tc<= ′1′when(count = ″1001″and p = ′1′and t = ′1′and ld = ′1′and clr = ′1′) else
′0′;                                 —如果条件同时满足,tc为1,即定义tc为进位端
```

```
cale:
    PROCESS(CLK,CLR,P,T,LD)              --定义输入敏感信号
    BEGIN
    IF(RISING_EDGE(CLK))THEN            --如果时钟的上升沿来
    IF(CLR = ´1´)THEN                   --如果 CLR = 1
    IF(LD = ´1´)THEN                    --如果 LD = 1
    IF(P = ´1´)THEN                     --如果 P = 1
    IF(T = ´1´)THEN                     --如果 T = 1
    IF(COUNT = "1001")THEN              --如果计数到 1001
    COUNT<= "0000";                     --则下一个状态为 0000
    ELSE                                --如果 计数未到 1001
    COUNT<= COUNT + 1;                  --则实现加法计数
    END IF;                             --结束是否计数到 9 的讨论
    ELSE                                --如果 T = 0
    COUNT<= COUNT;                      --输出保持不变
    END IF;                            --结束 T 是否为 1 的讨论
    ELSE                                --如果 P = 0
    COUNT<= COUNT;END IF;               --输出保持不变,结束 P 的讨论
    ELSE                                --如果 LD = 0
    COUNT<= DATA;END IF;                --置数,结束 LD 的讨论
    ELSE                                --如果 CLR = 0
    COUNT<= "0000";END IF;END IF;       --清零,结束 CLR 的讨论
    END PROCESS CALE; END BEHAVIOR;    --结束进程
```

该程序的仿真波形结果如图 5.9 所示。

图 5.9　十进制加法计数器仿真波形

注:CLR 端也可提到 CLK 端前考虑,CLR 清零功能不受 CLK 限制。

① 可修改程序,将其改为十进制减法计数器程序。

② 可修改程序,将其改为可直接清零的七进制加法计数器程序。

③ 可修改程序,将其改为可直接清零的六进制减法计数器程序。

④ 可修改程序,将其预置和保持功能去掉。

3. 试用 VHDL 语言设计一个 4 位二进制加法计数器程序

其 VHDL 语言参考程序如下。

```
LIBRARY IEEE;
USE IEEE.STD_LOGIC_1164.ALL;
USE IEEE.STD_LOGIC_UNSIGNED.ALL;
ENTITY CNT4B IS
PORT(CLK,RST,ENA,:IN STD_LOGIC;
OUTY:OUT STD_LOGIC_VECTOR(3 DOWNTO 0);
COUT:OUT STD_LOGIC);
END CNT4B;
ARCHITECTURE BEHAV OF CNT4B IS
SIGNAL CQI: STD_LOGIC_VECTOR(3 DOWNTO 0);
BEGIN
P_REG:PROCESS(CLK,RST,ENA)
BEGIN
IF RST = '1'THEN CQI<= "0000";          —如果 RST = 1,就清零
ELSIF CLK'EVENT AND CLK = '1'THEN
   IF ENA = '1' THEN CQI<= CQI + 1;
   ELSE CQI <= "0000";
   END IF; END IF; OUTY<= CQI;
END PROCESS P_REG;
COUT<= CQI(0) AND CQI(1) AND CQI(2) AND CQI(3);—产生进位信号
END BEHAV;
```

请修改程序,将其改为 12 位二进制减法计数器程序。

4. 试用 VHDL 语言设计 36 进制加法计数器

其 VHDL 语言参考程序如下。

```
LIBRARY IEEE;
USE IEEE.STD_LOGIC_1164.ALL;
USE IEEE.STD_LOGIC_UNSIGNED.ALL;
ENTITY CNT36 IS
PORT(CLK,RST,EN:IN STD_LOGIC;
CAO:OUT STD_LOGIC;
DAY_1,DAY_0:OUT STD_LOGIC_VECTOR (3 DOWNTO 0));
END CNT36;
ARCHITECTURE ONE OF CNT36 IS
SIGNAL D_1,D_0:STD_LOGIC_VECTOR (3 DOWNTO 0 );
BEGIN
PROCESS(RST,CLK)
BEGIN
IF((RST = '0') OR (D_1 = 3 AND D_0 = 6 ))     —如果 RST = 0,或计数到 36
```

程序代码	注释
THEN D_1<="0000";D_0<="0000";	立刻清零复位
ELSIF (CLK´ EVENT AND CLK = ´1´) THEN	--否则,如果时钟的上升沿到
IF(EN = ´1´) THEN	--如果 EN = 1
IF(D_0 = 9) THEN D_0<="0000";	--如果个位计到 9,下状态为 0
IF(D_1 = 9) THEN D_1<="0000";	--如果十位计到 9,下状态为 0
ELSE D_1<= D_1 + 1;	--否则十位加 1 计数
END IF;	
ELSE D_0<= D_0 + 1;	--否则个位加 1 计数
END IF; END IF; END IF;	
DAY_1<= D_1;DAY_0<= D_0;	
END PROCESS;	
CAO<= ´1´ WHEN(D_1 = 9 AND D_0 = 9 AND EN = ´1´) ELSE ´0´;	
END ONE;	

该程序的仿真波形结果如图 5.10 所示。

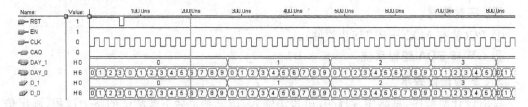

图 5.10　36 进制加法计数器仿真波形

读者可将程序改为 12 进制、24 进制、60 进制加法计数器程序。

5. 试用 VHDL 语言设计 365 进制 BCD 码加法计数器

其 VHDL 语言参考程序如下。

```
LIBRARY IEEE;
USE IEEE.STD_LOGIC_1164.ALL;
USE IEEE.STD_LOGIC_UNSIGNED.ALL;
ENTITY CNT365 IS
PORT(CLK,RST,EN:IN STD_LOGIC;
CAO:OUT STD_LOGIC;
DAY_2,DAY_1,DAY_0:OUT STD_LOGIC_VECTOR (3 DOWNTO 0));
END CNT365;
ARCHITECTURE ONE OF CNT365 IS
SIGNAL D_2,D_1,D_0:STD_LOGIC_VECTOR (3 DOWNTO 0 );
BEGIN
PROCESS(RST,CLK)
BEGIN
IF((RST = ´0´) OR (D_2 = 3 AND D_1 = 6 AND D_0 = 5))
THEN D_2<="0000";D_1<="0000";D_0<="0000";
ELSIF (CLK´ EVENT AND CLK = ´1´) THEN
IF(EN = ´1´) THEN
```

```
IF(D_0 = 9) THEN D_0<= "0000";
IF(D_1 = 9) THEN D_1<= "0000";
IF(D_2 = 9) THEN D_2<= "0000";
ELSE D_2<= D_2 + 1;
  END IF;
  ELSE D_1<= D_1 + 1;
  END IF;
  ELSE D_0<= D_0 + 1;
  END IF; END IF; END IF;
  DAY_2<= D_2; DAY_1<= D_1; DAY_0<= D_0;
  END PROCESS;
  CAO<= '1' WHEN(D_2 = 9 AND D_1 = 9 AND D_0 = 9 AND EN = '1') ELSE '0';
  END ONE;
```

请修改程序,将其改为 854 进制 BCD 码加法计数器程序。

四、实验器材

① PC(装有 MAX+PLUS Ⅱ 软件)。

② GW48 EDA 编程系统。

五、实验报告要求

写出设计源程序,总结用 VHDL 语言法输入、仿真到最后下载测试的整个过程,画出仿真图、记录下载测试结果。

实验 4　时序逻辑设计二

一、实验目的

① 熟练掌握编程软件使用和 VHDL 语言编程方法。

② 学会用 VHDL 语言编写时序电路程序。

二、实验原理

1. 移位寄存器

仿照 74LS194 设计的 4 位双向移位寄存器 VHDL 语言程序如下。

```
library ieee;
use ieee. std_logic_1164. all;
ENTITY shifter IS
PORT
(DATA      :in std_logic_vector(3 downto 0);        --置数输入端
sl_in,sr_in,reset,clk :IN std_logic;                --左移、右移、复位、脉冲输入端
mode        :in std_logic_vector(1 downto 0);       --模式输入端
qout        :buffer std_logic_vector(3 downto 0));  --输出端
END shifter;
ARCHITECTURE behave OF shifter IS
```

```
signal q1,q0 :std_logic;
BEGIN
PROCESS(clk)
BEGIN
IF(clk´EVENT AND clk = ´1´)THEN
if(reset = ´1´)then                          --如果 reset = 1,就清零
qout<= (others =>´0´);
else
case mode is
when ″01″ =>                                  --如果 mode = 01,右移
qout<= sr_in&qout(3 downto 1);
when ″10″ =>                                  --如果 mode = 01,左移
qout<= qout(2 downto 0)&sl_in;
when ″11″ =>                                  --如果 mode = 11,置数
qout<= data;
when others =>null;                           --如果 mode = 00,保持
end case; END IF;
END IF;END PROCESS; END behave;
```

2. 顺序脉冲发生器

顺序脉冲发生器是指在输入脉冲作用下,输出端依次输出正脉冲或负脉冲的电路。电路设计时,常用计数器接译码器的方法实现。用 VHDL 语言设计一个 3 输出的顺序脉冲发生器的参考程序如下。

```
LIBRARY IEEE;
USE IEEE.STD_LOGIC_1164.ALL;
USE IEEE.STD_LOGIC_UNSIGNED.ALL;
ENTITY SXMCF IS
PORT(CP,RD:IN STD_LOGIC;
  Q0,Q1,Q2:OUT STD_LOGIC);
  END SXMCF;
ARCHITECTURE ARC OF SXMCF IS
SIGNAL Y,X:STD_LOGIC_VECTOR(2 DOWNTO 0);
  BEGIN
  PROCESS(CP,RD)
  BEGIN
  IF CP´EVENT AND CP = ´1´ THEN
  IF(RD = ´1´) THEN
  Y<= ″000″;X<= ″001″;
  ELSE
  Y<= X;
  X<= X(1 DOWNTO 0)&X(2);
  END IF;
```

```
    END IF;
END PROCESS;
Q0<= Y(0);Q1<= Y(1);Q2<= Y(2);
END ARC;
```

该程序的仿真波形结果如图 5.11 所示。

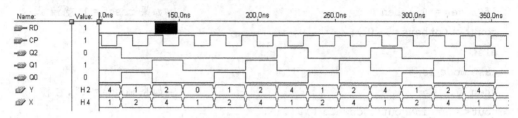

图 5.11　顺序脉冲发生器仿真波形

注:RD 先低后高再低才行(RD 应给一个正脉冲启动)。

从仿真波形图中看出,在时钟 CP 作用下,输出端 $Q_0 Q_1 Q_2$ 依次输出高电平。

3. 序列信号发生器

序列信号发生器是指在输入脉冲作用下,输出端不断地输出由高、低电平组成的一系列数字信号。电路设计时,常用计数器接数据选择器的方法实现。用 VHDL 语言设计一个能输出 11101010 序列的序列信号发生器的程序如下。

```
LIBRARY IEEE;
USE IEEE.STD_LOGIC_1164.ALL;
USE IEEE.STD_LOGIC_UNSIGNED.ALL;
ENTITY XLDFS IS
PORT(CP,RES:IN STD_LOGIC;
     Y:OUT STD_LOGIC);
     END XLDFS;
ARCHITECTURE ARC OF XLDFS IS
SIGNAL REG:STD_LOGIC_VECTOR(7 DOWNTO 0);
BEGIN
PROCESS(CP,RES)
BEGIN
IF CP′EVENT AND CP = ′1′ THEN
IF(RES = ′1′) THEN
Y<= ′0′;REG<= ″11101010″;
ELSE
Y<= REG(7);
REG<= REG(6 DOWNTO 0)&′0′;
END IF;
END IF;
END PROCESS;
```

END ARC;

注:RES 先低后高再低才行(RES 应给一个正脉冲启动)。

该程序的仿真波形结果如图 5.12 所示。

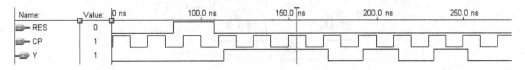

图 5.12　序列信号发生器仿真波形

三、实验内容

① 试用 VHDL 语言设计一个 8 位左向移位寄存器程序。

② 试用 VHDL 语言设计一个 6 位右向移位寄存器程序。

③ 试用 VHDL 语言设计一个 6 输出的顺序脉冲发生器。

④ 试用 VHDL 语言设计一个能输出 00101010 序列的序列信号发生器。

四、实验器材

① PC(装有 MAX＋PLUSⅡ软件)。

② GW48EDA 编程系统。

五、实验报告要求

写出设计源程序,总结用 VHDL 语言法输入、仿真到最后下载测试的整个过程,画出仿真图、记录下载测试结果。

实验 5　状态机设计

一、实验目的

① 熟练掌握编程软件使用和 VHDL 语言编程方法。

② 学会用状态机设计时序电路。

二、实验原理

状态机是一种很重要的时序电路,一般用来描述数字系统的控制单元,是许多数字电路的核心部件。状态机包括输入信号、输出信号、状态译码器和状态寄存器。状态译码器用来记忆状态机的内部状态。状态寄存器的下一个状态及输出不仅同输入信号有关,而且还与寄存器的当前状态有关,状态机可认为是组合逻辑和寄存器逻辑的特殊组合。它包括两个主要部分:组合逻辑部分和寄存器部分。寄存器部分用于存储状态机的内部状态;组合逻辑部分又分为状态译码器和输出译码器,状态译码器确定状态机的下一个状态,即确定状态机的激励方程,输出译码器确定状态机的输出,即确定状态机的输出方程。状态机的结构如图 5.13 所示。

运行时状态机实现下面两种操作。

① 状态机的内部状态转换。状态机在所有状态中,下一个状态由状态译码器根据当前状态和输入条件决定。

② 产生输出信号序列。输出信号由输出译码器根据当前状态和输入条件决定。

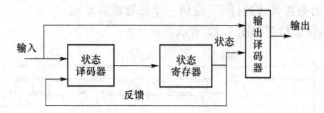

图 5.13 状态机的结构

1. 状态机的相关语句:类型定义语句

TYPE 数据类型名 IS 数据类型定义 OF 基本数据类型;或

TYPE 数据类型名 IS 数据类型定义;

TYPE st1 IS ARRAY (0 TO 15) OF STD_LOGIC ;

TYPE week IS (sun,mon,tue,wed,thu,fri,sat) ;

TYPE m_state IS (st0,st1,st2,st3,st4,st5) ;

SIGNAL present_state,next_state : m_state ;

TYPE BOOLEAN IS (FALSE,TRUE) ;

TYPE my_logic IS (´1´ ,´Z´ ,´U´ ,´0´) ;

SIGNAL s1 : my_logic ;

s1 <= ´Z´ ;

SUBTYPE 子类型名 IS 基本数据类型 RANGE 约束范围;

SUBTYPE digits IS INTEGER RANGE 0 to 9 ;

2. 状态机的优势

① 状态机克服了纯硬件数字系统顺序方式控制不灵活的缺点。

② 状态机的结构相对简单,设计方案相对固定。

③ 状态机容易构成性能良好的同步时序逻辑模块。

④ 与 VHDL 的其他描述方式相比,状态机的 VHDL 表述丰富多样、程序层次分明、结构清晰、易读易懂;在排错、修改和模块移植方面也有其独到的好处,在特殊计数器和序列检测等输出状态灵活变化的设计情况下,非常方便。

⑤ 在高速运算和控制方面,状态机更有其巨大的优势。

⑥ 高可靠性。

3. 状态机结构

(1) 说明部分

ARCHITECTURE ....IS

TYPE FSM_ST IS (s0,s1,s2,s3);

SIGNAL current_state, next_state: FSM_ST;

...

(2) 主控时序进程

一般状态机结构框图如图 5.14 所示。

(3) 主控组合进程

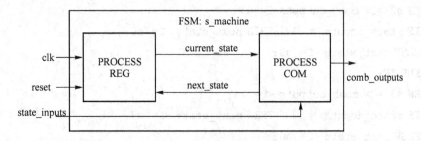

图 5.14　一般状态机结构框图

（4）辅助进程

下面通过例子学习状态机编程方法。

```
LIBRARY IEEE;
USE IEEE.STD_LOGIC_1164.ALL;
ENTITY s_machine IS
PORT ( clk,reset : IN STD_LOGIC;
    state_inputs : IN STD_LOGIC_VECTOR (0 TO 1);
    comb_outputs : OUT INTEGER RANGE 0 TO 15 );
END s_machine;
ARCHITECTURE behv OF s_machine IS
TYPE FSM_ST IS (s0, s1, s2, s3);            --数据类型定义,状态符号化
SIGNAL current_state, next_state: FSM_ST;   --将现态和次态定义为新的数据类型
BEGIN
REG: PROCESS (reset,clk)                    --主控时序进程
BEGIN
IF reset = '1' THEN current_state <= s0;    --检测异步复位信号
ELSIF clk = '1' AND clk'EVENT THEN
  current_state <= next_state;
END IF;
END PROCESS;
COM:PROCESS(current_state, state_Inputs)    --主控组合进程
BEGIN
CASE current_state IS
  WHEN s0 => comb_outputs<= 5;
    IF state_inputs = "00" THEN next_state<= s0;
      ELSE next_state<= s1;
    END IF;
  WHEN s1 => comb_outputs<= 8;
    IF state_inputs = "00" THEN next_state<= s1;
    ELSE next_state<= s2;
    END IF;
```

```
    WHEN s2 => comb_outputs <= 12;
       IF state_inputs = "11" THEN next_state <= s0;
       ELSE next_state <= s3;
       END IF;
    WHEN s3 => comb_outputs <= 14;
       IF state_inputs = "11" THEN next_state <= s3;
       ELSE next_state <= s0;
    END IF;
    END case;
    END PROCESS;
    END behv;
```

其仿真结果如图 5.15 所示。

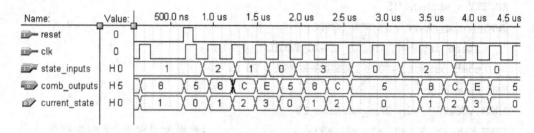

图 5.15　仿真结果

序列信号检测器可用于检测一组或多组由二进制码组成的脉冲序列信号,当序列信号检测器连续收到一组串行二进制码后,如果这组码与检测器中预先设置的码相同,则输出为1,否则输出为0。由于这种检测的关键在于所收到的每一位码都与预置数的对应码相同,在检测过程中,任何一位不相等都将回到初始状态重新开始检测。

4. 试用状态机设计一个十三进制(二进制表达)加法计数器

要求在时钟作用下,分别输出 0000、0001、0010、…、1001、1010、1011、1100 等 13 个状态。

其 VHDL 语言参考程序如下。

```
LIBRARY IEEE;
USE IEEE.STD_LOGIC_1164.ALL;
USE IEEE.STD_LOGIC_ARITH.ALL;
USE IEEE.STD_LOGIC_UNSIGNED.ALL;
ENTITY EJZ13 IS
PORT(CP:IN STD_LOGIC;
Q:buffer STD_LOGIC_VECTOR(3 DOWNTO 0);
OP:OUT STD_LOGIC);
END EJZ13;
ARCHITECTURE BEHAVIOR OF EJZ13 IS
TYPE STATE IS (S0,S1,S2,S3,S4,S5,S6,S7,S8,S9,S10,S11,S12);--定义13个状态
```

```
SIGNAL PRESENTSTATE:STATE;                    --定义当前状态
SIGNAL NEXTSTATE:STATE;                       --定义下一个状态
SIGNAL QN: STD_LOGIC_VECTOR(3 DOWNTO 0);      --定义 QN 信号
BEGIN
SWITCHTONEXTSTATE:PROCESS(CP)
BEGIN
IF (CP′EVENT AND CP = ′1′) THEN
PRESENTSTATE <= NEXTSTATE;
END IF;
END PROCESS SWITCHTONEXTSTATE;
CHANGESTATEMODE:PROCESS(PRESENTSTATE)
BEGIN
CASE PRESENTSTATE IS
WHEN S0 =>NEXTSTATE <= S1;QN="0001";OP<= ′0′;--当前状态为 S0 时,下个状态为 S1
WHEN S1 =>NEXTSTATE <= S2;QN<= "0010";OP<= ′0′;--当前状态为 S1 时,下个状态为 S2
WHEN S2 =>NEXTSTATE <= S3;QN<= "0011";OP<= ′0′;--当前状态为 S2 时,下个状态为 S3
WHEN S3 =>NEXTSTATE <= S4;QN<= "0100";OP<= ′0′;--当前状态为 S3 时,下个状态为 S4
WHEN S4 =>NEXTSTATE <= S5;QN<= "0101";OP<= ′0′;--当前状态为 S4 时,下个状态为 S5
WHEN S5 =>NEXTSTATE <= S6;QN<= "0110";OP<= ′0′;--当前状态为 S5 时,下个状态为 S6
WHEN S6 =>NEXTSTATE <= S7;QN<= "0111";OP<= ′0′;--当前状态为 S6 时,下个状态为 S7
WHEN S7 =>NEXTSTATE <= S8;QN<= "1000";OP<= ′0′;--当前状态为 S7 时,下个状态为 S8
WHEN S8 =>NEXTSTATE <= S9;QN<= "1001";OP<= ′0′;--当前状态为 S8 时,下个状态为 S9
WHEN S9 =>NEXTSTATE <= S10;QN<= "1010";OP<= ′0′;--当前状态为 S9 时,下个状态为 S10
WHENS S10 =>NEXTSTATE <= S11;QN<= "1011";OP<= ′0′;--当前状态为 S10 时,下个状态为 S11
WHENS S11 =>NEXTSTATE <= S12;QN<= "1100";OP<= ′0′;--当前状态为 S11 时,下个状态为 S12
WHENS S12 =>NEXTSTATE <= S0;QN<= "0000";OP<= ′1′;--当前状态为 S12 时,下个状态为 S0
WHEN OTHERS =>NEXTSTATE <= S0;OP<= ′0′;--当为其他状态时,下个状态为 S0,OP 为 1
END CASE;END PROCESS CHANGESTATEMODE; Q<= QN;END;
```

其仿真结果图如图 5.16 所示。

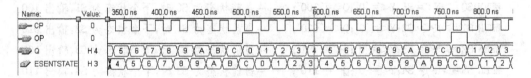

图 5.16　十三进制仿真结果

5. 用状态机设计一个能自启动的七进制计数器

001—100—010—101—110—111—011—001

其 VHDL 语言参考程序如下。

```
LIBRARY IEEE;
```

```
USE IEEE. STD_LOGIC_1164. ALL;
USE IEEE. STD_LOGIC_ARITH. ALL;
USE IEEE. STD_LOGIC_UNSIGNED. ALL;
ENTITY TS7 IS
PORT(CLK:IN STD_LOGIC;
    Q:OUT STD_LOGIC_VECTOR(2 DOWNTO 0);
    Y:OUT STD_LOGIC);
END TS7;
ARCHITECTURE ARC OF TS7 IS
TYPE STATE IS ARRAY(2 DOWNTO 0) OF STD_LOGIC;
CONSTANT S0:STATE: = "001";                   --定义 S0 状态为 001
CONSTANT S1:STATE: = "100";                   --定义 S1 状态为 100
CONSTANT S2:STATE: = "010";                   --定义 S2 状态为 010
CONSTANT S3:STATE: = "101";                   --定义 S3 状态为 101
CONSTANT S4:STATE: = "110";                   --定义 S4 状态为 110
CONSTANT S5:STATE: = "111";                   --定义 S5 状态为 111
CONSTANT S6:STATE: = "011";                   --定义 S6 状态为 011
SIGNAL P:STATE;
SIGNAL N:STATE;
BEGIN
S:PROCESS(CLK)
BEGIN
IF CLK'EVENT AND CLK = '1' THEN
P<= N;
END IF;
END PROCESS S;
  M:PROCESS(P)
BEGIN
CASE P IS
WHEN S0 =>N<= S1;Y<= '0';Q<= "100";    --当前状态为 S0 时,下个状态为 S1,输出 100
WHEN S1 =>N<= S2;Y<= '0';Q<= "010";    --当前状态为 S1 时,下个状态为 S2,输出 010
WHEN S2 =>N<= S3;Y<= '0';Q<= "101";    --当前状态为 S2 时,下个状态为 S3,输出 101
WHEN S3 =>N<= S4;Y<= '0';Q<= "110";    --当前状态为 S3 时,下个状态为 S4,输出 110
WHEN S4 =>N<= S5;Y<= '0';Q<= "111";    --当前状态为 S4 时,下个状态为 S5,输出 111
WHEN S5 =>N<= S6;Y<= '0';Q<= "011";    --当前状态为 S5 时,下个状态为 S6,输出 011
WHEN S6 =>N<= S0;Y<= '1';Q<= "001";    --当前状态为 S6 时,下个状态为 S0,输出 001
WHEN OTHERS =>N<= S0;Y<= '0';          --当为其他状态时,Y 取 0
END CASE; END PROCESS M; END ARC;
```

其仿真结果图如图 5.17 所示。

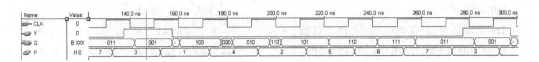

图 5.17　七进制仿真结果

三、实验内容

（1）下面是用状态机设计的一个序列信号检测器程序，当输入代码"01111110"正确时，输出为"1"，否则输出为"0"，请仿真和下载测试。

其 VHDL 语言参考程序如下。

```
LIBRARY IEEE;
USE IEEE.STD_LOGIC_1164.ALL;
USE IEEE.STD_LOGIC_UNSIGNED.ALL;
ENTITY XLJC IS
PORT(DATAIN,CLK:IN STD_LOGIC;
    Q:OUT STD_LOGIC);
END XLJC;
ARCHITECTURE ARC OF XLJC IS
TYPE STATETYPE IS (S0,S1,S2,S3,S4,S5,S6,S7,S8);        --定义状态
BEGIN
PROCESS(CLK)
VARIABLE PRESENT_STATE:STATETYPE;
BEGIN
Q<='0';
CASE PRESENT_STATE IS
WHEN S0 =>                              --当状态是 S0 时
IF DATAIN = '0' THEN PRESENT_STATE: = S1;      --如果 DATAIN = 0,下一个状态为 S1
ELSE PRESENT_STATE: = S0;END IF;        --如果 DATAIN = 1,下一个状态还为 S0
WHEN S1 =>                              --当状态是 S1 时
IF DATAIN = '1' THEN PRESENT_STATE: = S2;      --如果 DATAIN = 1,下一个状态为 S2
ELSE PRESENT_STATE: = S1;END IF;        --如果 DATAIN = 0,下一个状态还为 S1
WHEN S2 =>                              --当状态是 S2 时
IF DATAIN = '1' THEN PRESENT_STATE: = S3;      --如果 DATAIN = 1,下一个状态为 S3
ELSE PRESENT_STATE: = S1;END IF;        --如果 DATAIN = 0,下一个状态还为 S1
WHEN S3 =>                              --当状态是 S3 时
IF DATAIN = '1' THEN PRESENT_STATE: = S4;      --如果 DATAIN = 1,下一个状态为 S4
ELSE PRESENT_STATE: = S1;END IF;        --如果 DATAIN = 0,下一个状态还为 S1
WHEN S4 =>                              --当状态是 S4 时
IF DATAIN = '1' THEN PRESENT_STATE: = S5;      --如果 DATAIN = 1,下一个状态为 S5
ELSE PRESENT_STATE: = S1;END IF;        --如果 DATAIN = 0,下一个状态还为 S1
```

```
WHEN S5 =>                                  --当状态是 S5 时
IF DATAIN = ´1´ THEN PRESENT_STATE：= S6；    --如果 DATAIN = 1,下一个状态为 S6
ELSE PRESENT_STATE：= S1；END IF；            --如果 DATAIN = 0,下一个状态还为 S1
WHEN S6 =>                                  --当状态是 S6 时
IF DATAIN = ´1´ THEN PRESENT_STATE：= S7；    --如果 DATAIN = 1,下一个状态为 S7
ELSE PRESENT_STATE：= S1；END IF；            --如果 DATAIN = 0,下一个状态还为 S1
WHEN S7 =>                                  --当状态是 S7 时
IF DATAIN = ´0´ THEN PRESENT_STATE：= S8；    --如果 DATAIN = 0,下一个状态还为 S8
Q<= ´1´；                                    --Q 从 0 变为 1
ELSE PRESENT_STATE：= S0；END IF；            --如果 DATAIN = 1,下一个状态还为 S0
WHEN S8 =>                                  --当状态是 S8 时
IF DATAIN = ´0´ THEN PRESENT_STATE：= S1；    --如果 DATAIN = 0,下一个状态为 S1
ELSE PRESENT_STATE：= S2；END IF；            --如果 DATAIN = 1,下一个状态为 S2
END CASE；
WAIT UNTIL CLK = ´1´；
END PROCESS；
END ARC；
```

(2) 下面是用状态机设计的一个序列信号检测器,完成对"11100101"的检测,当这一串序列高位在前(左移)串行进入检测器后,若此数与预置的密码数相同,则输出"A",否则输出"B"。试通过仿真和下载测试验证。

其 VHDL 语言参考程序如下。

```
LIBRARY IEEE ;
USE IEEE.STD_LOGIC_1164.ALL；
ENTITY SCHK IS
PORT(DIN,CLK,CLR：IN STD_LOGIC；              --串行输入数据位/工作时钟/复位信号
AB：OUT STD_LOGIC_VECTOR(3 DOWNTO 0))；       --检测结果输出
END SCHK；
ARCHITECTURE behav OF SCHK IS
SIGNAL Q：INTEGER RANGE 0 TO 8 ；
SIGNAL D：STD_LOGIC_VECTOR(7 DOWNTO 0)；      --8 位待检测预置数(密码 = E5H)
BEGIN
D <= ˝11100101˝；                            --8 位待检测预置数
  PROCESS( CLK, CLR )
  BEGIN
  IF CLR = ´1´ THEN Q< = 0；
  ELSIF CLK´EVENT AND CLK = ´1´ THEN          --时钟到来时,判断并处理当前输入的位
  CASE Q IS
  WHEN 0 => IF DIN = D(7) THEN Q <= 1 ；ELSE Q <= 0 ；END IF；
  WHEN 1 => IF DIN = D(6) THEN Q<= 2 ；ELSE Q <= 0 ；END IF；
```

```
WHEN 2 => IF DIN = D(5) THEN Q <= 3 ; ELSE Q <= 0 ; END IF ;
WHEN 3 => IF DIN = D(4) THEN Q <= 4 ; ELSE Q <= 0 ; END IF ;
WHEN 4 => IF DIN = D(3) THEN Q <= 5 ; ELSE Q <= 0 ; END IF ;
WHEN 5 => IF DIN = D(2) THEN Q <= 6 ; ELSE Q <= 0 ; END IF ;
WHEN 6 => IF DIN = D(1) THEN Q <= 7 ; ELSE Q <= 0 ; END IF ;
WHEN 7 => IF DIN = D(0) THEN Q <= 8 ; ELSE Q <= 0 ; END IF ;
WHEN OTHERS => Q <= 0;
END CASE ;
END IF ;
END PROCESS ;
PROCESS(Q)                              --检测结果判断输出
BEGIN
IF Q = 8 THEN AB <= "1010" ;           --序列数检测正确,输出"A"
ELSE            AB <= "1011" ;         --序列数检测错误,输出"B"
END IF;
END PROCESS;
END behav;
```

（3）下面是用状态机设计的一个序列信号检测器,当输入代码"1101001111011011"正确时,输出为"1",否则输出为"0",试通过仿真和下载测试验证。

其 VHDL 语言参考程序如下。

```
LIBRARY IEEE;
USE IEEE.STD_LOGIC_1164.ALL;
USE IEEE.STD_LOGIC_UNSIGNED.ALL;
  ENTITY XLJC16 IS
  PORT(DIN,CLK:IN STD_LOGIC;
       DOUT:OUT STD_LOGIC);
  END XLJC16;
  ARCHITECTURE ARC OF XLJC16 IS
  TYPE STATE IS (S0,S1,S2,S3,S4,S5,S6,S7,S8,S9,S10,S11,S12,S13,S14,S15);
  BEGIN
  PROCESS(CLK)
  VARIABLE S_STATE:STATE;
  BEGIN
  CASE S_STATE IS
WHEN S0 =>
  IF DIN = ´1´ THEN S_STATE: = S1;ELSE
  S_STATE: = S0;DOUT<= ´0´;END IF;
WHEN S1 =>
  IF DIN = ´1´ THEN S_STATE: = S2;ELSE
```

```
        S_STATE: = S0;DOUT<= ´0´;END IF;
    WHEN S2 =>
        IF DIN = ´0´ THEN S_STATE: = S3;ELSE
        S_STATE: = S2;DOUT<= ´0´;END IF;
    WHEN S3 =>
        IF DIN = ´1´ THEN S_STATE: = S4;ELSE
        S_STATE: = S0;DOUT<= ´0´;END IF;
    WHEN S4 =>
        IF DIN = ´0´ THEN S_STATE: = S5;ELSE
        S_STATE: = S2;DOUT<= ´0´;END IF;
    WHEN S5 =>
        IF DIN = ´0´ THEN S_STATE: = S6;ELSE
        S_STATE: = S1;DOUT<= ´0´;END IF;
    WHEN S6 =>
        IF DIN = ´1´ THEN S_STATE: = S7;ELSE
        S_STATE: = S0;DOUT<= ´0´;END IF;
    WHEN S7 =>
        IF DIN = ´1´ THEN S_STATE: = S8;ELSE
        S_STATE: = S0;DOUT<= ´0´;END IF;
    WHEN S8 =>
        IF DIN = ´1´ THEN S_STATE: = S9;ELSE
        S_STATE: = S3;DOUT<= ´0´;END IF;
    WHEN S9 =>
        IF DIN = ´1´ THEN S_STATE: = S10;ELSE
        S_STATE: = S3;DOUT<= ´0´;END IF;
    WHEN S10 =>
        IF DIN = ´0´ THEN S_STATE: = S11;ELSE
        S_STATE: = S2;DOUT<= ´0´;END IF;
    WHEN S11 =>
        IF DIN = ´1´ THEN S_STATE: = S12;ELSE
        S_STATE: = S5;DOUT<= ´0´;END IF;
    WHEN S12 =>
        IF DIN = ´1´ THEN S_STATE: = S13;ELSE
        S_STATE: = S5;DOUT<= ´0´;END IF;
    WHEN S13 =>
        IF DIN = ´0´ THEN S_STATE: = S14;ELSE
        S_STATE: = S2;DOUT<= ´0´;END IF;
    WHEN S14 =>
        IF DIN = ´1´ THEN S_STATE: = S15;ELSE
```

```
    S_STATE: = S0;DOUT<= ´0´;END IF;
WHEN S15 =>
  IF DIN = ´1´ THEN S_STATE: = S0;DOUT<= ´1´;ELSE
  S_STATE: = S5;DOUT<= ´0´;END IF;
    END CASE; WAIT UNTIL CLK = ´1´; END PROCESS; END ARC;
```

（4）下面是用状态机设计的一个能自启动的 5 位环形计数器,请测试其输出结果。

```
LIBRARY IEEE;
USE IEEE.STD_LOGIC_1164.ALL;
USE IEEE.STD_LOGIC_ARITH.ALL;
USE IEEE.STD_LOGIC_UNSIGNED.ALL;
ENTITY HXJSQ5 IS
PORT(CP:IN STD_LOGIC;
       Q:OUT STD_LOGIC_VECTOR(4 DOWNTO 0));
       END HXJSQ5;
ARCHITECTURE ARC OF HXJSQ5 IS
TYPE STATE IS (S0,S1,S2,S3,S4);
SIGNAL P:STATE;
SIGNAL N:STATE;
BEGIN
S:PROCESS(CP)
BEGIN
IF CP´EVENT AND CP = ´1´ THEN
P<= N;
END IF;
END PROCESS S;
PROCESS(P)
BEGIN
CASE P IS
  WHEN S0 =>N<= S1;Q<= "01000";
  WHEN S1 =>N<= S2;Q<= "00100";
  WHEN S2 =>N<= S3;Q<= "00010";
  WHEN S3 =>N<= S4;Q<= "00001";
  WHEN S4 =>N<= S0;Q<= "10000";
    WHEN OTHERS =>N<= S0;
    END CASE;
    END PROCESS;
END ARC;
```

（5）下面是用状态机设计的串行数据检测器,当连续输入≥111 时,输出为 1。请测试验证。

```
LIBRARY IEEE;
USE IEEE. STD_LOGIC_1164. ALL;
USE IEEE. STD_LOGIC_ARITH. ALL;
USE IEEE. STD_LOGIC_UNSIGNED. ALL;
ENTITY CXJC IS
  PORT(X,CP:IN STD_LOGIC;
       Y:OUT STD_LOGIC);
END CXJC;
ARCHITECTURE ARC OF CXJC IS
TYPE STATE IS (S0,S1,S2,S3);
SIGNAL P:STATE;
SIGNAL N:STATE;
BEGIN
S:PROCESS(CP)
BEGIN
IF CP'EVENT AND CP = '1' THEN
P<= N;
END IF;
END PROCESS S;
C:PROCESS(X,P)
BEGIN
CASE P IS
WHEN S0 => IF X = '1' THEN
N<= S1;
ELSE
N<= S0;
END IF; Y<= '0';
WHEN S1 => IF X = '1' THEN
N<= S2;
ELSE
N<= S0;
END IF; Y<= '0';
WHEN S2 => IF X = '1' THEN
N<= S3;Y<= '1';
ELSE
N<= S0;Y<= '0';
END IF;
WHEN S3 => IF X = '1' THEN
N<= S3;Y<= '1';
ELSE
```

N<= S0;Y<= ´0´;ENDIF;

WHEN OTHERS =>NULL;END CASE;END PROCESS;END ARC;

（6）试用状态机设计一个序列信号检测器,当输入代码"1001110111"正确时,输出为"1",否则输出为"0"。

（7）试用状态机设计一个六进制计数器,要求输出 010—100—101—111—011—001 状态。

（8）试用状态机设计一个十七进制（二进制表达）减法计数器。

（9）试用状态机设计一个能自启动的 3 位环形计数器：100—010—001—100。

（10）试用状态机设计一个串行数据检测器,当连续输入≥1111 时,输出为 1。

四、实验器材

① PC（装有 MAX＋PLUSⅡ软件）。

② GW48EDA 编程系统。

五、实验报告要求

写出设计源程序,总结用 VHDL 语言法输入、仿真到最后下载测试的整个过程,画出仿真图、记录下载测试结果。

实验 6　动态扫描显示电路设计

一、实验目的

① 学会动态扫描显示的层次化设计方法。

② 学习用 VHDL 语言编写模块和电路原理顶层图描述方法。

二、实验原理

多位数字量显示时可以用静态显示和动态扫描显示两种方法。静态显示是各位的计数、译码、显示自成系统,占用系统较多的资源,需要系统引出较多的引脚;而动态扫描显示是给显示管统一发送显示信息,然后同步控制相应的显示管显示,即发送某位数据时,就使相应位显示,这样每一位就依次扫描显示出来,在扫描频率（速度）较高时,由于人眼的视觉暂留,看到的所有位的数据是"静止"地显示出来的。显然,用动态扫描显示,占用系统较少的资源,需要系统引出较少的引脚,而且位数越多越节省资源。如图 5.18 所示,假设显示的是 8 位,在静态显示时需要引脚 $8 \times 7 = 56$ 根,而采用动态显示时需要引脚 $8+7=15$ 根。在使用共阴极数码管时,依次发出负脉冲的位控信号接数码管的共阴极地端;在使用共阳极数码管时,依次发出正脉冲的位控信号接数码管的共阳极端。

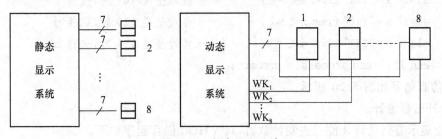

图 5.18　数字显示系统

由于动态显示节省系统资源,因此在显示位较多时,常常使用动态扫描显示。其框图如图 5.19 所示,由总线型数据选择器、计数器、七段译码器、译码器等组成。

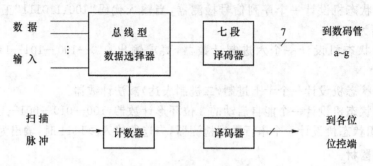

图 5.19　动态扫描系统

1. 总线型数据选择器设计

以 4 位宽数据输入和 8 位显示为例,需要设计 4 个 8 选 1 数据选择器,采用共阴极数码管显示时,选择数据原码,采用共阳极数码管显示时,选择每位数据取反输出。其 VHDL 语言程序如下。

```
library ieee;
use ieee.std_logic_1164.all;
entity mux481 is port
(a,b,c,d,e,f,g,h:in std_logic_vector(3 downto 0);
      s:in std_logic_vector(2 downto 0);
      x: out std_logic_vector(3 downto 0));
end mux481;
architecture arc of mux481 is begin
process(a,b,c,d,e,f,g,h,s)
begin
    if s = "000" then x<= a;        --当地址是 000 时,选择 a
    elsif s = "001" then x<= b;     --当地址是 001 时,选择 b
    elsif s = "010" then x<= c;     --当地址是 010 时,选择 c
    elsif s = "011" then x<= d;     --当地址是 011 时,选择 d
    elsif s = "100" then x<= e;     --当地址是 100 时,选择 e
    elsif s = "101" then x<= f;     --当地址是 101 时,选择 f
    elsif s = "110" then x<= g;     --当地址是 110 时,选择 g
    elsif s = "111" then x<= h;     --当地址是 111 时,选择 h
    end if;   end process;   end arc;
```

其仿真结果如图 5.20 所示。

2. 计数器设计

8 位显示需要设计 3 位二进制计数器,其 VHDL 语言程序如下。

```
LIBRARY IEEE;
```

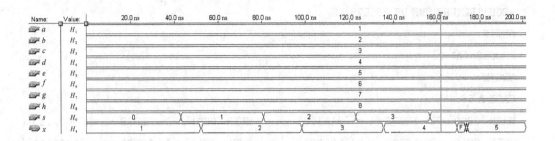

图 5.20 数据选择器仿真结果

```
USE IEEE.STD_LOGIC_1164.ALL;
USE IEEE.STD_LOGIC_UNSIGNED.ALL;
ENTITY CNT3B IS
PORT(CLK:IN STD_LOGIC;
    Q:OUT STD_LOGIC_VECTOR(2 DOWNTO 0));
END CNT3B;
ARCHITECTURE BEHAV OF CNT3B IS
SIGNAL Q1：STD_LOGIC_VECTOR(2 DOWNTO 0);
BEGIN
PROCESS(CLK)
BEGIN
    IF CLK'EVENT AND CLK = ´1´
    THEN  Q1< = Q1 + 1;
    END IF;    Q< = Q1；    END PROCESS；    END BEHAV;
```

其仿真结果如图 5.21 所示。

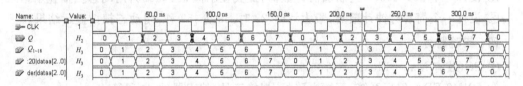

图 5.21 计数器仿真结果

3. 七段译码器设计

其 VHDL 语言程序如下。

```
LIBRARY IEEE;
USE IEEE.STD_LOGIC_1164.ALL;
ENTITY DECL7S IS
PORT(A:IN STD_LOGIC_VECTOR(3 DOWNTO 0);
    LED7S:OUT STD_LOGIC_VECTOR(6 DOWNTO 0) );
END DECL7S;
```

```
ARCHITECTURE ONE OF DECL7S IS

BEGIN

PROCESS(A)

BEGIN

CASE A IS

WHEN "0000" => LED7S <= "0111111";        WHEN "0001" => LED7S <= "0000110";

WHEN "0010" => LED7S <= "1011011";        WHEN "0011" => LED7S <= "1001111";

WHEN "0100" => LED7S <= "1100110";        WHEN "0101" => LED7S <= "1101101";

WHEN "0110" => LED7S <= "1111101";        WHEN "0111" => LED7S <= "0000111";

WHEN "1000" => LED7S <= "1111111";        WHEN "1001" => LED7S <= "1101111";

WHEN "1010" => LED7S <= "1110111";        WHEN "1011" => LED7S <= "1111100";

WHEN "1100" => LED7S <= "0111001";        WHEN "1101" => LED7S <= "1011110";

WHEN "1110" => LED7S <= "1111001";        WHEN "1111" => LED7S <= "1110001";

WHEN OTHERS => NULL;   END CASE;      END PROCESS;    END ;
```

其仿真结果如图 5.22 所示。

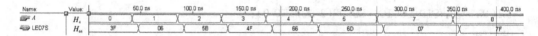

图 5.22　计数器仿真结果

4. 译码器设计

设计译码器的目的是产生控制数码管显示的位控信号。其 VHDL 语言程序见第 5 章实验 1。

三、实验内容

① 设计一个 100000000 进制加法计数器,最大显示值 99999999,用动态扫描显示结果。

② 设计一个简易时钟计数器,最大计时 23 时:59 分:59 秒,用动态扫描显示结果。

四、实验器材

① PC(装有 Max+PlusII 软件)。

② GW48 EDA 编程系统、万能电路板、焊接工具、编程器件、数码管。

五、实验报告要求

写出设计源程序,总结层次化设计的基本方法及注意事项,按实验内容要求,画出顶层图,编写 VHDL 语言模块,仿真测试,画出仿真图、记录下载测试结果。

第6章　综合设计与设计选题

本章所讲的综合设计即平时讲的课程设计,也就是综合应用所学知识设计一个较为复杂的数字电路和系统。传统的数字系统的设计方法是采用真值表、卡诺图、逻辑表达式、状态图、状态表等。后来逐步采用中规模组合和时序功能件的方法设计,只要弄清楚中规模功能件的逻辑功能和引脚含义,可将反映实际逻辑功能的逻辑表达式直接转换为与某一中规模功能件的输入、输出逻辑关系式相等效的式子,就可以直接用这一中规模功能件设计电路。设计经验丰富时,可针对数字电路要求实现的逻辑功能,直接选用器件绘图(如计数、译码和显示电路),不局限于某种固定步骤。

随着可编程逻辑器件的实现,应用可编程逻辑器件设计和实现现代(尤其是复杂的)数字电路和系统成为一大趋势。借助于计算机和编程开发软件,应用自顶向下层次化设计方法设计方案,用原理图和 VHDL 语言编程,就可将数字电路和系统装载到可编程逻辑器件里,由后者实现其逻辑功能。

用可编程逻辑器件设计和实现数字电路逻辑功能的基本步骤如下。

① 按照设计要求,应用自顶向下层次化方法,画出顶层电路原理图。如果电路简单,只是一个单层次的话,就画出电路原理图或编好 VHDL 语言程序。

② 打开编程软件、输入原理图或 VHDL 语言程序,先输入下一层或底层文件,编译,使其产生模块符号,在顶层调用模块符号、建好顶层电路原理图、选择好器件、锁定好引脚、编译产生下载文件,将下载文件下载到可编程器件里。

③ 设计好可编程器件的外围电路,如脉冲电路、放大驱动、稳压电源等。

④ 将各部分电路安装、焊接在一起,经过测试,结果符合要求。

本章限用可编程逻辑器件设计和实现数字电路的逻辑功能。

6.1　综 合 设 计

综合设计 1　FIR 数字滤波器设计

一、设计要求

滤波器类型为 FIR 滤波器;类型为低通;阶数为 16 阶;采样频率为 400 kHz;截止频率为10 kHz;输入数据宽度为 8 位;输出数据宽度为 8 位。

二、设计思路

1. FIR 滤波器结构

FIR 滤波器的单位冲激响应 $h(n)$ 是一个有限长序列。它的传递函数和差分方程有如下形式:

$$H(z) = \sum_{n=0}^{N-1} h(n) z^{-n}$$

和

$$y(n) = x(n) \cdot h(n) = \sum_{k=0}^{N-1} x(k) \cdot h(n-k) = \sum_{k=0}^{N-1} h(k) \cdot x(n-k)$$

式中,$x(n)$是输入信号,$y(n)$是卷积输出,$h(n)$是系统的单位脉冲响应。

可以看出,每次采样 $y(n)$需要进行 N 次乘法和 $N-1$ 次加法操作实现乘累加之和,其中 N 是滤波器单位脉冲响应 $h(n)$ 的长度。要设计一个 16 阶 8 系数的 FIR 滤波器,则 $N=16$,$x(n)$,$h(n)$均用 8 位二进制数表示,即每次采样 $y(n)$需要进行 16 次乘法和 15 次加法。

直接型结构是 FIR 数字滤波器最简单的构成方法,其结构如图 6.1 所示,图中 z^{-1} 表示信号延迟一个采样周期的单位延迟元件。

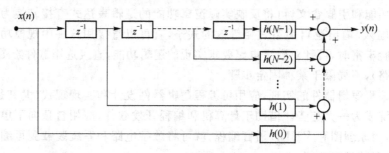

图 6.1 FIR 数字滤波器的直接型结构

滤波器的系统框图,如图 6.2 所示。

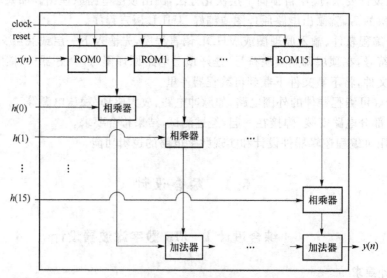

图 6.2 系统框图

2. 参数提取

设计过程是先给定所要求的理想低通滤波器频率响应 $H_d(e^{j\omega})$,然后设计一个 FIR 滤波器,它的频率响应 $H(e^{j\omega}) = \sum_{n=0}^{N-1} h(n) e^{-j\omega n}$,用它来逼近理想的 $H_d(e^{j\omega})$。这种逼近中最直接的方法是在时域中用 FIR 滤波器的单位脉冲响应 $h(n)$ 去逼近理想的单位脉冲响应 $h_d(n)$。因而,先由 $H_d(e^{j\omega})$ 的 IDTFT 导出 $h_d(n)$:

$$h_d(n) = \frac{1}{2\pi} \int_{-\pi}^{\pi} H_d(e^{j\omega}) e^{j\omega n} d\omega$$

由于 $H_d(e^{j\omega})$ 是矩形频率特性，故 $h_d(n)$ 一定是无限长的序列，且是非因果的。因为要设计的是有限长的 FIR 滤波器，所以用有限长序列 $h(n)$ 来逼近无限长序列 $h_d(n)$，常用有限长度的窗函数 $\omega(n)$ 来截取 $h_d(n)$，即

$$h(n) = \omega(n) \cdot h_d(n)$$

其中 $\omega(n)$ 是有限长序列，当 $n > N-1$ 及 $n < 0$ 时 $\omega(n) = 0$。

这里仅以冲激响应对称，即 $h(n) = h(N-1-n)$，$n = 0, 1, \cdots, N-1$ 时进行说明。

低通滤波器的频率响应 $H(e^{j\omega})$ 如下式所示：

$$H(e^{j\omega}) = \begin{cases} e^{-j\omega\frac{N-1}{2}}, & 0 \leqslant |\omega| \leqslant \omega_c \\ 0, & \omega_c \leqslant |\omega| \leqslant \pi \end{cases}$$

其中，ω 为对抽样频率归一化的频率，ω_c 为归一化截止频率。（由设计指标可知，采样频率为 400 kHz，截止频率为 10 kHz，将采样频率归一化为 2π，则截止频率归一化为 0.05π，即：$\omega_c = 0.05\pi$）

利用傅里叶逆变换公式求出冲激响应 $h_d(n)$，如下式所示：

$$h_d(n) = \frac{\sin\left[\omega_c \cdot \left(n - \frac{N-1}{2}\right)\right]}{\pi\left(n - \frac{N-1}{2}\right)}$$

由于要求设计一个 16 阶的 FIR，则 $N = 16$，可计算得 $h_d(n)$，如表 6.1 所示。

表 6.1　$h_d(n)$ 的值

$h_d(0) = h_d(15) = 0.019\ 267\ 955$	$h_d(1) = h_d(14) = 0.019\ 448\ 631$
$h_d(2) = h_d(13) = 0.001\ 960\ 429$	$h_d(3) = h_d(12) = 0.019\ 734\ 584$
$h_d(4) = h_d(11) = 0.019\ 839\ 186$	$h_d(5) = h_d(10) = 0.019\ 917\ 855$
$h_d(6) = h_d(9) = 0.019\ 970\ 404$	$h_d(7) = h_d(8) = 0.019\ 996\ 71$

设计使用的窗函数为汉明窗 $\left(\omega(n) = \frac{1}{2}\left[1 - \cos\left(\frac{2\pi n}{N-1}\right)\right] R_N(n)\right)$，计算出汉明窗的系数如表 6.2 所示。

表 6.2　汉明窗的系数

$\omega(0) = \omega(15) = 0$	$\omega(1) = \omega(14) = 0.143\ 227$
$\omega(2) = \omega(13) = 0.165\ 435$	$\omega(3) = \omega(12) = 0.345\ 491$
$\omega(4) = \omega(11) = 0.552\ 264$	$\omega(5) = \omega(10) = 0.75$
$\omega(6) = \omega(9) = 0.904\ 508$	$\omega(7) = \omega(8) = 0.989\ 074$

根据 $h(n) = \omega(n) \cdot h_d(n)$，可计算出的符合设计指标的线性相位 16 阶 FIR 数字低通滤波器的特性参数如表 6.3 所示。

表 6.3　FIR 滤波器的特性参数 $h(n)$

$h(0) = h(15) = 0.000\ 000$	$h(1) = h(14) = 0.001\ 804\ 92$
$h(2) = h(13) = 0.007\ 280\ 5$	$h(3) = h(12) = 0.015\ 871\ 53$
$h(4) = h(11) = 0.026\ 430\ 3$	$h(5) = h(10) = 0.030\ 654\ 358$
$h(6) = h(9) = 0.044\ 808\ 1$	$h(7) = h(8) = 0.049\ 402\ 87$

为了方便下一步的设计,将上述数据都扩大 2 000 倍,得到以下数据,如表 6.4 所示。

表 6.4 $h(n)\times 2\,000$ 的值

$h(0)=h(15)=0.000\,000$	$h(1)=h(14)=3.609\,837$
$h(2)=h(13)=14.560\,97$	$h(3)=h(12)=31.743\,06$
$h(4)=h(11)=52.486\,05$	$h(5)=h(10)=73.087\,15$
$h(6)=h(9)=89.616\,2$	$h(7)=h(8)=98.805\,75$

为了设计的方便,将上述数据取整得到表 6.5 所示数据。

表 6.5 取整后的数据

$h(0)=h(15)=0$	$h(1)=h(14)=4$
$h(2)=h(13)=15$	$h(3)=h(12)=32$
$h(4)=h(11)=52$	$h(5)=h(10)=73$
$h(6)=h(9)=90$	$h(7)=h(8)=99$

由于 $y(n)=x(n)\cdot h(n)=\sum_{k=0}^{N-1}x(k)\cdot h(n-k)=\sum_{k=0}^{N-1}h(k)\cdot x(n-k)$,现在因 $h(n)$ 扩大了 2 000 倍后,导致 $y(n)$ 也扩大了 2 000 倍,所以要将 $y(n)$ 除以 2 000。但是,要计算 $y(n)$ 除以 2 000 十分复杂,因此可以将 $h(n)$ 乘以 2 048,这样,$y(n)$ 只需要除以 2 048,也就是说只要把 $y(n)$ 右移 11 位即可。因此,将数据 $h(n)$ 都乘以 2 048,得到表 6.6 所示数据。

表 6.6 $h(n)$ 乘以 2 048 的值

$h(0)=h(15)=0.000\,000$	$h(1)=h(14)=3.696\,474$
$h(2)=h(13)=14.910\,43$	$h(3)=h(12)=32.504\,89$
$h(4)=h(11)=53.745\,72$	$h(5)=h(10)=74.841\,24$
$h(6)=h(9)=91.766\,99$	$h(7)=h(8)=101.177\,1$

将上述数据取整后得到表 6.7。

表 6.7 将表 6.6 中的值取整

$h(0)=h(15)=0$	$h(1)=h(14)=4$
$h(2)=h(13)=15$	$h(3)=h(12)=33$
$h(4)=h(11)=54$	$h(5)=h(10)=74$
$h(6)=h(9)=92$	$h(7)=h(8)=101$

将其化为二进制数(8 位)后得表 6.8。

表 6.8 $h(n)$ 的二进制表示

$h(0)=h(15)=00000000$	$h(1)=h(14)=00000100$
$h(2)=h(13)=00001111$	$h(3)=h(12)=00100001$
$h(4)=h(11)=00110110$	$h(5)=h(10)=01001010$
$h(6)=h(9)=01011100$	$h(7)=h(8)=01100101$

3. CSD 码

通常情况下,一个数可以表示为 2 的整数次方的和或者差的形式,采用这种方法表示的数叫做 SD 数(Signed-Digit Number)。一个绝对值小于 1 的数 x 可以表示成如下的形式:

$$x = \sum_{k=1}^{L} S_k 2^{-p_k}$$

其中,$S_k \in \{-1,0,1\}$,$p_k \in \{0,1,\cdots,M\}$。通常一个数的表示形式并不唯一,但是存在一种最小权重的表示形式,这种表示形式叫做 CSD(Canonical Signed-Digit)。一个给定的数的 CSD 表示形式是唯一的。

一个整数 X 与另一整数 Y 的乘积的二进制表示可以写成:

$$X \cdot Y = Y \cdot \sum_{n=0}^{N-1} S_n 2^n = \sum_{n=0}^{N-1} S_n \cdot (Y 2^n)$$

对于标准二进制,由于 $S_n = 0$ 时的对应项 $Y 2^n$ 并不参与累加运算,所以可以用另一种表示方法使非零元素的数量降低,从而使加法器的数目减少,降低硬件规模。有符号数字量(SD)有三重值 $\{0,-1,+1\}$,如果任意两个非零位均不相邻,即为标准有符号数字量(CSD)。

可以证明,CSD 表示对给定数是唯一的并且是最少非零位的。CSD 表示与标准二进制表示的相对比,其改进在于引入了负的符号位,从而降低了非零位个数,大大降低了逻辑资源的占用(大约平均降低 33% 的逻辑资源)。当用硬件实现时,常常限制系数位数,即每个系数与 N 个正(负)2 的幂次之和近似。标准二进制数在整数轴上是紧密和均匀分布的,而 CSD 码是非均匀分布的,其对实系数的量化误差比标准二进制大,虽然增加 N 可以减小量化误差,但是会增大逻辑资源的消耗,而且 CSD 表示无法应用流水线结构,从而降低处理速度。

将一个 8 位二进制数转化为 CSD 码的算法如下。

① 判断该二进数是否有连续 3 个或 3 个以上的 1。如果有,则可将其化为 CSD 码;如果没有,则不必将其化为 CSD 码。

② 设该二进数 $X = X_8 \cdots X_i \cdots X_1$,如果 X 有连续 3 个或 3 个以上的 1,即 $X_i + 2X_i + 1 X_i = 1$,$X_i - 1 = 0$,则 X 的 CSD 码等于 X 加 2^i。

根据计算,H1,H2,$\cdots$,H7 的结构图分别如图 6.3~图 6.9 所示。

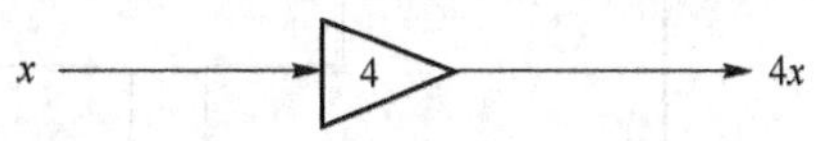

图 6.3　H1(H14)结构

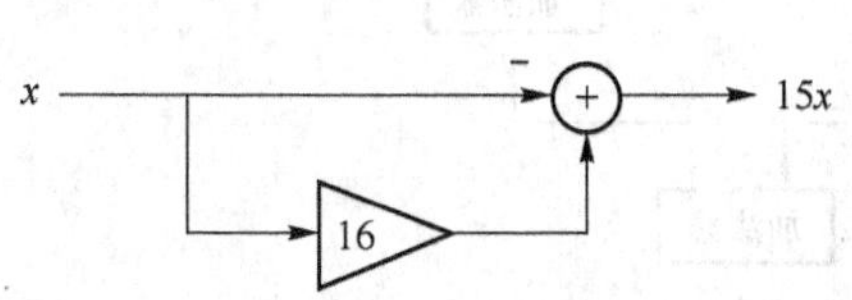

图 6.4　H2(H13)结构

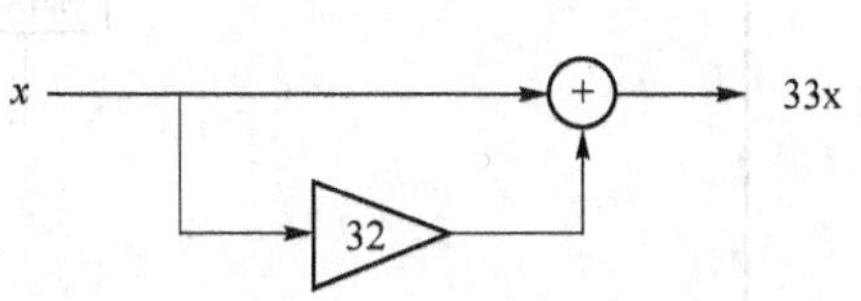

图 6.5　H3(H12)结构

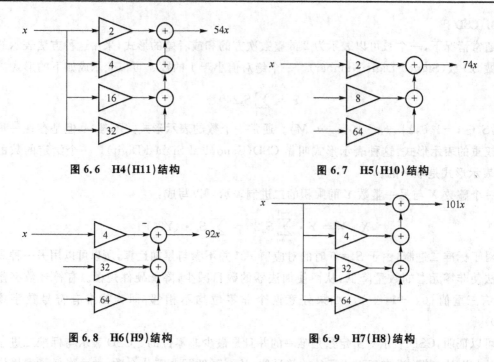

图 6.6　H4(H11)结构　　　　　　　图 6.7　H5(H10)结构

图 6.8　H6(H9)结构　　　　　　　图 6.9　H7(H8)结构

根据粗略的总的系统框图,可以将系统框图细化,细化后的系统框图如图 6.10 所示。

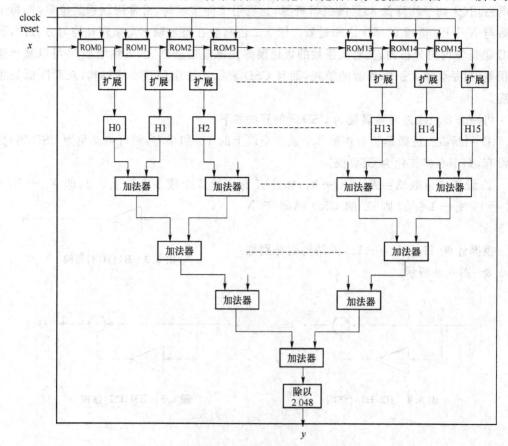

图 6.10　总的设计框图

在图 6.10 中,输入的数据 x 为 8 位二进制数,如果不进行扩展的话,在运算过程中很容易出现溢出,从而导致输出数据 y 的不准确,因此,在图 6.10 中加了扩展过程,即将 8 位二进制数扩展为 16 位二进制数。

4. VHDL 实现

根据 H1,H2,…,H7 模块的结构图,编写 VHDL 程序:H1.vhd,H2.vhd,…,H7.vhd,得到 H1,H2,…,H7 的模块图。如图 6.11~图 6.17 所示。

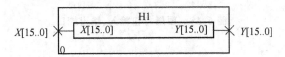

图 6.11　H1 模块

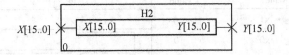

图 6.12　H2 模块

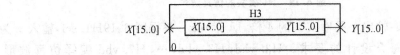

图 6.13　H3 模块

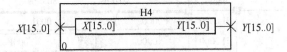

图 6.14　H4 模块

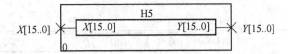

图 6.15　H5 模块

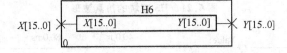

图 6.16　H6 模块

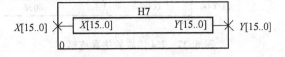

图 6.17　H7 模块

根据图 6.10 画出系统的顶层原理图,如图 6.18 所示为顶层打包输入、输出端口图。

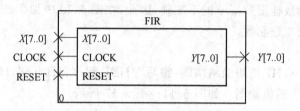

图 6.18　顶层打包输入、输出端口

5. 仿真结果

将 H1. vhd, H2. vhd,…, H7. vhd 编译仿真,得出以下仿真结果图,如图 6.19 所示。

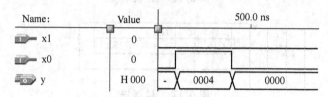

图 6.19　H1 模块的仿真波形

由仿真结果可知:输出 y 是输入 x 的 4 倍,即 $y=4x$。根据图 6.19H1. scf,输入 x 为 1 时,输出 y 等于 4,符合设计的要求。H2. vhd, H3. vhd,…, H7. vhd 编绎仿真波形如图 6.20～图 6.25 所示。

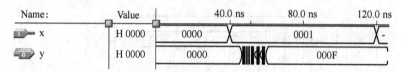

图 6.20　H2 模块的仿真波形

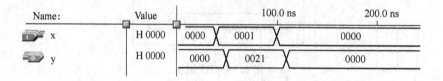

图 6.21　H3 模块的仿真波形

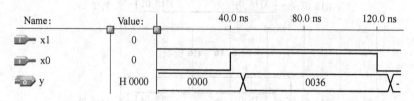

图 6.22　H4 模块的仿真波形

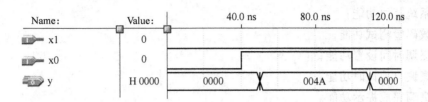

图 6.23　H5 模块的仿真波形

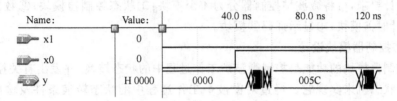

图 6.24　H6 模块的仿真波形

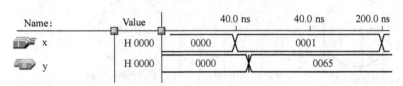

图 6.25　H7 模块的仿真波形

顶层的仿真波形如图 6.26 所示。

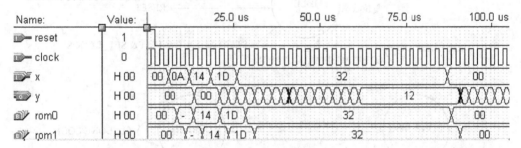

图 6.26　顶层的仿真波形

将表 6.6 中 $h(0) \sim h(15)$ 代入 $H(z) = \sum_{n=0}^{N-1} h(n)z^{-n}$ 和 $y(n) = \sum_{k=0}^{N-1} h(k)x(n-k)$ 得

$$y(n) = 4x(n-1) + 15x(n-2) + 33x(n-3) + 54x(n-4) + 74x(n-5) + 92x(n-6) + 101x(n-7) + 101x(n-8) + 92x(n-9) + 74x(n-10) + 54x(n-11) + 33x(n-11) + 15x(n-13) + 4x(n-14)$$

如果输入 x 均为 50(即十六进制数为 32 H),输出可计算得 $y = 18(12\text{H})$。由图 6.26 顶层原理图的仿真图可以看出,当输入为 32H 时,输出为 12H,符合设计要求。

综合设计 2　微波炉控制器设计

一、设计要求

要求实现:

① 系统复位功能;

② 数码管测试功能;

③ 烹调时间设置功能;

④ 烹调自动计时功能;

⑤ 烹调完成提示功能。

二、设计思路

根据设计要求,可将微波炉控制器分为 4 个模块:①状态控制器模块;②数据装载器模块;③烹调计时器模块;④显示译码器模块。

1. 状态控制器模块设计

状态控制器模块的功能是控制微波炉工作过程中的状态转换,并发出有关控制信息,因此可用一个状态机来实现它。经过对微波炉工作过程中的状态转换条件及输出信号的分析,可以得到其状态转换图,如图 6.27 所示。

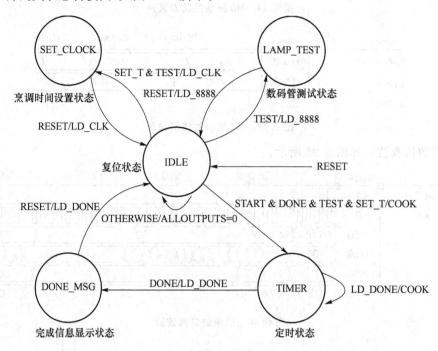

图 6.27 状态转换

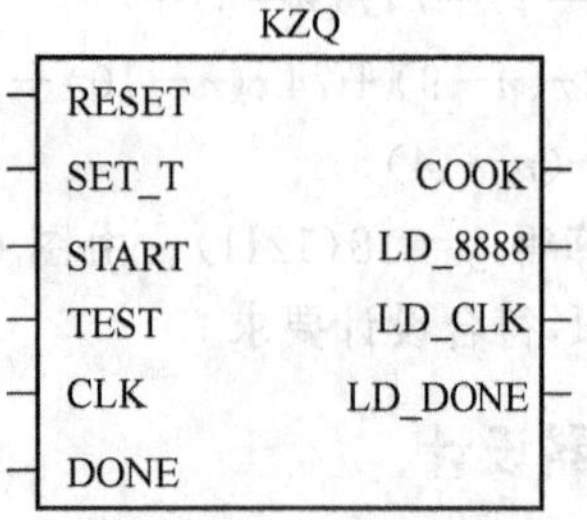

状态控制器模块的输入、输出端口如图 6.28 所示。输入信号为 CLK、TEST、START、SET_T、RESET 和 DONE,输出信号为 LD_DONE、LD_CLK、LD_8888 和 COOK 信号。状态控制器根据输入信号和自身当时所处的状态,完成状态的转换和输出相应的控制信号:LD_DONE 指示状态控制器装入烹调完毕的状态信息"donE"的显示驱动信息数据;LD_CLK 指示状态控制器装入设置的烹饪时间数据;LD_8888 指示状态控制器装入用于

图 6.28 状态控制器模块的输入、输出端口

测试的数据"8888"以显示驱动信息数据；COOK 指示烹饪正在进行之中，并提示计时器进行减计数。

控制器的仿真波形图如图 6.29 所示。

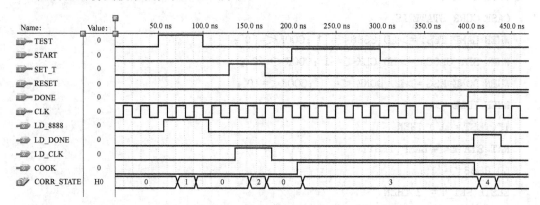

图 6.29 控制器的仿真波形

其 VHDL 语言程序如下。

```
LIBRARY IEEE;
USE IEEE.STD_LOGIC_1164.ALL;
USE IEEE.STD_LOGIC_ARITH.ALL;
ENTITY KZQ IS
PORT(RESET,SET_T,START,TEST,CLK,DONE:IN STD_LOGIC;
    COOK,LD_8888,LD_CLK,LD_DONE:OUT STD_LOGIC);
END ENTITY KZQ;
ARCHITECTURE ART OF KZQ IS
TYPE STATE_TYPE IS(IDLE,LAMP_TEST,SET_CLOCK,TIMER,DONE_MSG);
SIGNAL NXT_STATE,CURR_STATE:STATE_TYPE;
BEGIN
PROCESS(CLK,RESET) IS
BEGIN
IF RESET = ´1´ THEN
CURR_STATE<= IDLE;
ELSIF CLK´EVENT AND CLK = ´1´ THEN
CURR_STATE<= NXT_STATE;
END IF;
END PROCESS;
PROCESS(CLK,CURR_STATE,SET_T,START,TEST,DONE) IS
BEGIN
NXT_STATE<= IDLE; --DEFAULT NEXT STATE IS IDLE;
LD_8888<= ´0´;
```

```
LD_DONE<= ´0´;

LD_CLK<= ´0´;

COOK<= ´0´;

CASE CURR_STATE IS

WHEN LAMP_TEST =>LD_8888<= ´1´;COOK<= ´0´;

WHEN SET_CLOCK =>LD_CLK<= ´1´;COOK<= ´0´;

WHEN DONE_MSG =>LD_DONE <= ´1´;COOK<= ´0´;

WHEN IDLE =>

IF(TEST = ´1´) THEN

NXT_STATE<= LAMP_TEST;

LD_8888<= ´1´;

ELSIF SET_T = ´1´THEN

NXT_STATE<= SET_CLOCK;

LD_CLK<= ´1´;

ELSIF((START = ´1´) AND (DONE = ´0´)) THEN

NXT_STATE<= TIMER;

COOK<= ´1´;

END IF;

WHEN TIMER =>

IF DONE = ´1´ THEN

NXT_STATE<= DONE_MSG;

LD_DONE<= ´1´;

ELSE

NXT_STATE<= TIMER;

COOK<= ´1´;

END IF; END CASE; END PROCESS; END ARCHITECTURE ART;
```

2. 数据装载器模块设计

数据装载器模块的功能是根据控制器发出的控制信号选择定时时间、测试数据或烹调完成信息的装入。数据装载器模块的输入、输出端口如图 6.30 所示,根据其应完成的逻辑功能,它本质上就是一个 3 选 1 数据选择器。

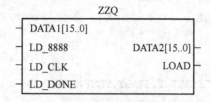

图 6.30 数据装载器模块的输入、输出端口

装载器的仿真波形图如图 6.31 所示。

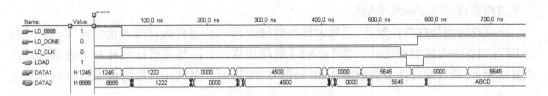

图 6.31　装载器的仿真波形

其 VHDL 语言程序如下。

```
LIBRARY IEEE;
USE IEEE.STD_LOGIC_1164.ALL;
USE IEEE.STD_LOGIC_ARITH.ALL;
ENTITY ZZQ IS
PORT(DATA1:IN STD_LOGIC_VECTOR(15 DOWNTO 0);
   LD_8888: IN STD_LOGIC;
   LD_CLK:IN STD_LOGIC;
LD_DONE: IN STD_LOGIC;
DATA2:OUT STD_LOGIC_VECTOR(15 DOWNTO 0);
LOAD:OUT STD_LOGIC);
END ENTITY ZZQ;
ARCHITECTURE ART OF ZZQ IS
BEGIN
PROCESS(DATA1,LD_8888,LD_CLK,LD_DONE) IS
CONSTANT ALL_8:STD_LOGIC_VECTOR(15 DOWNTO 0):="1000100010001000";
CONSTANT DONE:STD_LOGIC_VECTOR(15 DOWNTO 0):="1010101111001101";
VARIABLE TEMP: STD_LOGIC_VECTOR(2 DOWNTO 0);
BEGIN
LOAD<= LD_8888 OR LD_DONE OR LD_CLK;
TEMP: = LD_8888 & LD_DONE & LD_CLK;
CASE TEMP IS
WHEN"100" =>DATA2<= ALL_8; --LOAD_8888 = 1
WHEN"010" =>DATA2<= DONE; --LOAD_DONE
WHEN"001" =>DATA2<= DATA1; --LOAD_CLK
WHEN OTHERS =>NULL;
END CASE;
END PROCESS;
END ARCHITECTURE ART;
```

3. 烹调计时器模块设计

烹调计时器模块的功能是负责烹调过程中的时间递减计数,并提供烹调完成时的状态信号供控制器产生烹调完成信号。

烹调计时器为减数计数器,其最大计时时间为 59:59,因此可以用两组十进制减法计数器 DCNT10 和六进制减法计数器 DCNT6 级联构成。六进制减法计数器和十进制减法计数器的输入、输出端口图分别如图 6.32 和图 6.33 所示。烹调计时器的内部组成原理如图 6.34 所示。

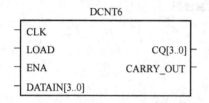

图 6.32 六进制减法计数器输入、输出端口

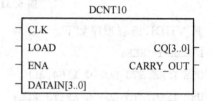

图 6.33 十进制减法计数器输入、输出端口

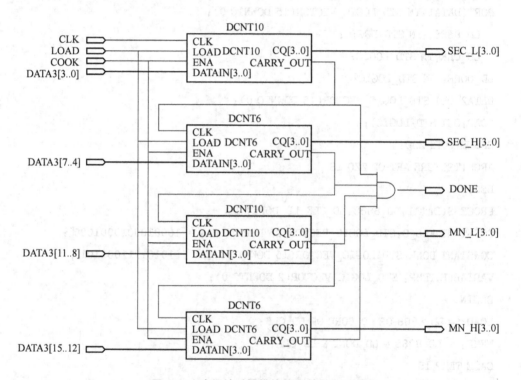

图 6.34 烹调计时器模块的内部组成原理

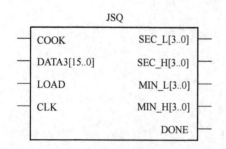

图 6.35 烹调计时器模块的输入、输出端口

烹调计时器模块的输入、输出端口如图6.35所示。

LOAD 为高电平时完成装入功能,COOK 为高电平时执行减法计数功能。输出 DONE 指示烹调完成。MIN_H、MIN_L、SEC_H 和 SEC_L 为完成烹调所剩的时间、测试状态信息 "8888"以及烹调完毕的状态信息"donE"的 BCD 码信息。

计时器的仿真波形图如图 6.36 所示。

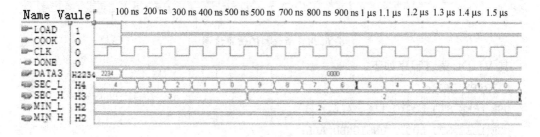

图 6.36 计时器的仿真波形

4. 显示译码器模块设计

显示译码器的功能是负责将各种显示信息的 BCD 转换成七段数码管显示的驱动信息编码。本显示译码器不但要对数字 0～9 进行显示译码，还要对字母 d、o、n、E 进行显示译码，其译码对照表如表 6.9 所示。

表 6.9 显示译码器的译码对照

显示的数字或字母	BCD 编码	七段显示驱动编码(g～a)
0	0000	0111111
1	0001	0000110
2	0010	1011011
3	0011	1001111
4	0100	1100110
5	0101	1101101
6	0110	1111101
7	0111	0000111
8	1000	1111111
9	1001	1101111
d	1010	1011110
o	1011	1011100
n	1100	1010100
E	1101	1111001

显示译码器模块的输入/输出端口如图 6.37 所示。

```
              YMQ47
┤ AIN4[3..0]      DOUT7[6..0] ├
```

图 6.37 显示译码器模块的输入/输出端口

译码器的仿真波形图如图 6.38 所示。

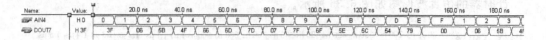

图 6.38　译码器的仿真波形

其 VHDL 语言程序如下。

```
LIBRARY IEEE;
USE IEEE.STD_LOGIC_1164.ALL;
USE IEEE.STD_LOGIC_UNSIGNED.ALL;
ENTITY YMQ47 IS
PORT(AIN4:IN STD_LOGIC_VECTOR(3 DOWNTO 0);
    DOUT7:OUT STD_LOGIC_VECTOR(6 DOWNTO 0));
END ENTITY YMQ47;
ARCHITECTURE ART OF YMQ47 IS
BEGIN
PROCESS(AIN4)
BEGIN
CASE AIN4 IS
WHEN"0000"=>DOUT7<="0111111"; --显示 0 的 g~a
WHEN"0001"=>DOUT7<="0000110"; --1
WHEN"0010"=>DOUT7<="1011011"; -- 2
WHEN"0011"=>DOUT7<="1001111"; --3
WHEN"0100"=>DOUT7<="1100110"; --4
WHEN"0101"=>DOUT7<="1101101"; --5
WHEN"0110"=>DOUT7<="1111101"; --6
WHEN"0111"=>DOUT7<="0000111"; --7
WHEN"1000"=>DOUT7<="1111111"; --8
WHEN"1001"=>DOUT7<="1101111"; --9
WHEN"1010"=>DOUT7<="1011110"; --d
WHEN"1011"=>DOUT7<="1011100"; --o
WHEN"1100"=>DOUT7<="1010100"; --n
WHEN"1101"=>DOUT7<="1111001"; --E
WHEN OTHERS => DOUT7<="0000000";
END CASE;
END PROCESS;
END ARCHITECTURE ART;
```

5. 微波炉控制器的总体设计

将微波炉控制器的 4 个模块根据相互间的信号关系连接起来就构成了微波炉控制器，其顶层原理图如图 6.39 所示。

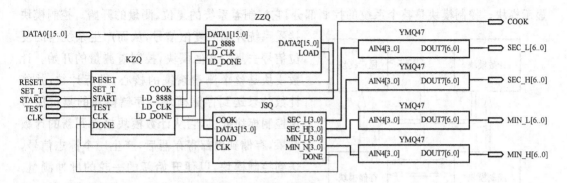

图 6.39　微波炉控制器的顶层原理

微波炉控制器的仿真波形图如图 6.40 所示。

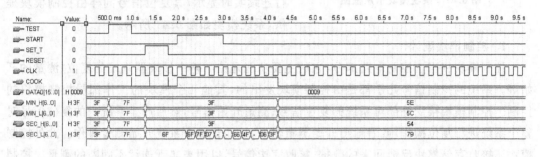

图 6.40　微波炉控制器的仿真波形

从仿真波形图中可以看出：

① 在系统的最开始，没有任何输入，SEC_L、SEC_H、MIN_L 和 MIN_H 默认值为 0，当 TEST 为高电平时，SEC_L、SEC_H、MIN_L 和 MIN_H 组合输出测试信息为"8888"；

② 当 SET_T 为高电平时，SEC_L、SEC_H、MIN_L 和 MIN_H 组合输出时间设置（本次仿真时间输入为 DATA0＝"0009"）信息为"0009"；

③ 当 START 键为高电平时，COOK 变为高电平，表示烹调开始，并且计时器开始倒计时，从 SEC_L、SEC_H、MIN_L 和 MIN_H 的组合时间可以清楚地看到这一点；

④ 当 SEC_L、SEC_H、MIN_L 和 MIN_H 的组合时间为"0000"时，COOK 键自动变为低电平，表示烹调结束，SEC_L、SEC_H、MIN_L 和 MIN_H 的组合显示结束信息"donE"。

综合设计 3　自动抄表器设计

一、设计要求

① 具有复位功能。

② 水表计数功能。

③ 可以记录一户的用水量，同时循环显示各户现在的用水量。

二、设计思路

根据设计将系统分为 4 个模块：控制模块、计数模块、存储数据的存储模块、显示数据的

显示模块。控制模块是整个系统的控制部分,它控制着系统的复位、测量的开始。控制模块

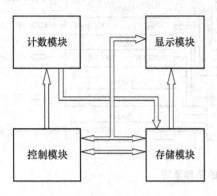

接受系统外部的复位信号,从而产生系统内的复位信号去复位其他模块,控制着测量的开始。计数模块是整个测量系统的核心,进行计数,并将计数结果送到存储模块。存储模块的复位信号由控制模块提供,它从计数模块接受到新的计数结果,存储到内部寄存器后,产生一个标志信号,送到控制模块,以便开始新的一轮的脉冲测量,从而实现连续不间断测量。测量结果经存储后送模块显示,显示模块从存储模块得到结果,进行连续实时显示,其复位信号同样由控制模块提供,系统模块如图 6.41 所示。

图 6.41　系统模块示意框图

1. 控制模块设计

控制模块相当于控制电路部分,它的主要功能是控制整个抄表器系统的复位、测量的开始等。系统的控制信号几乎都是由控制模块发出的,其他几个模块的工作都受控制模块的控制。控制模块接受外部对系统的复位信号、测量开始信号,然后产生系统内的复位信号对整个系统进行复位操作,或者输出开始测量信号,从而让整个系统开始测量操作。此外控制模块还接收存储模块反馈回来的数据,接收完毕信号,以用来实现连续不间断的测量。控制模块的流程如图 6.42 所示。

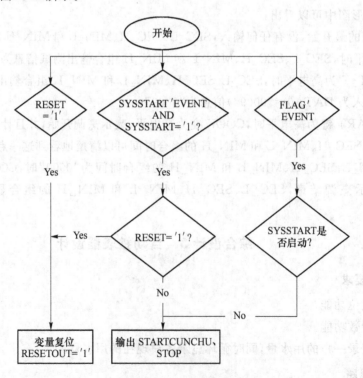

图 6.42　控制模块流程

控制模块首先检测 3 个输入信号（系统复位信号 RESET、系统开始测量脉冲 SYSSTART 和存储模块反馈信号 FLAG）的变化。当 RESET 变为高电平（RESET= $'1'$）时，先对控制模块内的变量进行复位，然后输出 RESETOUT 脉冲信号，对其他模块进行复位操作。当系统开始测量脉冲信号 SYSSTART 来临（SYSSTART$'$EVENT　AND SYSSTART=$'1'$）且脉冲宽度满足条件时，控制模块先检查是否处于系统复位期间（RESET=$'1'$），若不是，则输出测量开始脉冲信号 STARTCUNCHU。当要结束正在进行的测量开始另外一次新的测量时，需要给控制模块施加系统复位信号，然后再施加开始测量脉冲信号 STARTCUNCHU，开始新一轮测量，同时送到存储模块，以使存储模块能够再次输出反馈信号 FLAG。这样系统只需要在开始时施加一次测量开始脉冲信号 SARTCUNCHU，以后再无须施加，从而实现了连续不间断的测量。

与普通流程图不同的是，控制模块的流程图中各个进程是并发进行的。流程图中并发性是由 VHDL 语言中各个进程（PROCESS）间是并行处理所引起的。这也是 VHDL 语言的一个特殊性。VHDL 语言是一种硬件描述语言，它所描述的硬件在实际工作中同时并行工作，为了能够反映实际硬件的工作状态，VHDL 语言中引入了并行控制语句，而用这些并行控制语句所描述的流程自然有了并发性。

图 6.43　控制模块的模块

控制模块的模块图如图 6.43 所示。

2. 计数模块设计

计数模块是整个抄表器的核心部分，它通过对被测脉冲进行计数来测量。计数模块在每次测量前，从控制模块接收复位信号 RESET，对模块进行复位，清除上次的测量结果，为新的一次测量做准备。当计数器计数完成并且测量结果输出信号 TKEEP 上的结果稳定后，模块才输出使能信号 OUTEN，使得存储模块可以读取测量结果，从而保证了所读测量结果的准确性。

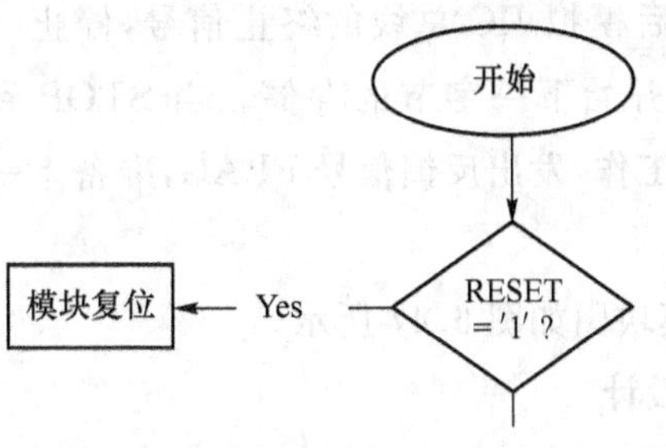

计数模块首先检测模块的输入复位信号 RESET 是否为高电平（RESET= $'1'$），若是，则进行模块复位操作，包括模块内变量的复位和模块输出信号的复位。若模块不是处于复位期间，则进行计数。为了简化设计，我们将模块内计数器定为 1000 进制，即每 1000 脉冲，用水量为 1 吨，脉冲的产生有赖于前置电路的处理，我们现在讨论的都是经过处理的数字信号（如果实际应用中不是 1000 个脉冲为 1 吨水，可以在程序中修改变量，以适合不同的应用场合）。当计数模块得到测量结果并输出到模块的结果输出信号 TKEEP 上后，模块才输出使能信号 OUTEN（OUTEN= $'1'$），并通知存储模块可以取数。计数模块的流程如图 6.44 所示。

图 6.44　计数模块流程

计数模块的模块图如图 6.45 所示。

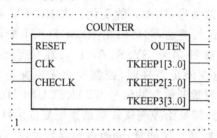

图 6.45　计数模块的模块

3．存储模块设计

存储模块主要是对计数模块的测量结果进行存储。存储模块的流程图如图 6.46 所示,存储模块首先检测模块的系统开始信号 START 是否为高电平,若是,则检测写入使能信号 WREN,当使能信号 WREN 到来时,意味着模块输入的结果信号 IIDATAIN 上的数据已经准备就绪,模块才开始从 IIDATAIN 上读取数据,保证了测量结果读取的准确性。

数据读取后将储存到内部,再检测读出使能信号 RDEN。当使能信号 RDEN 到来时,意味着数据将要送到 EEPROM 器件,然后模拟 II 总线的起始信号,开始存储 4 位数据的最高位,依次左移,直到 4 位传送完毕,接下来发应答信号,然后模拟 IIC 总线的终止信号,停止一个字节的存储,同时开始下一字节的存储。当 STOP 到来时,存储模块停止工作,发出反馈信号 FLAG,准备下一次的存储。

存储模块的模块图如图 6.47 所示。

4．显示模块设计

显示模块主要用于测量结果的数码管显示,模块从存储模块接受测量的结果,输出共阴极数码管显示所需的控制信号,显示模块的流程图如图 6.48 所示。

显示模块的模块图如图 6.49 所示。

5．抄表器总体设计

将抄表器系统的 4 个模块,即控制模块、计数模块、存储模块和显示模块,按照其相互间的信号连接关系组合起来,就构成了整个抄表器,顶层原理图如图 6.50 所示。

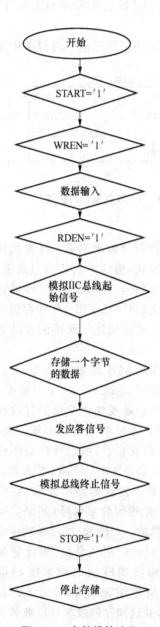

图 6.46　存储模块流程

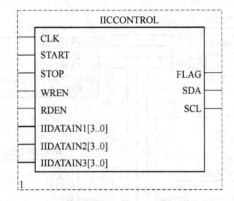

图 6.47　存储模块的模块

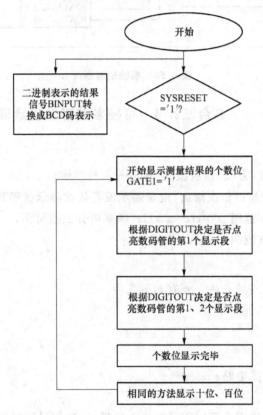

图 6.48　显示模块流程

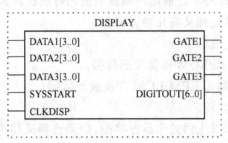

图 6.49　显示模块的模块

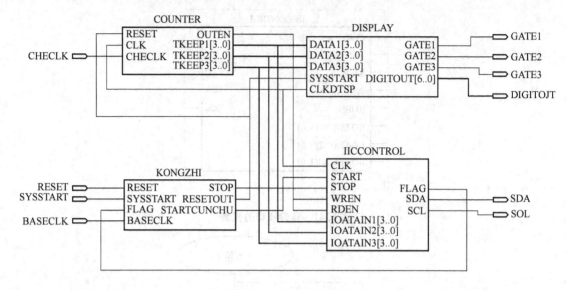

图 6.50　系统顶层原理

综合设计 4　可控多波形发生器设计

一、设计要求

① 要求产生正弦波、方波、锯齿波、阶梯波等6种波形;

② 6种波形用1个端口依次输出,由普通示波器依次显示波形和"同时"显示波形;

③ 输出波形的频率范围200 Hz~2 kHz,频率可分四挡可调;

④ 输出波形的幅值范围1~5 V,可调。

二、设计思路

目前波形发生器实现的方法主要有如下几种。

①运放与分立元件;

②专用集成电路;

③单片机;

④通用标准数字集成电路;

⑤可编程逻辑器件。

其中可编程逻辑器件因为可以用层次化方法设计,用顶层原理图表达,具有设计灵活方便、实现简单等优点,因此获得广泛应用。本课题应用可编程逻辑器件实现。用可编程逻辑器件实现时,对波形数据的处理又有几种方案:

①用 VHDL 语言产生波形信号;

②用外部只读存储器 EPROM 存储波形数据;

③用软件里的内部存储器 LPM-ROM 存储波形数据。

本课题用第③种方案实现。

如图 6.51 所示是波形发生器的作品方案图,如果选择采用单次脉冲波形,则从波形串行输出端一个一个的输出所选的波形,如果采用频率较高的连续脉冲波形,则从波形"并行"

输出端快速循环地输出不同直流电平的波形,在示波器上就会看到所有波形"同时、并行"显示出来的效果。

如图 6.52 所示是波形发生器电路方框图,它通过外来控制信号和高速时钟信号,向波形数据 ROM 发出地址信号,输出

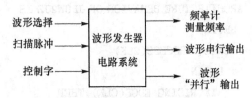

图 6.51　波形发生器作品方案

波形的频率由发出的地址信号的速度决定。当以固定频率扫描输出地址时,模拟输出波形是固定频率,而当以周期性时变方式扫描输出地址时,模拟输出波形是扫频信号。

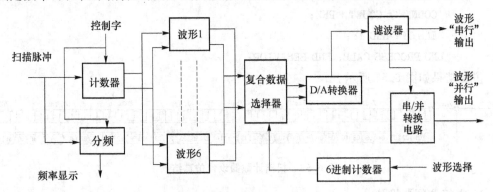

图 6.52　波形发生器电路方框图

为了产生连续的波形,在对波形幅值量化时,一个周期内至少要有 16 个量化点。通常情况下,一个周期内设置 32~256 个量化点,本课题在 LPM－ROM 内设置的一个周期内具有 256 个量化点。

由于一个周期内具有 256 个点,所以设计了一个 8 位二进制加法计数器,波形数据则放在内部存储器 LPM-ROM 里。将扫描脉冲送入 8 进制加法计数器,其输出扫描 LPM-ROM 的地址,将波形数据扫描出来,用数据选择器(MUX861)依次选择出波形数据。由于是 6 个波形,所以设计一个六进制计数器,其输出送至数据选择器控制其依次输出波形数据。

设每周期有 256 个点,则输出波形的频率 = 输入扫描频率 /256,假如扫描计数器每次不是纯粹加 1,而是加控制字(通过外部给定),则可以通过改变控制字(1、2、3、4)改变输出波形频率。这时:输出波形的频率=控制字×输入扫描频率/256。

1. 扫描计数器设计

设计 8 位二进制计数器供扫描波形数据用,为了方便地改变输出波形的频率,设置每来一个脉冲不是加 1 而是加控制字的特殊计数器。其 VHDL 语言程序如下。

```
LIBRARY IEEE;
USE IEEE.STD_LOGIC_1164.ALL;
USE IEEE.STD_LOGIC_UNSIGNED.ALL;
ENTITY JF8W2JZ IS
 PORT(CLK:IN STD_LOGIC;
    PKZ:IN STD_LOGIC_VECTOR(3 DOWNTO 0);
    COUNT:buffer STD_LOGIC_VECTOR(7 DOWNTO 0));
END JF8W2JZ;
```

```
ARCHITECTURE BEHAVIOR OF JF8W2JZ IS
 BEGIN
  cale: PROCESS(CLK)
   BEGIN
    IF(RISING_EDGE(CLK))THEN
       IF(COUNT = "11111111")THEN
       COUNT<= "00000000";
       ELSE
       COUNT<= COUNT + PKZ;
       END IF; END IF;
       END PROCESS CALE; END BEHAVIOR;
```

仿真结果如图 6.53 所示。

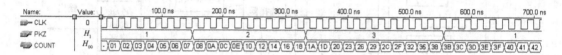

图 6.53 扫描计数器设计仿真结果

2. 数控分频器设计

要将输出波形的频率直接用频率计显示出来,需要将输入到扫描计数器的频率进行分频。只要确定好输入数字量 D 值,就可使输出脉冲的频率和输出波形的频率一致。其 VHDL 语言程序如下。

```
LIBRARY IEEE;
USE IEEE.STD_LOGIC_1164.ALL;
USE IEEE.STD_LOGIC_UNSIGNED.ALL;
ENTITY SKFP IS
 PORT(CLK: IN STD_LOGIC;
       D: IN STD_LOGIC_VECTOR(7 DOWNTO 0);
       FOUT: OUT STD_LOGIC );
END SKFP;
ARCHITECTURE ONE OF SKFP IS
 SIGNAL FULL: STD_LOGIC;
BEGIN
 P_REG: PROCESS(CLK)
 VARIABLE CNT8 : STD_LOGIC_VECTOR(7 DOWNTO 0);
  BEGIN
    IF CLK'EVENT AND CLK = '1'THEN
       IF CNT8 = "11111111" THEN
       CNT8: = D;
       FULL<= '1';
```

```
        ELSE CNT8: = CNT8 + 1;
            FULL<= '0';
        END IF; END IF;
    END PROCESS P_REG;
    P_DIV:PROCESS(FULL)
    VARIABLE CNT2: STD_LOGIC;
    BEGIN
    IF FULL'EVENT AND FULL = '1'
    THEN CNT2: = NOT CNT2;
      IF CNT2 = '1'THEN FOUT<= '1';
        ELSE FOUT<= '0';
      END IF; END IF; END PROCESS P_DIV; END;
```

3. LPM ROM 设计

LPM ROM 是可调参数元件只读存储器,如图 6.54 所示,LPM_ADDRESS_CONTROL 表示地址控制采用组合型还是时序型,通常用组合型(UNREGISTERED),LPM、FILE 表示要调用的. mif 文件,要事先编一个. mif 文件存放波形数据。文件形式为 AA:BB,AA 为地址,BB 为数据。LPM、OUTDATA 表示输出数据是组合型还是时序型输出,选用组合型,LPM、WIDTH = 8 表示数据位是 8 位,LPM、WIDTH=8 表示地址位是 8 位。

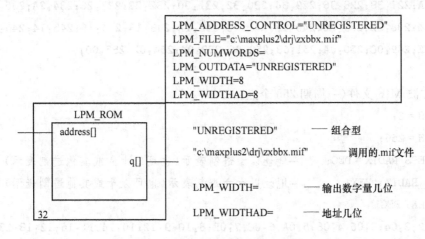

图 6.54 LPM_ROM 可调参数元件模块

① 正弦波 MIF 文件(一周期 256 个点)。

```
WIDTH = 8;
DEPTH = 256;
ADDRESS_RADIX = DEC;        --地址以十进制表示(也可以十六或其他进制表示)
DATA_RADIX = HEX;           --数据以十六进制表示(也可以十或其他进制表示)
CONTENT BEGIN
0:00;1:02;2:04;3:06;4:08;5:0A;6:0C;7:0E;8:10;9:12;10:14;11:16;12:18;13:1A;14:
1C;15:1E;16:20;17:22;18:24;19:26;20:28;21:2A;22:2C;23:2E;24:30;25:32;26:34;27:
```

36;28;38;29;3A;30;3C;31;3E;32;40;33;42;34;44;35;46;36;48;37;4A;38;4C;39;4E;40;
50;41;52;42;54;43;56;44;58;45;5A;46;5C;47;5E;48;60;49;62;50;64;51;66;52;68;53;
6A;54;6C;55;6E;56;70;57;72;58;74;59;76;60;78;61;7A;62;7C;63;7E;64;80;65;82;66;
84;67;86;68;88;69;8A;70;8C;71;8E;72;90;73;92;74;94;75;96;76;98;77;9A;78;9C;79;
9E;80;A0;81;A2;82;A4;83;A6;84;A8;85;AA;86;AC;87;AE;88;B0;89;B2;90;B4;91;B6;92;
B8;93;BA;94;BC;95;BE;96;C0;97;C2;98;C4;99;C6;100;C8;101;CA;102;CC;103;CE;104;
D0;105;D2;106;D4;107;D6;108;D8;109;DA;110;DC;111;DE;112;E0;113;E2;114;E4;115;
E6;116;E8;117;EA;118;EC;119;EE;120;F0;121;F2;122;F4;123;F6;124;F8;125;FA;126;
FC;127;FE;128;FE;129;FC;130;FA;131;F8;132;F6;133;F4;134;F2;135;F0;136;EE;137;
EC;138;EA;139;E8;140;E6;141;E4;142;E2;143;E0;144;DE;145;DC;146;DA;147;D8;148;
D6;149;D4;150;D2;151;D0;152;CE;153;CC;154;CA;155;C8;156;C6;157;C4;158;C2;159;
C0;160;BE;161;BC;162;BA;163;B8;164;B6;165;B4;166;B2;167;B0;168;AE;169;AC;170;
AA;171;A8;172;A6;173;A4;174;A2;175;A0;176;9E;177;9C;178;9A;179;98;180;96;181;
94;182;92;183;90;184;8E;185;8C;186;8A;187;88;188;86;189;84;190;82;191;80;192;
7E;193;7C;194;7A;195;78;196;76;197;74;198;72;199;70;200;6E;201;6C;202;6A;203;
68;204;66;205;64;206;62;207;60;208;5E;209;5C;210;5A;211;58;212;56;213;54;214;
52;215;50;216;4E;217;4C;218;4A;219;48;220;46;221;44;222;42;223;40;224;3E;225;
3C;226;3A;227;38;228;36;229;34;230;32;231;30;232;2E;233;2C;234;2A;235;28;236;
26;237;24;238;22;239;20;240;1E;241;1C;242;1A;243;18;244;16;245;14;246;12;247;
10;248;0E;249;0C;250;0A;251;08;252;06;253;04;254;02;255;00;

END;

② 方波 MIF 文件(一周期 256 个点)。

WIDTH = 8;

DEPTH = 256;

ADDRESS_RADIX = DEC;　　--地址以十进制表示(也可以十六或其他进制表示)

DATA_RADIX = HEX;　　--地址以十六进制表示(也可以十或其他进制表示)

CONTENT BEGIN

0;00;1;02;2;04;3;06;4;08;5;0A;6;0C;7;0E;8;10;9;12;10;14;11;16;12;18;13;1A;14;
1C;15;1E;16;20;17;22;18;24;19;26;20;28;21;2A;22;2C;23;2E;24;30;25;32;26;34;27;
36;28;38;29;3A;30;3C;31;3E;32;40;33;42;34;44;35;46;36;48;37;4A;38;4C;39;4E;40;
50;41;52;42;54;43;56;44;58;45;5A;46;5C;47;5E;48;60;49;62;50;64;51;66;52;68;53;
6A;54;6C;55;6E;56;70;57;72;58;74;59;76;60;78;61;7A;62;7C;63;7E;64;80;65;82;66;
84;67;86;68;88;69;8A;70;8C;71;8E;72;90;73;92;74;94;75;96;76;98;77;9A;78;9C;79;
9E;80;A0;81;A2;82;A4;83;A6;84;A8;85;AA;86;AC;87;AE;88;B0;89;B2;90;B4;91;B6;92;
B8;93;BA;94;BC;95;BE;96;C0;97;C2;98;C4;99;C6;100;C8;101;CA;102;CC;103;CE;104;
D0;105;D2;106;D4;107;D6;108;D8;109;DA;110;DC;111;DE;112;E0;113;E2;114;E4;115;
E6;116;E8;117;EA;118;EC;119;EE;120;F0;121;F2;122;F4;123;F6;124;F8;125;FA;126;

FC;127:FE;128:FE;129:FC;130:FA;131:F8;132:F6;133:F4;134:F2;135:F0;136:EE;137:
EC;138:EA;139:E8;140:E6;141:E4;142:E2;143:E0;144:DE;145:DC;146:DA;147:D8;148:
D6;149:D4;150:D2;151:D0;152:CE;153:CC;154:CA;155:C8;156:C6;157:C4;158:C2;159:
C0;160:BE;161:BC;162:BA;163:B8;164:B6;165:B4;166:B2;167:B0;168:AE;169:AC;170:
AA;171:A8;172:A6;173:A4;174:A2;175:A0;176:9E;177:9C;178:9A;179:98;180:96;181:
94;182:92;183:90;184:8E;185:8C;186:8A;187:88;188:86;189:84;190:82;191:80;192:
7E;193:7C;194:7A;195:78;196:76;197:74;198:72;199:70;200:6E;201:6C;202:6A;203:
68;204:66;205:64;206:62;207:60;208:5E;209:5C;210:5A;211:58;212:56;213:54;214:
52;215:50;216:4E;217:4C;218:4A;219:48;220:46;221:44;222:42;223:40;224:3E;225:
3C;226:3A;227:38;228:36;229:34;230:32;231:30;232:2E;233:2C;234:2A;235:28;236:
26;237:24;238:22;239:20;240:1E;241:1C;242:1A;243:18;244:16;245:14;246:12;247:
10;248:0E;249:0C;250:0A;251:08;252:06;253:04;254:02;255:00;

END;

③ 锯齿波 MIF 文件(一周期 256 个点)。

WIDTH = 8;

DEPTH = 256;

ADDRESS_RADIX = DEC;   —地址以十进制表示(也可以十六或其他进制表示)

DATA_RADIX = HEX;   —地址以十六进制表示(也可以十或其他进制表示)

CONTENT BEGIN

0:00;1:02;2:04;3:06;4:08;5:0A;6:0C;7:0E;8:10;9:12;10:14;11:16;12:18;13:1A;14:
1C;15:1E;16:20;17:22;18:24;19:26;20:28;21:2A;22:2C;23:2E;24:30;25:32;26:34;27:
36;28:38;29:3A;30:3C;31:3E;32:40;33:42;34:44;35:46;36:48;37:4A;38:4C;39:4E;40:
50;41:52;42:54;43:56;44:58;45:5A;46:5C;47:5E;48:60;49:62;50:64;51:66;52:68;53:
6A;54:6C;55:6E;56:70;57:72;58:74;59:76;60:78;61:7A;62:7C;63:7E;64:80;65:82;66:
84;67:86;68:88;69:8A;70:8C;71:8E;72:90;73:92;74:94;75:96;76:98;77:9A;78:9C;79:
9E;80:A0;81:A2;82:A4;83:A6;84:A8;85:AA;86:AC;87:AE;88:B0;89:B2;90:B4;91:B6;92:
B8;93:BA;94:BC;95:BE;96:C0;97:C2;98:C4;99:C6;100:C8;101:CA;102:CC;103:CE;104:
D0;105:D2;106:D4;107:D6;108:D8;109:DA;110:DC;111:DE;112:E0;113:E2;114:E4;115:
E6;116:E8;117:EA;118:EC;119:EE;120:F0;121:F2;122:F4;123:F6;124:F8;125:FA;126:
FC;127:FE;128:FE;129:FC;130:FA;131:F8;132:F6;133:F4;134:F2;135:F0;136:EE;137:
EC;138:EA;139:E8;140:E6;141:E4;142:E2;143:E0;144:DE;145:DC;146:DA;147:D8;148:
D6;149:D4;150:D2;151:D0;152:CE;153:CC;154:CA;155:C8;156:C6;157:C4;158:C2;159:
C0;160:BE;161:BC;162:BA;163:B8;164:B6;165:B4;166:B2;167:B0;168:AE;169:AC;170:
AA;171:A8;172:A6;173:A4;174:A2;175:A0;176:9E;177:9C;178:9A;179:98;180:96;181:
94;182:92;183:90;184:8E;185:8C;186:8A;187:88;188:86;189:84;190:82;191:80;192:
7E;193:7C;194:7A;195:78;196:76;197:74;198:72;199:70;200:6E;201:6C;202:6A;203:
68;204:66;205:64;206:62;207:60;208:5E;209:5C;210:5A;211:58;212:56;213:54;214:

52;215:50;216:4E;217:4C;218:4A;219:48;220:46;221:44;222:42;223:40;224:3E;225:
3C;226:3A;227:38;228:36;229:34;230:32;231:30;232:2E;233:2C;234:2A;235:28;236:
26;237:24;238:22;239:20;240:1E;241:1C;242:1A;243:18;244:16;245:14;246:12;247:
10;248:0E;249:0C;250:0A;251:08;252:06;253:04;254:02;255:00;

　　END;

　　④ 阶梯波 MIF 文件(一周期 256 个点)。

　　WIDTH = 8;

　　DEPTH = 256;

　　ADDRESS_RADIX = DEC;　　　　--地址以十进制表示(也可以十六或其他进制表示)

　　DATA_RADIX = DEC;　　　　　--地址以十进制表示(也可以十六或其他进制表示)

　　CONTENT BEGIN

0:00;1:02;2:04;3:06;4:08;5:0A;6:0C;7:0E;8:10;9:12;10:14;11:16;12:18;13:1A;14:
1C;15:1E;16:20;17:22;18:24;19:26;20:28;21:2A;22:2C;23:2E;24:30;25:32;26:34;27:
36;28:38;29:3A;30:3C;31:3E;32:40;33:42;34:44;35:46;36:48;37:4A;38:4C;39:4E;40:
50;41:52;42:54;43:56;44:58;45:5A;46:5C;47:5E;48:60;49:62;50:64;51:66;52:68;53:
6A;54:6C;55:6E;56:70;57:72;58:74;59:76;60:78;61:7A;62:7C;63:7E;64:80;65:82;66:
84;67:86;68:88;69:8A;70:8C;71:8E;72:90;73:92;74:94;75:96;76:98;77:9A;78:9C;79:
9E;80:A0;81:A2;82:A4;83:A6;84:A8;85:AA;86:AC;87:AE;88:B0;89:B2;90:B4;91:B6;92:
B8;93:BA;94:BC;95:BE;96:C0;97:C2;98:C4;99:C6;100:C8;101:CA;102:CC;103:CE;104:
D0;105:D2;106:D4;107:D6;108:D8;109:DA;110:DC;111:DE;112:E0;113:E2;114:E4;115:
E6;116:E8;117:EA;118:EC;119:EE;120:F0;121:F2;122:F4;123:F6;124:F8;125:FA;126:
FC;127:FE;128:FE;129:FC;130:FA;131:F8;132:F6;133:F4;134:F2;135:F0;136:EE;137:
EC;138:EA;139:E8;140:E6;141:E4;142:E2;143:E0;144:DE;145:DC;146:DA;147:D8;148:
D6;149:D4;150:D2;151:D0;152:CE;153:CC;154:CA;155:C8;156:C6;157:C4;158:C2;159:
C0;160:BE;161:BC;162:BA;163:B8;164:B6;165:B4;166:B2;167:B0;168:AE;169:AC;170:
AA;171:A8;172:A6;173:A4;174:A2;175:A0;176:9E;177:9C;178:9A;179:98;180:96;181:
94;182:92;183:90;184:8E;185:8C;186:8A;187:88;188:86;189:84;190:82;191:80;192:
7E;193:7C;194:7A;195:78;196:76;197:74;198:72;199:70;200:6E;201:6C;202:6A;203:
68;204:66;205:64;206:62;207:60;208:5E;209:5C;210:5A;211:58;212:56;213:54;214:
52;215:50;216:4E;217:4C;218:4A;219:48;220:46;221:44;222:42;223:40;224:3E;225:
3C;226:3A;227:38;228:36;229:34;230:32;231:30;232:2E;233:2C;234:2A;235:28;236:
26;237:24;238:22;239:20;240:1E;241:1C;242:1A;243:18;244:16;245:14;246:12;247:
10;248:0E;249:0C;250:0A;251:08;252:06;253:04;254:02;255:00;

　　END;

　　⑤ 三角波 MIF 文件(一周期 256 个点)。

　　WIDTH = 8;

　　DEPTH = 256;

ADDRESS_RADIX = DEC;　　　--地址以十进制表示(也可以十六或其他进制表示)

DATA_RADIX = DEC;　　　　--地址以十进制表示(也可以十六或其他进制表示)

CONTENT BEGIN

0:00;1:02;2:04;3:06;4:08;5:0A;6:0C;7:0E;8:10;9:12;10:14;11:16;12:18;13:1A;14:
1C;15:1E;16:20;17:22;18:24;19:26;20:28;21:2A;22:2C;23:2E;24:30;25:32;26:34;27:
36;28:38;29:3A;30:3C;31:3E;32:40;33:42;34:44;35:46;36:48;37:4A;38:4C;39:4E;40:
50;41:52;42:54;43:56;44:58;45:5A;46:5C;47:5E;48:60;49:62;50:64;51:66;52:68;53:
6A;54:6C;55:6E;56:70;57:72;58:74;59:76;60:78;61:7A;62:7C;63:7E;64:80;65:82;66:
84;67:86;68:88;69:8A;70:8C;71:8E;72:90;73:92;74:94;75:96;76:98;77:9A;78:9C;79:
9E;80:A0;81:A2;82:A4;83:A6;84:A8;85:AA;86:AC;87:AE;88:B0;89:B2;90:B4;91:B6;92:
B8;93:BA;94:BC;95:BE;96:C0;97:C2;98:C4;99:C6;100:C8;101:CA;102:CC;103:CE;104:
D0;105:D2;106:D4;107:D6;108:D8;109:DA;110:DC;111:DE;112:E0;113:E2;114:E4;115:
E6;116:E8;117:EA;118:EC;119:EE;120:F0;121:F2;122:F4;123:F6;124:F8;125:FA;126:
FC;127:FE;128:FE;129:FC;130:FA;131:F8;132:F6;133:F4;134:F2;135:F0;136:EE;137:
EC;138:EA;139:E8;140:E6;141:E4;142:E2;143:E0;144:DE;145:DC;146:DA;147:D8;148:
D6;149:D4;150:D2;151:D0;152:CE;153:CC;154:CA;155:C8;156:C6;157:C4;158:C2;159:
C0;160:BE;161:BC;162:BA;163:B8;164:B6;165:B4;166:B2;167:B0;168:AE;169:AC;170:
AA;171:A8;172:A6;173:A4;174:A2;175:A0;176:9E;177:9C;178:9A;179:98;180:96;181:
94;182:92;183:90;184:8E;185:8C;186:8A;187:88;188:86;189:84;190:82;191:80;192:
7E;193:7C;194:7A;195:78;196:76;197:74;198:72;199:70;200:6E;201:6C;202:6A;203:
68;204:66;205:64;206:62;207:60;208:5E;209:5C;210:5A;211:58;212:56;213:54;214:
52;215:50;216:4E;217:4C;218:4A;219:48;220:46;221:44;222:42;223:40;224:3E;225:
3C;226:3A;227:38;228:36;229:34;230:32;231:30;232:2E;233:2C;234:2A;235:28;236:
26;237:24;238:22;239:20;240:1E;241:1C;242:1A;243:18;244:16;245:14;246:12;247:
10;248:0E;249:0C;250:0A;251:08;252:06;253:04;254:02;255:00;

END;

⑥ 脉冲波形(正负半周不等)MIF 文件(一周期 256 个点),请自建。

4. 复合数据选择器设计

要选择波形数据,就要设计一个复合型(又称:总线型)数据选择器,mux861 表示 8 个 6 选 1 数据选择器,8 表示每根总线里是 8 位数据,6 表示要选择 6 个波形。随着地址 $s=$ 000、001、010、011、100、101 的变化,输出端 x 依次选择 a、b、c、d、e、f 端的波形数据。

```
library ieee;
use ieee.std_logic_1164.all;
entity mux861 is port
(a,b,c,d,e,f:in std_logic_vector(7 downto 0);
    s:in std_logic_vector(2 downto 0);
    x: out std_logic_vector(7 downto 0));
end mux861;
```

```
architecture arc of mux861 is begin
mux861:process(a,b,c,d,e,f,s)
begin
if s = "000" then x<= a;
elsif s = "001" then x<= b;
elsif s = "010" then x<= c;
elsif s = "011" then x<= d;
elsif s = "100" then x<= e;
elsif s = "101" then x<= f;
elsif s = "110" then x<= f;
elsif s = "111" then x<= f;
end if; end process mux861; end arc;
```

复合数据选择器仿真结果如图 6.55 所示。

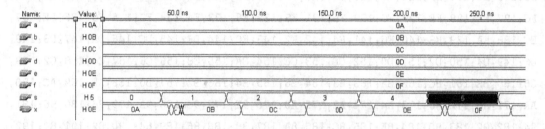

图 6.55　复合数据选择器仿真结果

5. DA 转换与滤波电路设计

为了得到平滑的波形,需要将输出的波形数字量转化为模拟量,并经过低通滤波,图 6.56 是 DA 转换与滤波电路图,选用 DAC0832 作为数模转换器,运算放大器用 741。

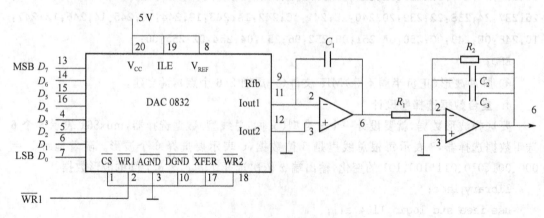

图 6.56　DA 转换与滤波电路

6. 串并转换电路设计

波形数据是存放在存储器里,扫描计数器扫描存储器的地址,将波形数据扫描出来,因此波形是一个个输出的,如果直接送到示波器(即将波形串行输出送到示波器),则波形将在一个波形选择按钮的控制下依次地显示出来,屏幕界面只显示一个波形,如果要将 2～6 个波形"同时"显示出来,则需要设计一个串并转换电路,如图 6.57 所示。图中 U1、U2 采用模拟电子选择开关 CD4051,随着地址 $A_2A_1A_0$ 从 000、001、…、111 变化,输出(OUT/IN)端依次选择 IN/OUT0、IN/OUT1、…、IN/OUT7 输入端的数据,图中 U1 的作用是选择波形数据,U2 的作用是选择相应波形的直流电平,U3 是 741 通用运放,其作用是将波形交流数据和相应的直流电平数据叠加,如果使不同波形的直流电平值不同,则不同波形在示波器上显示的高度不同。注意波形切换的脉冲必须和选择电平的六进制计数器的脉冲 CP 是同一个脉冲。虽然波形在示波器上是一个个显示出来的,但波形切换速度快时,看到的几个波形是"同时、并行"显示出来的。

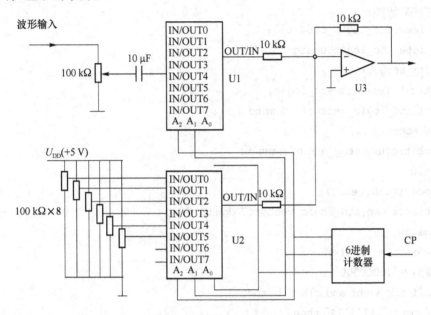

图 6.57 串并转换电路

7. 电源电路设计

±12 V 电源电路如图 6.58 所示。

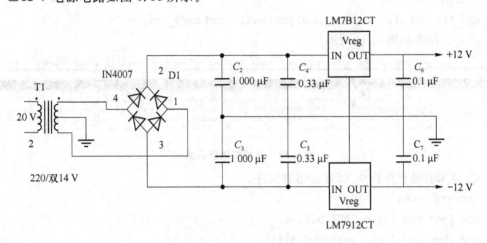

图 6.58 ±12 V 稳压电源电路

其中,T1是初级为220 V,次级为带中心抽头的14 V,功率为3 W的变压器,LM7812CT、LM7912CT为三端稳压器,LM7812CT输出为12 V,LM7912CT输出为-12 V。C_2、C_3为滤波电容。为保证稳压器能够正常工作,要求输入电压与输出电压之间有一定的电压差,此电压差一般为3~7 V,因此选择220 V/双20 V的变压器。三端稳压器的输入端接在滤波电路的后面,输出端直接接负载。公共端接地。为了抑制高频干扰并防止电路自激,在它的输入、输出端分别并联电容C_4、C_5、C_6、C_7。如果需要较大电流,应采用开关电源供电。另外还可以直接用VHDL语言产生波形数据。

① 递增斜波产生模块VHDL语言程序。

```
Library ieee;
use ieee.std_logic_1164.all;
use ieee.std_logic_unsigned.all;
entity zeng is
port(clk,reset:in std_logic;
q:out std_logic_vector(7 downto 0 ));
 end zeng;
 architecture zeng_arc of zeng is
 begin
 process(clk,reset)
 variable tmp:std_logic_vector(7 downto 0);
   begin
 if reset = ′0′ then
  tmp: = ″00000000″;
 elsif clk′event and clk = ′1′ then
  if tmp = ″11111111″ then
    tmp: = ″00000000″;
else
   tmp: = tmp + 1;
end if; end if;  q<= tmp;end process;  end zeng_arc;
```

其仿真结果如图6.59所示。

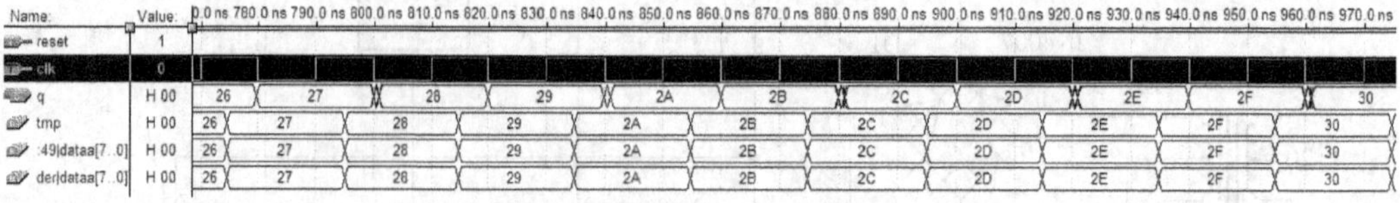

图6.59 递增斜波仿真结果

② 递减斜波产生模块VHDL语言程序。

```
library ieee;
use ieee.std_logic_1164.all;
use ieee.std_logic_unsigned.all;
entity jian is
```

```
port(clk,reset:in std_logic;
     q:out std_logic_vector(7 downto 0));
end jian;
architecture jian_arc of jian is
begin
process (clk, reset)
variable tmp:std_logic_vector(7 downto 0);
 begin
if reset = ´0´ then
  tmp: = "11111111";
 elsif clk´event and clk = ´1´then
   if tmp = "00000000"then
     tmp: = "11111111";
   else
     tmp: = tmp + 1;
end if; end if; q<= tmp; end process; end jian_arc;
```
其仿真结果如图 6.60 所示。

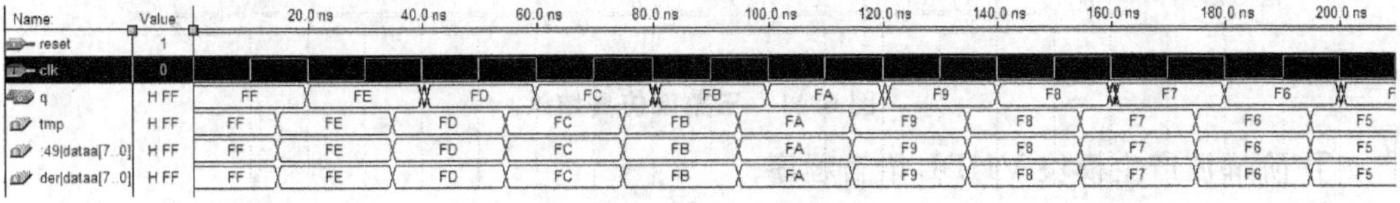

图 6.60　递减斜波真结果

③ 三角波产生模块 VHDL 语言程序。
```
library ieee;
use ieee.std_logic_1164.all;
use ieee.std_logic_unsigned.all;
entity delta is
 port(clk,reset:in std_logic;
      q:out std_logic_vector(7 downto 0));
end delta;
architecture delta_arc of delta is
begin
process (clk, reset)
variable tmp:std_logic_vector(7 downto 0);
variable a:std_logic;
begin
if reset = ´0´ then
 tmp: = "00000000";
elsif clk´event and clk = ´1´then
if a = ´0´ then
```

```
        if tmp = "11111110"then
            tmp：= "11111111"；
            a：= ´1´；
    else
            tmp：= tmp + 1；
     end if；
    else
     if tmp = "00000001"then
        tmp：= "00000000"；
        a：= ´0´；
    else
        tmp：= tmp − 1；
     end if；end if；end if；q<= tmp；end process；end delta_arc；
```

其仿真结果如图 6.61 所示。

图 6.61　三角波仿真结果

④ 阶梯波产生模块 VHDL 语言程序

改变递增的常数,可改变阶梯的多少。

```
library ieee；
use ieee. std_logic_1164. all；
use ieee. std_logic_unsigned. all；
entity ladder is
 port(clk,reset：in std_logic；
        q：out std_logic_vector(7 downto 0))；
end ladder；
architecture ladder_arc of ladder is
begin
process (clk, reset)
variable tmp：std_logic_vector(7 downto 0)；
 variable a：std_logic；
 begin
if reset = ´0´ then
    tmp：= "00000000"；
elsif clk´event and clk = ´1´then
  if a = ´0´then
    if tmp = "11111111"then
        tmp：= "00000000"；
```

```
        a：= ´1´；
    else
       tmp：= tmp + 16；
        a：= ´1´；
    end if；
else
        a：= ´0´；
    end if； end if；q<= tmp； end process； end ladder_arc；
```
其仿真结果如图 6.62 所示。

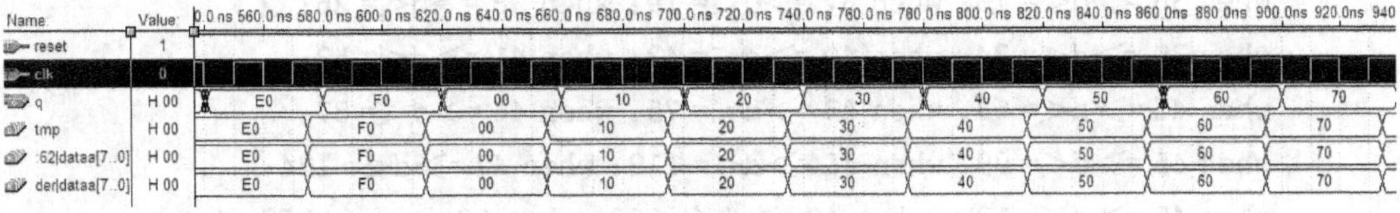

图 6.62　阶梯波仿真结果

⑤ 正弦波产生模块 VHDL 语言程序

一个周期取 64 个点，计算出 64 个常数后，查表输出。

```
library ieee；
use ieee.std_logic_1164.all；
use ieee.std_logic_unsigned.all；
entity sin is
  port(clk,clr：in std_logic；
      d：out integer range 0 to 255)；
end sin；
architecture sin_arc of sin is
begin
  process (clk, clr)
  variable tmp：integer range 0 to 63；
begin
  if clr = ´0´ then
      d<= 0；
  elsif clk´event and clk = ´1´then
    if tmp = 63 then
       tmp：= 0；
    else
       tmp：= tmp + 1；
    end if；
    case tmp is
      when 00 =>d<= 255； when 01 =>d<= 254； when 02 =>d<= 252；
      when 03 =>d<= 249； when 04 =>d<= 245； when 05 =>d<= 239；
      when 06 =>d<= 233； when 07 =>d<= 225； when 08 =>d<= 217；
```

```
when 09 =>d<= 207; when 10 =>d<= 197; when 11 =>d<= 186;
when 12 =>d<= 174; when 13 =>d<= 162; when 14 =>d<= 150;
when 15 =>d<= 137; when 16 =>d<= 124; when 17 =>d<= 112;
when 18 =>d<= 99; when 19 =>d<= 87; when 20 =>d<= 75;
when 21 =>d<= 64; when 22 =>d<= 53; when 23 =>d<= 43;
when 24 =>d<= 34; when 25 =>d<= 26; when 26 =>d<= 19;
when 27 =>d<= 13; when 28 =>d<= 8; when 29 =>d<= 4;
when 30 =>d<= 1; when 31 =>d<= 0; when 32 =>d<= 0;
when 33 =>d<= 1; when 34 =>d<= 4; when 35 =>d<= 8;
when 36 =>d<= 13; when 37 =>d<= 19; when 38 =>d<= 26;
when 39 =>d<= 34; when 40 =>d<= 43; when 41 =>d<= 53;
when 42 =>d<= 64; when 43 =>d<= 75; when 44 =>d<= 87;
when 45 =>d<= 99; when 46 =>d<= 112; when 47 =>d<= 124;
when 48 =>d<= 137; when 49 =>d<= 150; when 50 =>d<= 162;
when 51 =>d<= 174; when 52 =>d<= 186; when 53 =>d<= 197;
when 54 =>d<= 207; when 55 =>d<= 217; when 56 =>d<= 225;
when 57 =>d<= 233; when 58 =>d<= 239; when 59 =>d<= 245;
when 60 =>d<= 249; when 61 =>d<= 252; when 62 =>d<= 254;
when 63 =>d<= 255; when others =>null;
end case; end if ; end process; end sin_arc;
```

其仿真结果如图 6.63 所示。

图 6.63　正弦波仿真结果

⑥ 方波产生模块 VHDL 语言程序

```
library ieee;
  use ieee.std_logic_1164.all;
  entity square is
    port(clk,clr:in std_logic;
        q:out integer range 0 to 255);
  end square;
  architecture sq_arc of square is
  signal a:bit;
  begin
    process (clk, clr)
    variable cnt:integer;
    begin
      if clr = '0' then
          a<= '0';
```

```
    elsif clk´event and clk = ´1´then
      if cnt<63 then
       cnt：= cnt + 1；
      else
       cnt：= 0；
       a<= not a；
      end if；
      end if；
   end process；
   process(clk,a)
   begin
   if clk´event and clk = ´1´ then
   if a = ´1´ then
   q<= 255；
   else
   q<= 0；
   end if ； end if ； end process； end sq_arc；
```

其仿真结果如图 6.64 所示。

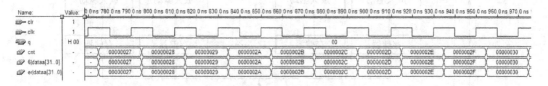

图 6.64　方波仿真结果

综合设计 5　基于 CPLD 的信息显示系统的设计

一、设计要求

① 设计每页显示 4 个单元信息(16×16)的详细方案,翻页 256 页。

② 能够自动或手动控制翻页。

③ 能选择页码范围显示。

④ 既能看到静态显示又能看到动态移动效果。

⑤ 存储器用 EPROM 或 RAM,显示器件用 16 个 8×8 LED 点阵(组成 4 个 16×16 点阵)。

⑥ 设计外围电路:脉冲电路、稳压电路、驱动电路等。

二、设计思路

根据设计要求,信息显示设计方案 1,如图 6.65 所示,待显示的信息编码放在外部只读存储器里,由 CPLD 器件发出地址信号,将存储器里的信息编码数据信号取出来,再送回 CPLD 器件进行处理,然后由 CPLD 器件发出扫描信号和待显示的信息输出信号,驱动 LED 点阵显示。这种方案对 CPLD 器件的容量要求大,否则会限制显示的信息容量。也可用 FPGA 器件,但为使用方便,要设掉电保护装置。

信息显示设计方案 2,如图 6.66 所示,图 6.66 中每个存储器存储一个 LED 点阵单元显示的汉字信息,这种方案能够实现大信息容量和多页码信息显示。

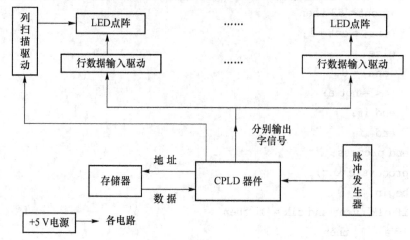

图 6.65　信息显示方案 1

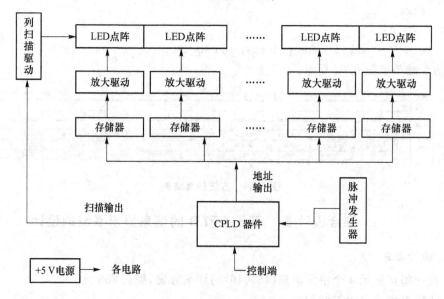

图 6.66　信息显示方案 2

本课题采用方案 2。此时设计在 CPLD 器件里的顶层方框图如图 6.67 所示。输入和输出含义如下。

输入:扫描脉冲用于扫描;单次或连续脉冲用于翻页显示;控制端是控制手动或自动翻页;起始和终了页码预置用来预置待显示的页码范围,选择内容显示。

输出:扫描输出经过反相放大驱动后,加到 LED 点阵扫描端;地址输出接到存储器的地址端,取出信息编码信号;页码显示输出接显示器显示页码。

由于 LED 点阵需要较大的驱动电流,因此 CPLD 器件里 4-16 译码器发出的扫描信号必须经过放大后才能接到 LED 点阵的扫描端。同样存储器发出的数据信号也须经过放大才能送至 LED 点阵。

如图 6.68 所示是点阵放大驱动图,以 4 个 8×8 LED 点阵组成 1 个 16×16 基本显示单

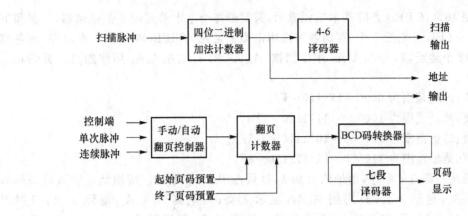

图 6.67　CPLD 器件里的顶层方框图

元,所有显示单元的相应列连在一起,接正脉冲扫描,数据按反码输入接 8550 输入端,在 8050 基极接正脉冲、8550 基极接低电平时,两个三极管都导通,发光二极管被点亮。从图 6.68 中看出,由于三极管具有反相作用,因此 CPLD 器件里 4-16 译码器须经过反相后发出正译码信

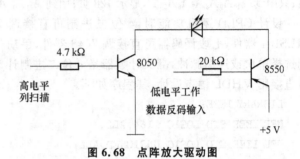

图 6.68　点阵放大驱动图

号,同时对存储器应该采用反相编码(LED 点亮部分写入"0",不点亮部分写入"1")。

图 6.69 是 16×16 LED 点阵编码示意图。

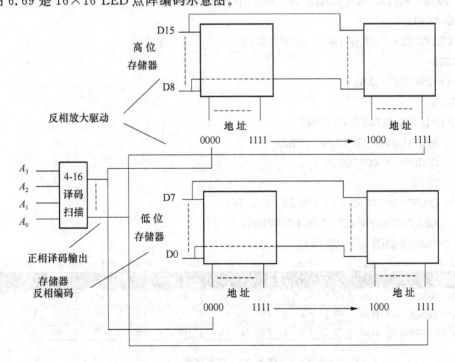

图 6.69　16×16 LED 点阵编码示意图

为实现 16×16 LED 点阵基本单元显示,需要给每个基本单元配 2 个存储器,上面和下面 2 个 8×8 LED 分别配 1 个,存储器可选用市面上常见的 EPROM2732A 存储器,该存储器一共有 12 个地址端,$A_3A_2A_1A_0$ 用作扫描,$A_{11}A_{10}A_9A_8A_7A_6A_5A_4$ 用作翻页。页码和地址关系如下。

第 1 页:地址范围为 0000~1111(0~F)。

第 2 页:地址范围为 10000~11111(10~1F)。

第 3 页:地址范围为 100000~101111(20~2F)。

第 4 页:地址范围为 110000~111111(30~3F)。

按页码从左到右的顺序,地址依次加 1,每页占用 16 个地址。所用地址和页数关系如下:只用到 A_4,显示 2 页;只用到 A_5A_4,显示 4 页;只用到 $A_6A_5A_4$,显示 8 页;只用到 $A_7A_6A_5A_4$,显示 16 页;只用到 $A_8A_7A_6A_5A_4$,显示 32 页;只用到 $A_9A_8A_7A_6A_5A_4$,显示 64 页;只用到 $A_{10}A_9A_8A_7A_6A_5A_4$,显示 128 页;用到 $A_{11}A_{10}A_9A_8A_7A_6A_5A_4$,一共可以显示 256 页。

设计 CPLD 逻辑功能时,4 位二进制可直接调 74LS161 器件,4-16 译码器可直接调 74LS154 器件,七段译码器可直接调 7448 器件,手动/自动翻页控制器就是用组合门电路分别选择单次或连续脉冲,翻页计数器是 8 位二进制计数器,可用 2 片 74LS161 器件组成,也可直接用 VHDL 语言设计,其程序如下。

```
LIBRARY IEEE;
USE IEEE.STD_LOGIC_1164.ALL;
USE IEEE.STD_LOGIC_UNSIGNED.ALL;
ENTITY JF8W2JZ IS
PORT(CLK:IN STD_LOGIC;
    COUNT:buffer STD_LOGIC_VECTOR(7 DOWNTO 0));
END JF8W2JZ;
ARCHITECTURE BEHAVIOR OF JF8W2JZ IS
BEGIN
cale:PROCESS(CLK)
BEGIN
 IF(RISING_EDGE(CLK))THEN
    IF(COUNT = "11111111")THEN
    COUNT<= "00000000";
    ELSE
    COUNT<= COUNT + 1; END IF; END IF;
    END PROCESS CALE; END BEHAVIOR;
```

其仿真结果如图 6.70 所示:

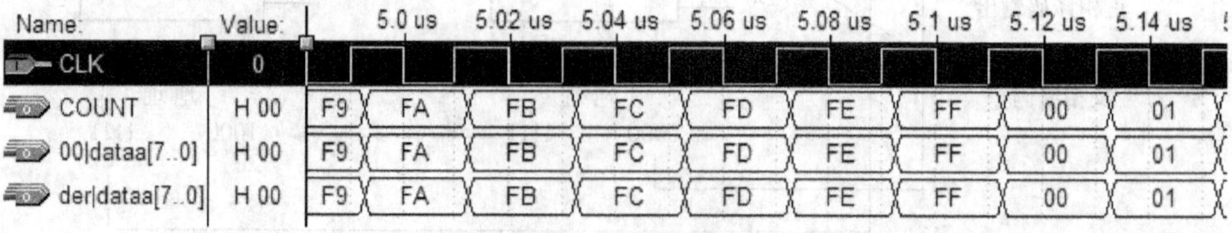

Name	Value	5.0 us	5.02 us	5.04 us	5.06 us	5.08 us	5.1 us	5.12 us	5.14 us	
CLK	0									
COUNT	H 00	F9	FA	FB	FC	FD	FE	FF	00	01
00|dataa[7..0]	H 00	F9	FA	FB	FC	FD	FE	FF	00	01
der|dataa[7..0]	H 00	F9	FA	FB	FC	FD	FE	FF	00	01

图 6.70 仿真结果

BCD 码转换器是将 8 位二进制转换为十进制 BCD 码,以便用数码管直接显示页码,其转换关系如表 6.10 所示。

表 6.10 8 位二进制到十进制 BCD 转换关系

序号	8 位二进制	十进制 BCD	序号	8 位二进制	十进制 BCD
0	00000000	000000000000	128	10000000	000100101000
1	00000001	000000000001	129	10000001	000100101001
2	00000010	000000000010	130	10000010	000100110000
⋮			⋮		
9	00001001	000000001001	137	10001001	000100110111
10	00001010	000000010000	138	10001010	000100111000
⋮			⋮		
127	01111111	000100100111	255	11111111	001001010101

其 VHDL 语言程序如下。

```
LIBRARY IEEE;
USE IEEE.STD_LOGIC_1164.ALL;
ENTITY ZHDL IS
PORT(A:IN STD_LOGIC_VECTOR(7 DOWNTO 0);
BCDOUT:OUT STD_LOGIC_VECTOR(11 DOWNTO 0) );
END ZHDL;
ARCHITECTURE ONE OF ZHDL IS
BEGIN
PROCESS(A)
BEGIN
CASE A IS
WHEN "00000000" => BCDOUT <= "000000000000";
WHEN "00000001" => BCDOUT <= "000000000001";
WHEN "00000010" => BCDOUT <= "000000000010";
    _____
WHEN "00001001" => BCDOUT <= "000000001001";
WHEN "00001010" => BCDOUT <= "000000010000";
    _____
WHEN "01111111" => BCDOUT <= "000100100111";
WHEN "10000000" => BCDOUT <= "000100101000";
WHEN "10000001" => BCDOUT <= "000100101001";
WHEN "10000010" => BCDOUT <= "000100110000";
```

```
WHEN "10001001" => BCDOUT <= "000100110111";
WHEN "10001010" => BCDOUT <= "000100111000";

WHEN "11111111" => BCDOUT <= "001001010101";
WHEN OTHERS => NULL; END CASE; END PROCESS;END ;
```

其仿真结果如图 6.71 所示。

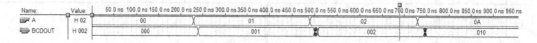

图 6.71　仿真结果

综合设计 6　出租车计价系统的设计

一、设计要求

① 实现里程显示,里程显示为 3 位数,精确到 1 千米。

② 能预计起步价,如设置起步里程为 5 千米,起步价为 10 元。

③ 行车能按里程收费,能用数据开关设置每千米单价。

④ 等候按时间收费,如每 10 分钟增收 1 千米的费用。

⑤ 按复位键,显示装置清 0(里程清 0,计价部分灭 0)。

⑥ 按下计价键后,如果汽车运行计费,候时关断;如果候时计数,运行计费关断。

⑦ 价格显示,精度到 0.1 元 。

二、设计思路

根据设计要求,画出出租车计价器总体框图,如图 6.72 所示。

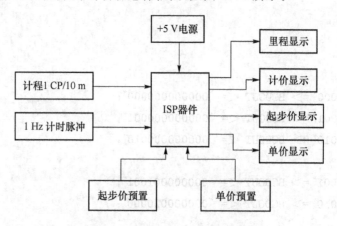

图 6.72　出租车计价器总体框图

根据设计要求,设计出出租车计价器流程图,如图 6.73 所示。

根据设计要求和流程图,将数字部分的电路放在 ISP(在系统可编程)器件里,采用自顶而下层次化设计方法设计出系统框图,如图 6.74 所示。

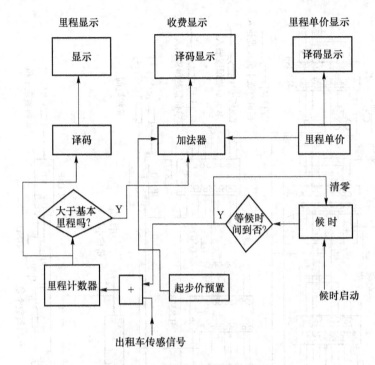

图 6.73　出租车计价器设计流程

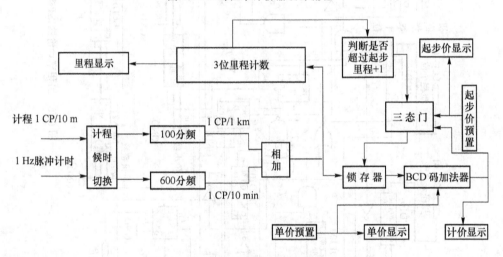

图 6.74　出租车计价器 ISP 器件内部方框图

　根据方框图设计出内部顶层原理图,如图 6.75 所示 。

　输入:CGCP,传感里程信号,每 10 m 发出一个脉冲(也可每 0.5 m 发出一个脉冲,经过 20 分频得到);CP1 Hz,秒脉冲,候时时间基准信号;HS,候时启动信号;FW,开始发车时的复位信号。

　初始值预置价格信号:CZ[7..4]CZ[3..0].CX[3..0];CZ 为整数,CX 为小数。

　单价预置信号:DZ[3..0].DX[3..0];DZ 为整数, DX 为小数。

　输出里程信号:LC[11..0],3 位显示。

　等候时间信号:MIN[7..0];整数 2 位。

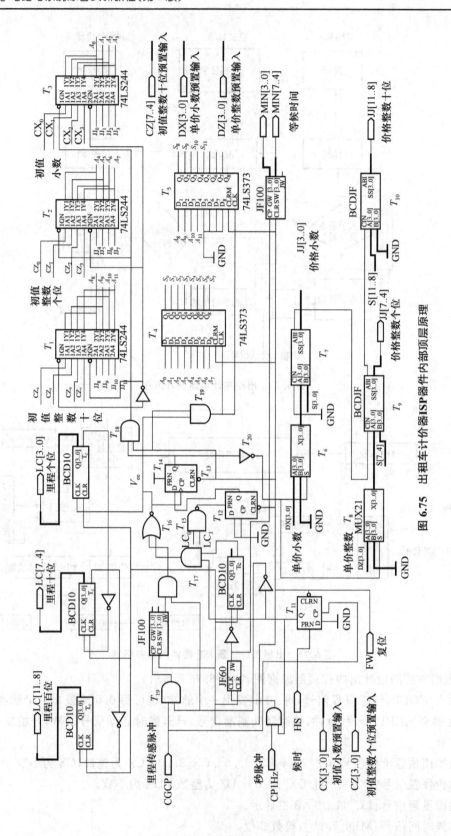

图 6.75 出租车计价器 ISP 器件内部顶层原理

总价:JJ[11..8]JJ[7..4].JJ[3..0],整数 2 位,小数 1 位,最大 99.9 元。

几个主要器件的作用如下。

三态门:74LS244——起始里程未到,通过初始预置价格信号;起始里程到,通过价格信号。

锁存器:74LS273——锁存价格信号。

数选器:MUX21——选择单价(起始里程到)或 0(起始里程未到)。

BCD 码加法器:BCDJF,实现价格加 0(起始里程未到)或加单价(起始里程到)。

十进制加法计数器:BCD10,作为里程加法计数或 10 分频用,JF60、100 分别是 60、100 分频。

D 触发器 T_{11}:接收里程或候时信号,发出控制 74LS244 和 MUX21 的工作信号。

D 触发器 T_{12}:判别起始里程是否到,未到 $Q=0$,已到 $Q=1$,去控制 T_7 工作。

工作原理或过程:开始工作时,按一下 FW 信号,触发器 T_{11} 复位,T_{19} 门打开,通过里程脉冲。里程脉冲(每 10 m 发出一个脉冲)经过 100 分频产生脉冲 CP/km,通过或非门 T_{16},一方面送至里程计数,另一方面送至 D 触发器 T_{14} 和门电路 T_{21}。初始里程未到时,D 触发器 T_{12} 复位后输出 $Q=0$,这时 D 触发器 T_{14} 的输出 $Q=0$(起始里程到后,T_{14} 的 $Q=1$),这时 T_{18} 的输出为 0,使 3 个 74LS244($T_1T_2T_3$)的上面 12 个三态门工作,初始预置价格通过 74LS244 送至锁存器 T_4、T_5。有信号来后,T_{21} 输出 1 个上升沿,使 T_4、T_5 锁存初始预置价格,T_4、T_5 的输出再送给 BCD 码加法器 T_7、T_9、T_{10},加 0 或加单价。在起始里程未到时,反相器 T_{20} 输出为 1,T_6、T_8 选择 0,则 BCD 码加法器 T_4、T_5 加 0,输出价格(此为初始价格)。在候时时,按 HS 键,T_{11} 输出为 1,候时秒脉冲通过,经过 600 分频后为 10 分钟发 1 个脉冲,折合1 km,发出 1 个脉冲。如果再开车时,里程传感信号使 T_{11} 输出恢复为 1,又自动计里程计数,候时秒脉冲又被封锁。在起始里程到后(本电路在 D 触发器 T_{12} 设置为 3 km),T_{12} 输出为 1,来 1 个脉冲后,T_{14} 输出为 1,使 T_{18} 的输出为 1,进而使 3 个 74LS244 的下面 12 个三态门工作,使价格通过,送到 T_4、T_5。这时,74LS273 由于有里程脉冲 T_{21} 来的一上升沿,锁存价格信号 74LS373 的输出再送给 BCD 码加法器加单价(这时,T_{20} 输出为 0,MUX21 选择单价),后再输出价格,而更新后的价格再送至三态门 T1T2T3,下一个里程脉冲来时,又加单价循环运算。

起始里程未到:价格=初始价格(不加单价)。

起始里程到后:价格=初始预置价格+单价(每过 1 km 或 10 min,来 1 个脉冲加 1 次)。

几个主要模块的 VHDL 语言及仿真如下。

1. 十进制加法计数器(BCD10)

其 VHDL 语言程序如下。

```
LIBRARY IEEE;
USE IEEE.STD_LOGIC_1164.ALL;
USE IEEE.STD_LOGIC_UNSIGNED.ALL;
ENTITY BCD10 IS
  PORT(CLK,CLR:IN STD_LOGIC;
       COUNT:buffer STD_LOGIC_VECTOR(3 DOWNTO 0);
       TC:OUT STD_LOGIC);
  END BCD10;
```

```
ARCHITECTURE BEHAVIOR OF BCD10 IS
  SIGNAL CQI：STD_LOGIC_VECTOR(3 DOWNTO 0);
BEGIN
  tc<= ´1´when(count = "1001" and clr = ´1´) else ´0´;
cale：PROCESS(CLK,CLR)
    BEGIN
    IF(CLR = ´0´) THEN
    COUNT<= "0000";
    ELSE
    IF(RISING_EDGE(CLK)) THEN
        IF(COUNT = "1001")THEN
        COUNT<= "0000";
        ELSE
        COUNT<= COUNT + 1;END IF;END IF;
        END IF;END PROCESS CALE;END BEHAVIOR;
```

其仿真结果如图 6.76 所示。

图 6.76　BCD10 仿真结果

2. BCD 码加法器(ADDER4B)

其 VHDL 语言程序如下。

```
LIBRARY IEEE;
USE IEEE.STD_LOGIC_1164.ALL;
USE IEEE.STD_LOGIC_UNSIGNED.ALL;
ENTITY ADDER4B IS
PORT ( CIN : IN STD_LOGIC ;
        A : IN STD_LOGIC_VECTOR(3 DOWNTO 0);
        B : IN STD_LOGIC_VECTOR(3 DOWNTO 0) ;
        S : OUT STD_LOGIC_VECTOR(3 DOWNTO 0) ;
        COUT : OUT STD_LOGIC );
END ADDER4B ;
ARCHITECTURE behav OF ADDER4B IS
SIGNAL SINT : STD_LOGIC_VECTOR(4 DOWNTO 0) ;
SIGNAL AA,BB : STD_LOGIC_VECTOR(4 DOWNTO 0) ;
BEGIN
AA<= ´0´&A ;        BB<= ´0´&B ;        SINT <= AA + BB + CIN ;
```

S $<=$ SINT(3 DOWNTO 0) ;COUT $<=$ SINT(4) ;END behav ;

其仿真结果如图 6.77 所示

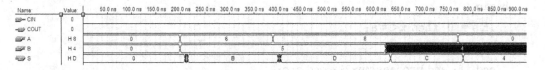

图 6.77　BCD 码加法器仿真结果

3. 60 分频计数器(JF60)

60 分频器电路原理如图 6.78 所示。

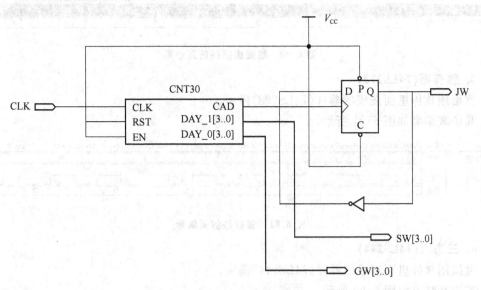

图 6.78　60 分频计数器

其仿真结果如图 6.79 所示。

图 6.79　JF60 仿真结果

4. 总线型数据选择器(MUX21)

其 VHDL 语言程序如下。

```
library ieee;
use ieee.std_logic_1164.all;
entity mux21 is port
    (a,b:in std_logic_vector(3 downto 0);
    s:in std_logic;
    x: out std_logic_vector(3 downto 0));
end mux21;
```

```
architecture arc of mux21 is begin
mux21:process(a,b,s)
begin
    if s = ´0´ then x<= a;
    else x<= b;
    end if; end process mux21; end arc;
```

其仿真结果如图 6.80 所示。

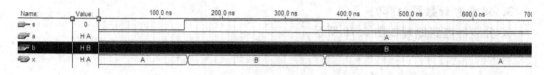

图 6.80　数据选择器仿真结果

5. 锁存器(74LS273)

直接用软件里面现成的器件(74LS273)模块。

其仿真结果如图 6.81 所示。

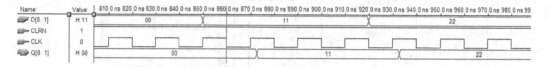

图 6.81　锁存器仿真结果

6. 三态门(74LS244)

直接用软件里面现成的器件(74LS244)模块。

其仿真结果如图 6.82 所示。

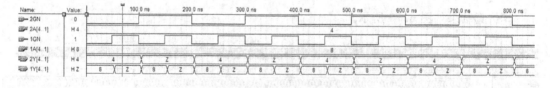

图 6.82　三态门仿真结果

综合设计 7　现代交通灯控制系统的设计

一、设计要求

(1) 基本要求

① 东西、南北干道均设红、绿、黄灯,绿灯亮表示可以通行,红灯和黄灯亮表示禁止通行;

② 东西、南北干道交替通行,东西干道每次放行 X 秒,南北干道每次放行 Y 秒;

③ 每次绿灯变红灯时,黄灯先亮 5 s(此时另一干道上的红灯不变);

④ 东西、南北干道均有以秒为单位作减法计数的显示器;

⑤ 东西、南北干道均有左、右转弯、人行道通行和禁止指示功能。

（2）扩展要求

① 具有东西、南北干道均通行功能，这时东西、南北干道红灯闪烁；

② 具有东西、南北干道均禁行功能，这时东西、南北干道红灯亮；

③ 当一干道红灯开始亮时，语言集成电路发出"现在红灯亮，请大家注意安全，禁止通行！"声音。

二、设计思路

要求实现的时序如下，X、Y 在 $10 \sim 99$ s 内设定，现设 $X = 56$ s、$Y = 71$ s，左、右转弯、人行道通行时间由设计者自行设定，设计者必须最后说明设计值。时间单位为 s。其时序图如图 6.83 所示。

图 6.83　交通灯时序

根据对技术要求和时序图的解析，交通干道上指示灯按照"绿—黄—红—绿"循环变化。当东西干道上绿灯和黄灯亮时，南北干道上红灯亮；当东西干道上黄灯转红灯时，南北干道红灯转绿灯；当南北干道上绿灯和黄灯亮时，东西干道上红灯亮；当南北干道黄灯转红灯时，东西干道红灯转绿灯。一干道上红灯亮的时间等于另一干道上绿灯和黄灯亮的时间之和。根据时序图作出交通灯设计解析图如图 6.84 所示，电路方框图如图 6.85 所示。

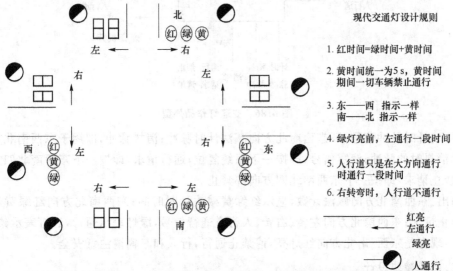

一个大周期开始：东西绿灯亮，右弯绿灯亮，人行道不通行。南北红灯亮，右弯绿灯亮，人行道通行。
然后，东西：绿—黄—红，绿灯结束—右结束，红灯结束前，左绿灯亮一段时间。南北：红—绿—黄，同上。人行道在右弯，和该方向绿灯亮时不通行。

图 6.84　交通灯设计解析

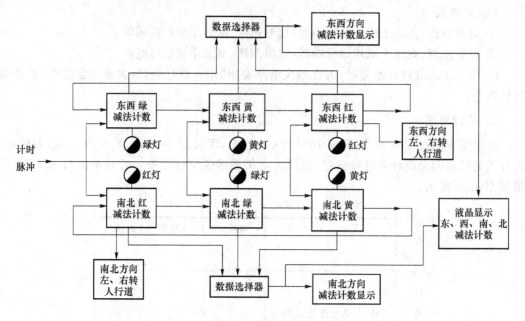

图 6.85　电路方框图

本课题用 Altera 公司的 CPLD 类器件 EPM7160 器件实现,其作品外型图如图 6.86 所示。

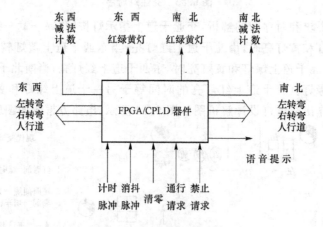

图 6.86　交通灯作品外型

输入:计时脉冲信号,即东西南北方向减法计时脉冲;消抖脉冲,即用于东西南北方向减法计时消抖时的脉冲;清零信号,即按一下系统复位;通行请求,即按一下东西南北四方向都通行;禁止请求,即按一下东西南北四方向都禁止。

输出:东西南北方向减法计数,显示红绿黄减法计时时间;东西南北方向红绿黄灯指示通信禁止情况;东西南北方向左转、右转、人行道通行信号,绿灯表示通行,红灯表示禁止;语音提示:现在是东西/南北方向红灯亮,请禁止通行,行人和车辆请注意安全。

三、部分模块设计

1. 东西红 76 进制减法计数器

该模块控制东西方向红灯亮的减法计数器工作时间,其 VHDL 语言程序如下。

```
LIBRARY IEEE;
USE IEEE.STD_LOGIC_1164.ALL;
USE IEEE.STD_LOGIC_UNSIGNED.ALL;
ENTITY DXR76 IS
PORT(CLR,CLK,EN: IN STD_LOGIC;
count:buffer STD_LOGIC_VECTOR(7 DOWNTO 0);
BO: out STD_LOGIC;
DXYZ,DXRX,DXZZ: out STD_LOGIC);
END DXR76;
ARCHITECTURE BEHAVIOR OF DXR76 IS
begin
BO<= ´1´when(count = ˝00000001˝ and CLR = ´1´)else ´0´;
DXYZ<= ´1´when(count = ˝01110110˝ and CLR = ´1´)else ´0´; --确定东西干道右转开始时刻
DXRX<= ´1´when(count = ˝01000110˝ and CLR = ´1´)else ´0´; --确定东西干道人行道开始时刻
DXZZ<= ´1´when(count = ˝00010001˝ and CLR = ´1´)else ´0´; --确定东西干道左转开始时刻
cale:process(CLK)
BEGIN
IF(CLR = ´0´) THEN
COUNT<= ˝00000000˝;
ELSIF(CLK´EVENT AND CLK = ´1´) THEN
IF(EN = ´0´) THEN
IF(count(3 DOWNTO 0) = ˝0000˝)then
IF(count(7 DOWNTO 4) = ˝0000˝)then
COUNT<= ˝01110110˝;
ELSE
count(3 DOWNTO 0)<= ˝1001˝;
count(7 DOWNTO 4)<= count(7 DOWNTO 4) - 1;
end if;
ELSE
 COUNT<= COUNT - 1;
END IF;  END IF;  END IF;
end process cale; END BEHAVIOR;
```

其仿真结果图如图 6.87 所示。

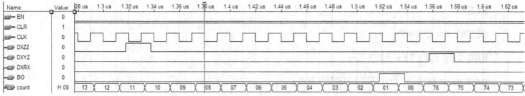

图 6.87　东西红 76 进制减法计数器仿真结果

2. 南北红 61 进制减法计数器

该模块控制南北方向红减法计数时间,其 VHDL 语言程序如下。

```
LIBRARY IEEE;
USE IEEE.STD_LOGIC_1164.ALL;
USE IEEE.STD_LOGIC_UNSIGNED.ALL;
ENTITY NBR61 IS
PORT(CLR,CLK,EN: IN STD_LOGIC;
count:buffer STD_LOGIC_VECTOR(7 DOWNTO 0);
BO: out STD_LOGIC;
NBYZ,NBRX,NBZZ: out STD_LOGIC);
END NBR61;
ARCHITECTURE BEHAVIOR OF NBR61 IS
begin
BO<= '1'when(count = "00000001" and CLR = '1')else '0';
NBYZ<= '1'when(count = "01100001" and CLR = '1')else '0';--确定南北干道右转开始时刻
NBRX<= '1'when(count = "00110001" and CLR = '1')else '0';--确定南北干道人行道开始时刻
NBZZ<= '1'when(count = "00010001" and CLR = '1')else '0'; --确定南北干道左转开始时刻
cale:process(CLK)
BEGIN
IF(CLR = '0') THEN
COUNT<= "00000000";
ELSIF(CLK'EVENT AND CLK = '1') THEN
IF(EN = '0') THEN
IF(count(3 DOWNTO 0) = "0000")then
IF(count(7 DOWNTO 4) = "0000")then
COUNT<= "01100001";
 ELSE
 count(3 DOWNTO 0)<= "1001";
 count(7 DOWNTO 4)<= count(7 DOWNTO 4) - 1;
  end if;
 ELSE
 COUNT<= COUNT - 1;
 END IF; END IF; END IF;
 end process cale; END BEHAVIOR;
```

其仿真结果图如图 6.88 所示。

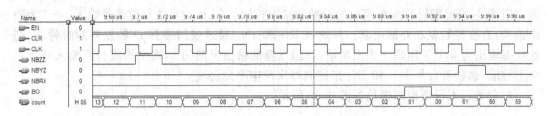

图 6.88 南北红 61 进制减法计数器仿真结果

3. 消毛刺模块

在调试中,发现 when...else...语句产生的输出信号会产生一定的毛刺。该模块的作用是滤掉脉宽低于 10 ms 的干扰脉冲。CPIN 为原始脉冲,COUT 为消毛刺后的信号。其 VHDL 语言程序如下。

```
LIBRARY IEEE;
USE IEEE.STD_LOGIC_1164.ALL;
USE IEEE.STD_LOGIC_UNSIGNED.ALL;
ENTITY CNT10up IS
PORT (CLK,CPIN : IN STD_LOGIC;
COUT : OUT STD_LOGIC );
END CNT10up;
ARCHITECTURE behav OF CNT10up IS
BEGIN
PROCESS(CLK, CPIN)
VARIABLE CQI : STD_LOGIC_VECTOR(3 DOWNTO 0);
BEGIN
  IF CPIN = ´0´ THEN
    CQI : = (OTHERS =>´0´) ;
    COUT <= ´0´;
ELSIF CLK´EVENT AND CLK = ´1´ THEN
    IF CQI < 9 THEN CQI : = CQI + 1;
    ELSE  CQI : = (OTHERS =>´0´);
  END IF; END IF;
  IF CQI = 9 THEN
    COUT <= ´1´;
  END IF; END PROCESS; END behav;
```

其仿真结果图如图 6.89 所示。

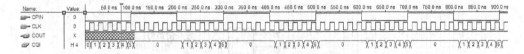

图 6.89 消毛刺模块仿真结果

4. 左右转和人行道控制模块

该模块为左转、右转、人行道的控制模块,IN_1、IN_2 分别接至各模块的开始和结束时间。

内部用 D 触发器翻转达到各模块的开始和结束控制。CLR 为系统复位信号输入。SC 为输出信号,直接控制驱动外部电路。两输入 IN_1 和 IN_2 通过或门接到 D 触发器的时钟端,初始状态输出为 0,IN_1 出现一个上跳沿,D 触发器的输出反向为 1,高电平维持到输入端下一个上跳沿,这样可以用 IN_1 和 IN_2 来控制输出高电平的脉宽。

左右转和人行道控制模块如图 6.90 所示。

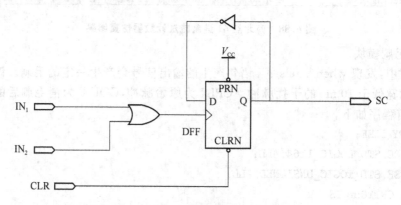

图 6.90　左右转和人行道控制模块电路

其仿真波形结果图如图 6.91 所示。

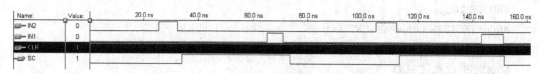

图 6.91　左右转和人行道控制模块仿真结果

5. 东西、南北干道四方禁行

为了让车队或特殊车辆通过,交通灯指示器应该能设置成四方禁行,这时两干道上均是红灯亮,表示一切车辆和人禁止通行,示意图如图 6.92 所示 。图中 CON 为控制干道四方通行波段开关,当 CON = 1 时,使显示器灭零、绿灯和黄灯熄灭,同时红灯一直亮,即为四方禁行;CON = 0 时,正常工作。R、G、H 为原电路分别送至红灯、绿灯、黄灯的输出信号。

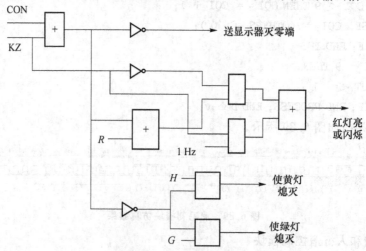

图 6.92　四方禁行控制电路

6. 东西、南北干道四方通行

在夜间，由于车辆较少，为提高道路通行效率，允许东西、南北干道同时通行，但这个通行不是肆无忌惮的，也必须注意到另一干道上的车辆情况，因此这时将两干道上的红灯设置成频率为 1 Hz 的闪烁状态，以表示警告性通行，示意图见图 6.92 。图中 KZ 为控制干道四方通行波段开关，当 KZ = 1 时，使显示器灭零、绿灯和黄灯熄灭，同时将 1Hz 的脉冲信号送至红灯，此时红灯闪烁，即为四方通行；KZ = 0 时，正常工作。

综合设计 8　乒乓球游戏机电路的设计

一、设计要求

（1）基本要求

① 乒乓球游戏机甲、乙双方各有 2 只开关，分别为发球、击球开关；

② 乒乓球的移动用 24 只 LED 发光管模拟运行，可随时改变球移动的速度；

③ 球过网到一定的位置方向接球，提前击球或出界击球均判为失分；

④ 乒乓球在移动的过程中，喇叭一响一停，指示正常打球紧张状态；

⑤ 比赛用 21 分为一局，任何一方先记满 21 分就获胜，比赛一局就结束；

⑥ 数字系统要求用大规模集成电路器件——ISP 器件实现；

⑦ 设计稳压电路、脉冲电路、转换电路等相关外围电路。

（2）提高要求

① 每胜一球，语音集成电路提示甲方或乙方得一分；

② 可实现甲、乙双方双人打乒乓球；

③ 可实现无线遥控发球和击球；

④ 确保一方发球或击球后，其他发球或击球按钮操作失效。

二、设计思路

双人打乒乓球总体方框图如图 6.93 所示 。

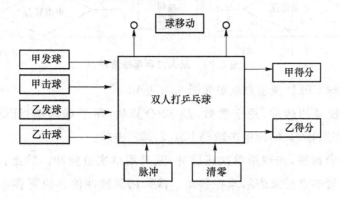

图 6.93　双人打乒乓球总体方框图

双人打乒乓球流程图如图 6.94 所示。

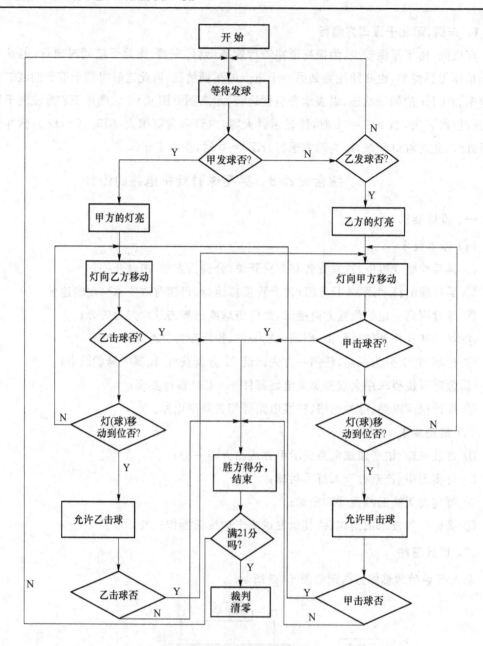

图 6.94 双人打乒乓球流程

双人打乒乓球 CPLD 顶层原理图如图 6.95 所示 。

CP,即频率较高的脉冲,用于置数,经 32 分频后,用于球移动;JFQ1、2,即甲发球;YFQ1、2,即乙发球;JJQ1、2,即甲击球;YJQ1、2,即乙击球。

发球用单次负脉冲,击球用单次正脉冲;裁判用单次负脉冲。输出:乒乓球,即 $Q_0 \sim Q_{23}$,以发光二极管的点亮来表示球在移动。裁判用负脉冲使移位寄存器复位清零,表示开始打球。

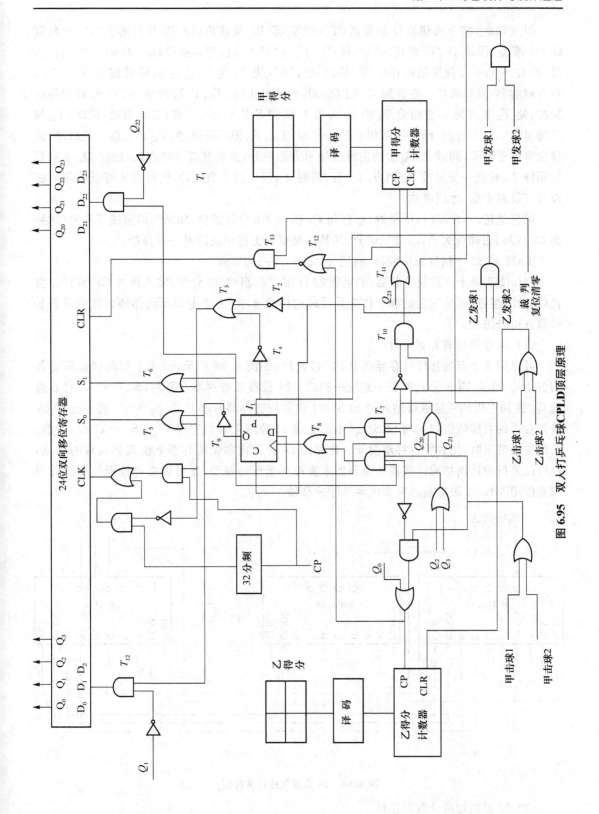

图 6.95 双人打乒乓球 CPLD 顶层原理

甲发球时(按下按钮):D 触发器(T_1)清零,经 T_9 反相后,使 T_{12} 与门输出"1",为预置 $Q_1 = 1$ 准备;同时 T_2、T_3 输出为"1",使 T_5、T_6 为"1"。移位寄存器(74LS194)$S_1 S_0 = 11$,预置,使 $Q_1 = 1$;甲发球按钮松开时,T_3 输出又为"0",使 T_5 为 1,T_6 为 0,最后使 $S_1 S_0 = 01$,乒乓球右移,发球成功。右移到 Q_{20} 或 Q_{21} 时,乙正好击球,T_7、T_8 输出脉冲,T_3 时钟端得一脉冲,使 T_3 翻转为 1,进而使 T_5 为 0,T_6 为 1,又使 $S_1 S_0 = 10$,左移,击球成功;同时,T_{10} 与门输出为"0",不会记分和清零;如果提前击球,T_{10}、T_{11} 得一正脉冲,T_{12}、T_{13} 得一负脉冲,使移位寄存器清零,同时 T_{11} 输出的正脉冲使甲方加一分;如果没有及时击球,致使 Q_{23} 从 0 到 1,同样 T_{11} 输出一正脉冲,使甲方加一分;同时 T_{13} 发出清零负脉冲,使移位寄存器清零。所以只有及时击球,才能成功。

同样道理,乙发球时,甲及时(球移到 Q_2 或 Q_3)击球就成功,如果甲提前或不及时(球移到 Q_0 或后)击球就失败,乙方就加分,其基本过程和上述甲发球时一样分析。

jfjs22 是 22 进制减法计数器,到记分 21 时,为一局结束。

74LS161 是十六进制分频器,和后面的 D 触发器组成 32 分频,输入脉冲 CP 直接作为置数脉冲,经过 32 分频后的脉冲作为乒乓球的移动脉冲。4 个七段译码器和外接数码管显示双方得分结果。

(1) 24 位移位寄存器设计

可以用 6 个双向移位寄存器(74LS194)设计,如图 6.96 所示,将 6 个双向移位寄存器的 S_1、S_0、CLK、CLR 分别连在一起统一控制。24 位移位寄存器左移时,$S_1 S_0 = 10$,将右边的 Q_A 接到左边的左移数据输入端 SLSI;24 位移位寄存器右移时,$S_1 S_0 = 01$,将左边的 Q_D 接到右边的右移数据输入端 SRSI,这样就实现 24 位双向移位寄存器,$S_1 S_0 = 11$ 时,置数。发球按钮按下时,先置数再移位发球。这里用 24 位双向移位寄存器来模拟乒乓球的移动,也可以另行设计用加减计数器接译码器来模拟乒乓球的移动,还可以在可编程逻辑器件内部直接用 VHDL 语言编程来实现乒乓球的移动。

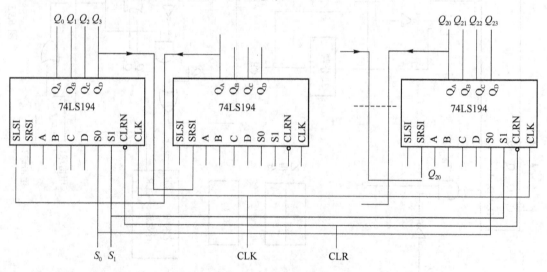

图 6.96 24 位双向移位寄存器

(2) 22 进制加法计数器设计

由于要显示 21 分,故用 74LS160 设计的 22 进制加法计数器,电路如图 6.97 所示,是用清零复位法设计而成,也可以用置数法设计而成,还可以直接用 VHDL 语言编程来实现。

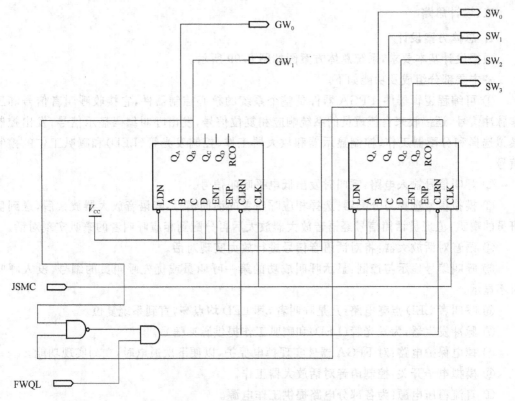

图 6.97 22 进制加法计数器

其仿真结果如图 6.98 所示。

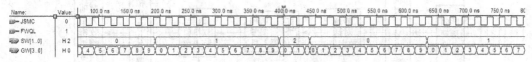

图 6.98 22 进制加法计数器仿真结果

综合设计 9 智能呼叫器设计

一、基本要求

① 能实现 64 人呼叫,在有人呼叫时,能实现呼叫成功者和值班员相互对话。

② 第一呼叫员或优先呼叫员呼叫成功,能显示其编号,没人呼叫时不显示。

③ 能用 LED 指示现在有哪些人在呼叫。

④ 有人呼叫时,LED 亮闪和喇叭响。

⑤ 值班员拨动响应开关对话,对完话按系统复位按钮即可实行下次呼叫对话。

⑥ 数字主控部分用可编程逻辑器件实现。

二、提高要求

① 能实现 100 人呼叫。

② 能实现无线遥控呼叫。

③ 有人呼叫时,语言集成电路发出"＊＊号在呼叫"的声音。

三、设计思路

1. 总体方案设计

根据设计基本要求,系统总体方案图如图 6.99 所示。

各主要部分组成及功能如下。

① 可编程逻辑器件:FPGA 器件是整个系统的核心控制器件,它接收呼叫者信号和工作脉冲信号,还接收来自值班员的系统响应和复位信号,发出呼叫编码显示信号;发出控制模拟选择和分配器工作、控制显示器和放大器工作、控制发光管(LED)和喇叭工作的控制信号。

② 呼叫信号输入电路:呼叫时发出低电平呼叫信号。

③ 模拟信号选择与分配器:选择相应呼叫者的话筒信号,经语音放大器放大后,送到值班员的喇叭;值班员话筒信号经语音放大器放大后再分配到相应呼叫者的喇叭实现对话。

④ 语音对话放大器:将对话语音信号进行放大实现对话。

⑤ 呼叫编号显示与控制:显示呼叫成功的第一呼叫员或优先呼叫员的编号,没人呼叫时不显示。

⑥ 呼叫者 LED 点亮电路:凡是呼叫者,其 LED 均点亮,直到系统复位。

⑦ 脉冲发生器:为发光管(LED)和喇叭工作提供脉冲信号。

⑧ 掉电保护电路:对 FPGA 器件实现掉电保护,以便下次通电时,立刻实现功能。

⑨ 模拟电子开关:控制语音对话放大器工作。

⑩ 直流稳压电源:为各部分电路提供工作电源。

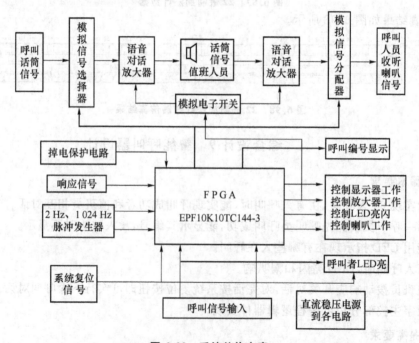

图 6.99　系统总体方案

其工作原理如下。

系统通电后即可正常工作,这时如果有人呼叫,第一或优先呼叫员的信号送给 FPGA 器件,经过处理后发出相应的编码显示信号,由外接数码管显示,如无人呼叫,数码管不显示;同时发出控制放大器工作、LED 和喇叭工作的控制信号,使语音对话放大器工作、LED 亮闪和喇叭发声;还发出控制模拟信号选择和分配的地址信号,选择相应的呼叫话筒信号到语音对话放大器,同时将值班话筒信号经语音对话放大器分配到相应呼叫者的喇叭,实现对话。每次系统只显示第一或优先呼叫员的编号,值班员只能和其对话,以免干扰和混乱。对话结束后,值班员按复位按钮,实现系统总复位即可进入下次呼叫对讲状态。同时根据呼叫者 LED 亮即可知道目前有哪些人呼叫过。

该系统作品方案图如图 6.100 所示。从制作作品的角度考虑,应分两个区,即分散的呼叫区和集中的值班区。呼叫区的呼叫员发出的是数字呼叫信号和模拟话筒信号,接收的是模拟喇叭信号,可以通过 5 芯线(另两根为电源和地线)和系统相连。除此外,系统主机放在值班区。有人呼叫时,LED 亮闪、喇叭发声、数码管显示其编号,几何布局 LED 指示哪些人发出过呼叫,此时值班员拨动响应开关即可实现对话,对话结束后按复位按钮即可进入下一轮对话。

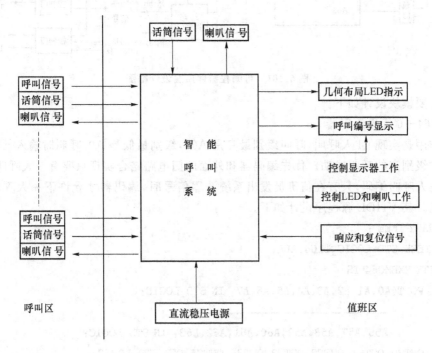

图 6.100　系统作品方案

2. 可编程器件逻辑功能设计

FPGA 器件是系统的核心器件,可采用 Altera 公司的 EPF10K10TC144−3 器件实现数字控制系统的逻辑功能。其顶层设计电路框图如图 6.101 所示。该数字控制系统由 64—6 优先编码器、二进制 BCD 码转换器、七段译码器和控制门等部分组成。其工作原理如下:开始工作时,优先编码器接受负脉冲呼叫信号输入,第一或优先呼叫者有效(或优先),输出 6 位二进制编码信号,经过二进制 BCD 码转换器转换成 BCD 码,再经过七段译码器输出呼叫者编号。编码信号再通过三态控制门输出作为模拟选择和分配器的地址,有人呼叫时才有控制地址输出。一旦有人呼叫,与非门输出为1,通过或门禁止其他人呼叫编码,因此只显示第一个人的呼叫编号。此外在有人呼叫时,右下方的控制门即输出控制语音放大器工作、控制 LED 闪烁和喇叭(LB)发声的的控制信号。当然也可以用 Altera 公司的 CPLD 类器件实现。

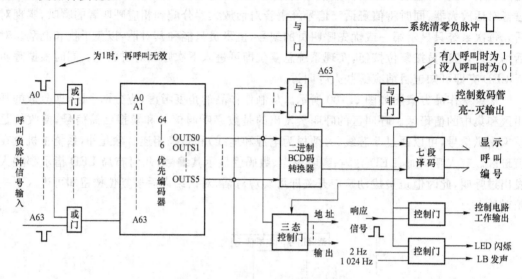

图 6.101　可编程器件顶层设计框图

其主要模块设计如下。

(1) 64—6 优先编码器

其作用是实现 64 人呼叫,呼叫级别最高是 A63,级别最低是 A0,呼叫时输入低电平,同时呼叫时级别高的呼叫成功。优先编码器和外面的门电路结合实现只要有一人呼叫编码就禁止其他人呼叫编码,只有在值班员发出系统清零信号时,编码器才允许下一人呼叫编码,以免混乱。其 VHDL 源程序设计如下。

```
LIBRARY IEEE ;
USE IEEE.STD_LOGIC_1164.ALL;
ENTITY YXBMQ64 IS
    PORT(A0,A1,A2,A3,A4,A5,A6,A7: IN STD_LOGIC;
    --------------------------------------
        A56,A57,A58,A59,A60,A61,A62,A63: IN STD_LOGIC;
    OUTS0,OUTS1,OUTS2,OUTS3,OUTS4,OUTS5:OUT STD_LOGIC);
END YXBMQ64;
ARCHITECTURE behav OF YXBMQ64 IS
        SIGNAL QQ : STD_LOGIC_VECTOR(5 DOWNTO 0);
BEGIN
        QQ(5 DOWNTO 0)< ="111111" WHEN A63 = ´0´ ELSE
    --------------------------------------
            "000000" WHEN A0 = ´0´ ELSE
```

"ZZZZZZ";

OUTS0 <＝ QQ(0);　　OUTS1 <＝ QQ(1);　　OUTS2 <＝ QQ(2);

OUTS3 <＝ QQ(3);　　OUTS4 <＝ QQ(4);　　OUTS5 <＝ QQ(5);

END behav;

（2）二进制 BCD 码转换器

其作用是将呼叫编码二进制信号转换成十进制 BCD 码，以便显示呼叫者编号。其 VHDL 源程序设计如下。

LIBRARY IEEE;

USE IEEE. STD_LOGIC_1164. ALL;

ENTITY BCDZHQ IS

PORT(A:IN STD_LOGIC_VECTOR(5 DOWNTO 0);

　　　BCD:OUT STD_LOGIC_VECTOR(7 DOWNTO 0));

　END BCDZHQ;

ARCHITECTURE ONE OF BCDZHQ IS

BEGIN / PROCESS(A) / BEGIN / CASE A IS

　WHEN "000000" =＞ BCD <＝ "00000000";

　————————————————————

　WHEN "111111" =＞ BCD <＝ "01100011";

　WHEN OTHERS =＞ NULL;　END CASE;　END PROCESS;　END;

3. 主要外围电路设计

（1）模拟信号选择与分配器

可选用双向模拟选择开关 CD4067 选择话筒信号和分配喇叭信号，由于要实现 64 人呼叫，因此用了五片 CD4067，第 5 片 CD4067 作为 4 选 1，或 1 到 4 双向模拟选择开关，将其高两位地址接地即行，其电路原理图如图 6.102 所示。

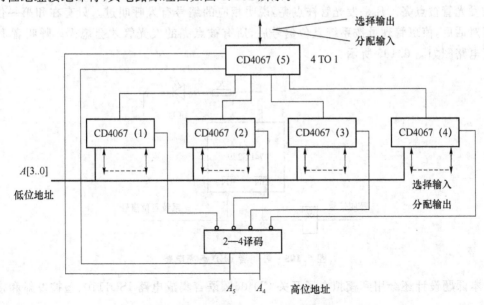

图 6.102　模拟信号选择与分配器电路

（2）语音对话放大器

由于话筒输出的信号一般 5 mV 左右，因此根据设计要求，当语音放大器的输入信号为 5 mV、输出功率为 1 W 时，系统的总电压放大倍数设计为 $A_u = 566$。考虑到电路损耗的情况，取 $A_u = 600$，所以系统各级电压放大倍数分配如下：话筒放大器 7.5，语音滤波器 2.5，功率放大器 32。设计方案框图如图 6.103 所示。

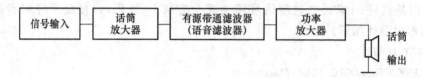

图 6.103　语音对话放大器设计框图

其电路原理图如图 6.104 所示，由 A_1 构成的话筒放大器对语音信号进行放大，由中间两个运放 A 构成的带通滤波器滤除杂散信号，让纯语音信号通过，功率放大器对语音信号进行功率放大，推动喇叭工作。

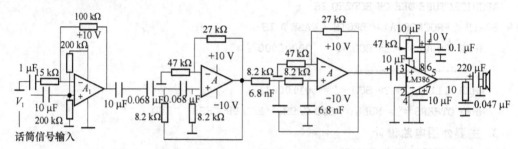

图 6.104　语音对话放大器电路原理图

（3）呼叫者 LED 点亮电路

在有人呼叫时，其相应的 $R—S$ 触发器 74LS279 的置位端为低电平，触发器被置位，相应的发光管被点亮。凡是发光管被点亮，说明相应的编号有人呼叫过。只有在和第一位呼叫者对话后，值班管理员按系统复位信号后，所有被点亮的发光管才会熄灭。呼叫者 LED 点亮电路图如图 6.105 所示。

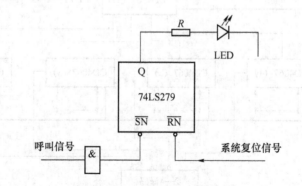

图 6.105　呼叫者 LED 点亮电路

本课题设计还会用到模拟电子开关 CD4066、语言集成电路 ISD1110、遥控发射和接收器等。

综合设计 10　简易温度控制器设计

一、设计要求

① 能够实现温度的检测,检测范围 0 ℃～50 ℃,精度为 1 ℃。

② 用拨码盘设定系统温度值,当检测温度小于设定值时将加热器打开,否则关闭。

③ 数字显示检测到温度值。

④ 系统的控制时间间隔为 5 s。

二、设计思路

根据设计要求,设计总体方案,画出方框图,如图 6.106 所示。

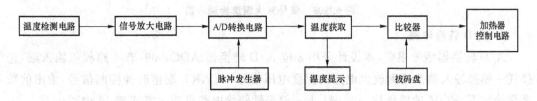

图 6.106　数字式温度控制器框图

1. 温度检测电路

首先要设计温度检测电路:常见的温度传感器:热电偶、热电阻和半导体集成温度传感器,半导体集成温度传感器的测量精度较高,线性度好,电路设计简单,非常适合于 0 ℃～ 150 ℃范围内的温度测量,故选用半导体集成温度传感器 AD590。它是一种二端元件,属高阻电流源,电流灵敏度是 1 uA/K,测量温度范围为 $-55°$～$+150°$,非线性误差小于 ± 0.3 ℃,工作电压范围 4～30 V。如图 6.107 所示,运放的反相输入端电位约为 0 V,故由基准源 MC1403 提供的电流 $I_o = 2.5/(R_{P_1} + R_1)$,设测量的温度为 t(摄氏温度),则流过 AD590 的电流为 $I_t = 1 \times (t + 273.15) = t + 273.15$。流过反馈支路的电流为 $I_f = I_t - I_o = t + 273.15 - 2.5/(R_{P_1} + R_1)$如果要使 $I_f = t$,调节电位器 R_{P_1} 即可,放大器的输出电压为 $V_1 = (R_2 + R_{P_2}) \cdot I_f = (R_2 + R_{P_2}) \cdot t$,选 $R_2 + R_{P_2} = 10$ kΩ,则可得到 10 mV/度的灵敏度输出。调节 R_{P_1} 使其在 0 ℃时输出的 V_1 为 0,调节 R_{P_2} 使其在 100 ℃时输出 V_1 为 1 V。A_1 选用 OP07 型运放。

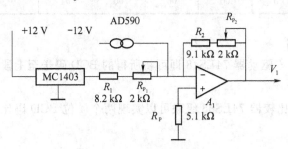

图 6.107　温度检测电路

2. 信号放大电路

应该设计放大电路,将 0 ℃～100 ℃的温度范围变为 0～5 V 的电压范围,如图 6.108

所示,A_2 构成反相放大器,A_3 构成反相器,总放大倍数调至 5。A_2、A_3 均选用 OP07 型运放。

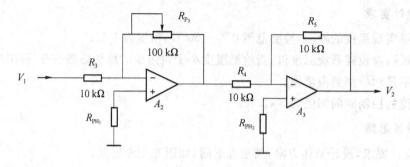

图 6.108   信号放大温度检测电路

3. A/D 转换电路

A/D 转换器型号很多,本设计采用 8 位 A/D 转换器 ADC0809,有 8 路模拟输入端,选择任一模拟输入端接检测放大电路的温度电压信号,START 端接时钟控制信号,输出的数字量接到 EPROM 的地址线 $A_0 \sim A_7$ 上。单极性转换电路见第 3 章实验 12 中图。

4. 二进制数—BCD 码转换器

经 A/D 转换后的二进制数反映温度大小,但它不能直接作为温度显示,必须将其转换为 BCD 码,才能送到显示器进行温度显示,也才能送到比较器与温度设定值进行比较。A/D 转换后的二进制数与温度大小有一定的对应关系,这种关系与前面电路的温度电压转换关系和放大倍数有关,可以将这一关系固化在 EPROM2716 中,以 A/D 转换器的输出数据作为地址,去读取存储在 EPROM2716 中对应温度信号的 BCD 码,实现 A/D 转换后的二进制数与温度之间的转换。

假设温度变化范围为 0 ℃~50 ℃,A/D 转换所得的最大二进制数为 0FAH,则每 1℃所对应的数字量为 05H,EPROM 固化的数据如表 6.11 所示。

表 6.11   2716 中固化的数据

地 址	00	01	02	03	04	05	...	F9	FA
数 据	00	00	00	00	00	01	...	50	50

5. 温度显示电路

利用七段译码器/驱动器 74LS48 即可将所得的 BCD 码送至七段显示器显示温度。

6. 比较器

用两片 4 位数码比较器 74LS85 级联可以实现两个 4 位 BCD 码比较,比较结果用于控制加热器。

7. 拔码盘

拔码盘有 5 位,其中 1 位为输入控制线(编号为 A),另外 4 位是数据线(编号为 8、4、2、1)。拔码盘拔到某个位置时,输入控制线 A 与数据线 8、4、2、1 接通。其状态表如表 6.12 所示。

表 6.12　BCD 拔码盘状态

位置	8	4	2	1
0	0	0	0	0
1	0	0	0	1
2	0	0	1	0
3	0	0	1	1
4	0	1	0	0
5	0	1	0	1
6	0	1	1	0
7	0	1	1	1
8	1	0	0	0
9	1	0	0	1

8. 加热器接口电路

加热器所用电源为 220 V 交流电,必须强电弱电相互隔离,可以采用固态继电器或直流继电器。比较输出电路如图 6.109 所示,加热器驱动电路如图 6.110 所示。

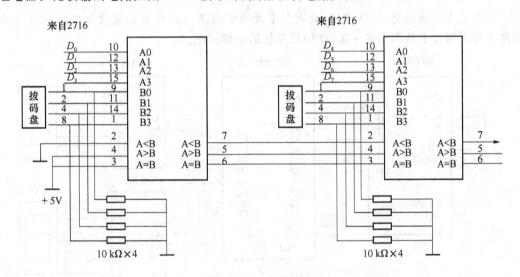

图 6.109　比较输出电路

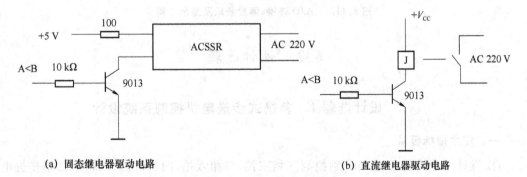

(a) 固态继电器驱动电路　　　　　　　　(b) 直流继电器驱动电路

图 6.110　加热器驱动电路

9. 脉冲发生器

利用 14 位二进制分频器 CD4060 和 32768 Hz 晶阵产生频率为 2 Hz 的脉冲作为十进制计数器 74LS160 的时钟脉冲,则在进位端每 5 s 产生 1 个脉冲,用此脉冲启动 A/D 转换控制,实现每 5 s 进行一次采集和控制,电路如图 6.111 所示。

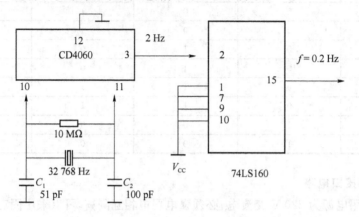

图 6.111 0.2 Hz 脉冲发生器

如图 6.112 所示为 A/D 转换、温度获取及显示电路,LED1 显示温度个位,LED2 显示温度十位。将以上各图连在一起,就构成系统的总原理图。

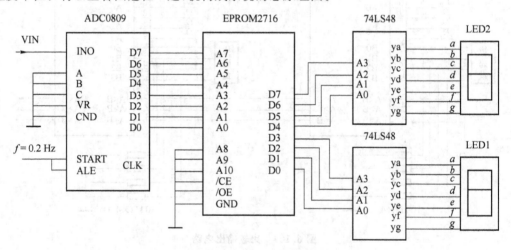

图 6.112 A/D 转换、温度获取及显示电路

6.2 设 计 选 题

设计选题 1 多模式步进电机控制系统设计

一、技术指标要求

① 设计 1 个控制系统,可分别控制三相三拍、三相六拍、四相四拍、六相十二拍步进电机工作。

② 可控制每种步进电机正、反转工作。

③ 能指示现在哪一种步进电机按何种方式工作。

④ 数字系统要求用大规模集成电路器件——ISP 器件实现。

⑤ 设计稳压电路、脉冲电路、转换电路等相关外围电路。

⑥ 研制独立的实物装置(用若干 220 V 灯泡仿步进电机)。

二、参考设计思路

弄清楚步进电机的结构和工作原理,参考信息及注意事项如下。

三相三拍:正转:$AB \rightarrow BC \rightarrow CA \rightarrow AB$

　　　　　　反转:$AB \leftarrow BC \leftarrow CA \leftarrow AB$

三相六拍:正转:$A \rightarrow AB \rightarrow B \rightarrow BC \rightarrow C \rightarrow CA \rightarrow A$

　　　　　　反转:$A \leftarrow AB \leftarrow B \leftarrow BC \leftarrow C \leftarrow CA \leftarrow A$

四相四拍:正转:$A \rightarrow B \rightarrow C \rightarrow D$

　　　　　　反转:$A \leftarrow B \leftarrow C \leftarrow D$

六相十二拍:正转:$AB \rightarrow ABC \rightarrow BC \rightarrow BCD \rightarrow CD \rightarrow CDE \rightarrow DE \rightarrow DEF \rightarrow EF \rightarrow EFA \rightarrow$

　　　　　　　　　　$FA \rightarrow FAB$

　　　　　　　反转:正转的箭头反过来,即"$\leftarrow$"

要分别考虑设计:三进制、六进制、十二进制加减计数器。要分别考虑设计组合控制电路,要至少考虑 3 个控制端实现 6 种模式控制,并分别显示出来。

设计选题 2　拔河游戏机电路设计

一、设计要求

① 使用 32 个发光二极管表示拔河的电子绳,开机后只有中间一个发光,此即拔河的中心点。

② 游戏甲乙双方各持 1 个按钮,迅速地、不断地按动产生脉冲,谁按得快,点亮向谁的方向移动。每按一次,亮点移动一次,亮点移到任一终端发光二极管,这一方就获胜,此时双方按钮均无作用,输出保持,只有复位后才使亮点恢复到中心。

③ 由裁判下达比赛开始命令后,甲、乙双方才能输入信号,否则,输入信号无效。

④ 用数码管显示获胜者的盘数,每次比赛结束,自动给获胜方加分。

二、参考设计思路

参赛双方输入脉冲信号 IN_1、IN_2、Q_D 信号有效后,可逆计数器才接受信号 IN_1 和 IN_2。比赛开始,CLR 信号使译码器输入为 1000,记分清零信号。如图 6.99 所示为拔河游戏机系统方框图。

设计选题 3　洗衣机控制器

一、设计要求

设计一个洗衣机洗涤程序控制器,控制洗衣机的电动机按图 6.100 所示的规律运转。

二、设计参考思路 1

用两位数码管预置洗涤时间(分钟数),洗涤过程在送入预置时间后开始运转,洗涤中按倒计时方式对洗涤过程作计时显示,用 LED 表示电动机的正、反转,如果定时时间到,则停机并发出音响信号。

此设计问题可分为洗涤预置时间编码寄存电路模块、十进制减法计数器模块、时序电路模块、译码驱动模块4大部分。其系统框图如图6.101所示。

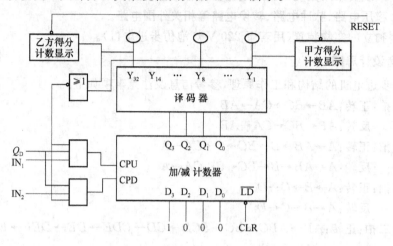

图 6.99 拔河游戏机系统方框图

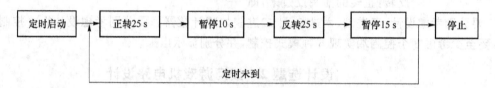

图 6.100 洗衣机控制器控制要求

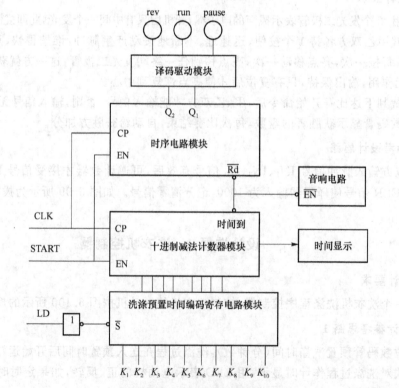

图 6.101 洗衣机控制器系统

设置预置信号 LD,LD 有效后,可以对洗涤时间计数器进行预置数,用数据开关 $K_1 \sim K_{10}$ 分别代表数据 $1,2,\cdots,9,0$,用编码器对数据开关 $K_1 \sim K_{10}$ 的电平信号进行编码,编码器真值表如表 6.11 所示,编码后的数据预存。

表 6.11 编码器真值

数据开关电平信号										编码器输出			
K_1	K_2	K_3	K_4	K_5	K_6	K_7	K_8	K_9	K_{10}	Q_3	Q_2	Q_1	Q_0
↑	0	0	0	0	0	0	0	0	0	0	0	0	1
0	↑	0	0	0	0	0	0	0	0	0	0	1	0
0	0	↑	0	0	0	0	0	0	0	0	0	1	1
0	0	0	↑	0	0	0	0	0	0	0	1	0	0
0	0	0	0	↑	0	0	0	0	0	0	1	0	1
0	0	0	0	0	↑	0	0	0	0	0	1	1	0
0	0	0	0	0	0	↑	0	0	0	0	1	1	1
0	0	0	0	0	0	0	↑	0	0	1	0	0	0
0	0	0	0	0	0	0	0	↑	0	1	0	0	1
0	0	0	0	0	0	0	0	0	↑	0	0	0	0

设置洗涤开始信号 start,start 有效,则洗涤时间计数器进行倒计数,并用数码管显示,同时启动时序电路工作。如图 6.102 所示。

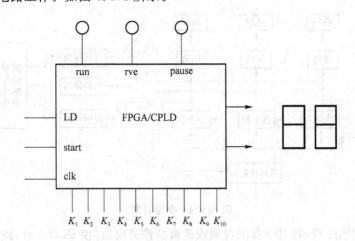

图 6.102　洗衣机控制器硬件系统示意

用 FPGA/CPLD 实现时,还可用类似于电子闹钟的方法实现。设电子闹钟的时长为一个洗涤周期,再设一个可预置的减法计数器为洗涤循环数,使每洗涤一个周期,计数器减 1,最后计数减至 0 结束洗涤循环,洗涤完成。

三、设计参考思路 2

对任务破解,得如图 6.103 所示洗衣机工作循环示意图。

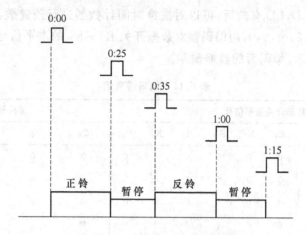

图 6.103　洗衣机工作循环示意

参考方案如图 6.104 所示,各部分组成及作用如下。

① 门控电路:控制时间计数器工作。

② 计数器(秒个位、秒十位、分个位):时间计数,去控制到了时间发出使洗衣机正转、暂停和反转的控制信号。

③ 译码、显示器:显示洗衣机的工作时间情况。

④ 时间译码:对时间计数器的输出进行译码。

⑤ 控制信号输出模块:将控制洗衣机正转、暂停和反转的信号取出来。

⑥ 循环计数器:去控制洗衣机总的工作时间。

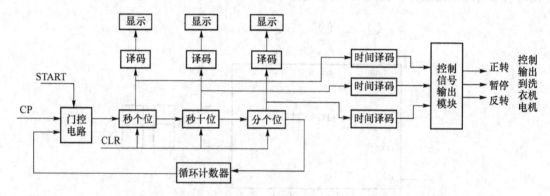

图 6.104　参考方案

其工作原理或过程:经过下载的可编程逻辑器件通电后,使 CLR = 1,按一下 START,时钟信号送至计数器,计数器开始工作,时间通过译码显示出来,再通过时间译码将秒个位、秒十位、分个位的信号检测出来,通过时间选择模块将反映正转、暂停和反转的信号表达出来,最后通过转换电路发出使电机正转、暂停和反转的信号。(电机正转时指正转 ZZ 输出为高电平、反转 FZ 输出为低电平、暂停 PAUSE 输出为低电平;电机反转时指正转输出为低电平、反转输出为高低平、暂停输出为低电平;电机暂停时指正转 ZZ 输出为低电平、反转 FZ 输出为低电平、暂停 PAUSE 输出为高电平。)

一个周期 $T=1$ 分 15 秒,先设计一个 1 分 16 秒的计数器。

时间译码:对时间计数器的输出进行译码,如图 6.105 所示。控制时刻取出示意图如图 6.106 所示。

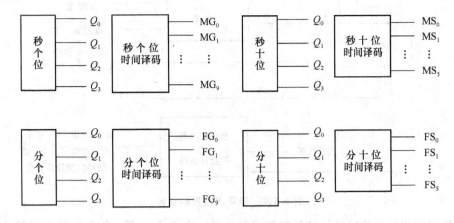

图 6.105 时间译码示意

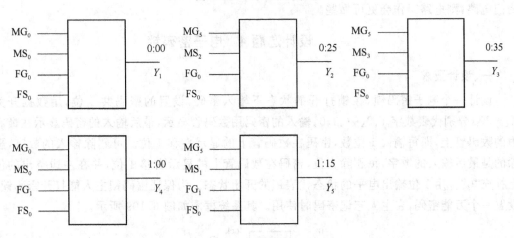

图 6.106 控制时刻示意

控制信号产生示意图如图 6.107 所示。

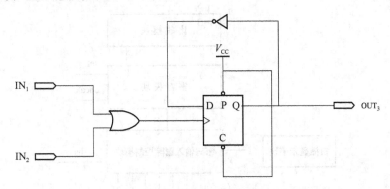

图 6.107 控制信号产生示意

循环次数:设计一个带预置(循环次数)的减法计数器,减法计数器减至 0 时出"0"电平。循环次数控制示意图如图 6.108 所示。

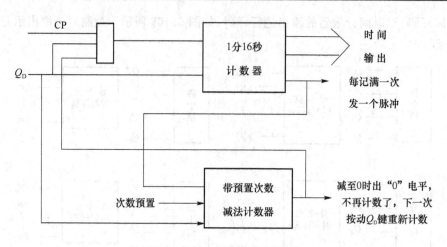

图 6.108　循环次数控制示意

　　如果将带预置次数减法计数器的输出再通过一个 D 触发器,使得 D 触发器复位,去关闭门电路,则电路工作会更可靠些。

设计选题 4　电子密码锁

一、设计要求

　　设计一个电子密码锁,在锁打开的状态下输入密码,设置的密码共 4 位,用数据开关 $K_1 \sim K_{10}$ 分别代表数字 1、2、…、9、0,输入的密码用数码管显示,最后输入的密码显示在最右边的数码管上,即每输入 1 位数,密码在数码管上的显示左移 1 位。可删除输入的数字,删除的是最后输入的数字,每删除 1 位,密码在数码管上的显示右移 1 位,并在左边空出的位上补充"0"。用 1 位输出电平的状态代表锁的开闭状态。为保证密码锁主人能打开密码锁,设置一个万能密码,在主人忘记密码时使用。其系统框图如图 6.109 所示。

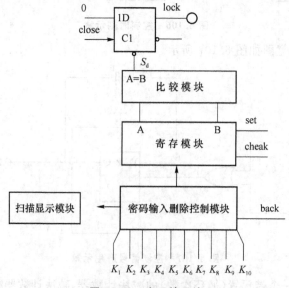

图 6.109　密码锁系统

二、设计参考思路

此设计要求可分为密码输入删除控制模块、寄存模块、比较模块、扫描显示模块几部分。在密码输入删除控制模块中,用编码器对数据开关 $K_1 \sim K_{10}$ 的电平信号进行编码,编码器真值表见表 6.11。输入密码是在锁打开的状态下进行的,每输入 1 位数,密码在数码管上的显示左移 1 位。设置删除信号 back,每按下一次 back,删除最后输入的数字,密码在数码管上的显示右移 1 位,并在左边空出的位上补充"0",其状态表如表 6.12 所示。

表 6.12 密码输入删除控制电路状态

密码锁状态	数据开关	删除信号	数码管显示
lock	K_i	back	$D_3\ D_2\ D_1\ D_0$
1	↑	0	右 移
1	0	↑	左 移

设置密码确认信号 set,当 4 位密码输入完毕后,按下 set,则密码被送至寄存器锁存,比较模块得数据 A ,同时密码显示电路清零。

设置密码锁状态显示信号 lock,lock＝0(LED 灭)表示锁未开;lock＝1(LED 亮)表示锁已打开。设置关锁信号 close,当密码送寄存模块锁存后,按下 close,则密码锁 lock＝0,锁被锁上。

设置密码检验信号 cheak,在 lock＝0 的状态下,从数据开关输入 4 位开锁密码,按下 cheak,则开锁数码送寄存模块锁存,数据比较模块得到数据 B,若 $A＝B$,则 D 触发器被置"1",锁被打开,否则,lock 保持为"0"。

万能密码(例如 0007)可预先设置在比较模块中。

密码锁的硬件系统示意图如图 6.110 所示。

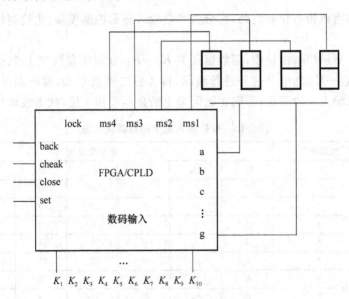

图 6.110 密码锁硬件系统示意

设计选题 5 脉冲按键电话按键显示器

一、设计要求

设计一个具有 7 位显示的电话按键显示器,显示器应能够正确反映按键数字,显示器显示从低位向高位前移,逐位显示按键数字,最低位为当前输入位,7 位数字输入完毕后,电话接通,扬声器发出"嘟—嘟"接通声响,直到有接听信号输入,若一直没有接听,10 s 后,自动挂断,显示器清除显示,扬声器停止,直到有新号码输入。其系统框图如图 6.111 所示。

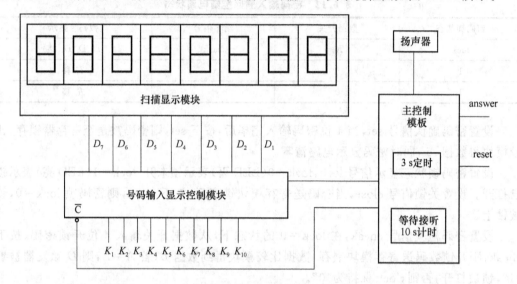

图 6.111 脉冲按键电话系统

二、设计参考思路

此设计题与密码锁有相似之处,可分为号码输入显示控制模块、主控制模块和扫描显示模块几部分。

在号码输入显示控制模块中,用数据开关 $K_1 \sim K_{10}$ 分别代表数字 1、2、…、9、0,用编码器对数据开关 $K_1 \sim K_{10}$ 的电平信号进行编码,得 4 位二进制数 Q,编码器真值表在表 6.11 中已经给出。每输入 1 位号码,号码在数码管上的显示左移 1 位,状态表如表 6.13 所示。

表 6.13 号码输入显示控制模块状态

NC	数据开关	数码管显示						
	K_i	D_7	D_6	D_5	D_4	D_3	D_2	D_1
0	0	0	0	0	0	0	0	0
1	↑	0	0	0	0	0	0	Q
1	↑	0	0	0	0	0	D_1	Q
1	↑	0	0	0	0	D_2	D_1	Q
1	↑	0	0	0	D_3	D_2	D_1	Q
1	↑	0	0	D_4	D_3	D_2	D_1	Q
1	↑	0	D_5	D_4	D_3	D_2	D_1	Q
1	↑	D_6	D_5	D_4	D_3	D_2	D_1	Q
0	X	熄灭	熄灭	熄灭	熄灭	熄灭	熄灭	熄灭

当 7 位号码输入完毕后,由主控制模块启动扬声器,使扬声器发出"嘟—嘟"声响,同时启动等待接听 10 s 计时电路。

设置接听信号 answer,若定时时间到时还没有接听信号输入,则号码输入显示控制电路的 NC 信号有效,显示器清除显示,并且扬声器停止,若在 10 s 计时未到时有接听信号输入,同样 NC 信号有效,扬声器停止。

设置挂断信号 reset,任何时刻只要有挂断信号输入,启动 3 s 计时器 C,3 s 后系统 C 有效,系统复位。

主控制模块状态表如表 6.14 所示。

表 6.14 主控制模块状态

接听信号 answer	挂断信号 reset	等待接听 10 s 计时	3 s 计时器	NC	扬声器
×	×	时间到	×	0	停 止
↑	×	×	×	0	停 止
×	↑	×	时间到	0	停 止

设计选题 6 乘法器

一、设计要求

设计一个能进行两个十进制数相乘的乘法器,乘数和被乘数都小于 100,通过按键输入,并用数码管显示,显示器显示数字时从低位向高位前移,最低位为当前输入位。当按下相乘键后,乘法器进行两个数的相乘运算,数码管将乘积显示出来。

二、设计参考思路

此设计问题可分为乘数和被乘数输入控制模块、寄存模块、乘法模块和扫描显示模块几部分。乘数和被乘数的输入仍用数据开关 $K_1 \sim K_{10}$ 分别代表数字 1、2、…、9、0,用编码器对数据开关 $K_1 \sim K_{10}$ 的电平信号进行编码,编码器真值表见表 6.11。用两个数码管显示乘数,两个数码管显示被乘数。

设置相乘信号 mul,当乘数输入完毕后,mul 有效,使输入的乘数送寄存器模块寄存。再输入被乘数,显示在另外两个数码管上。

设置"等于"信号 equal,当乘数和被乘数输入后,equal 有效,使被乘数送寄存模块寄存,同时启动乘法模块。

两数相乘的方法很多,可以用移位相加的方法,也可以将乘法器看成计数器,乘积的初始值为零,每一个时钟周期将被乘数的值加到积上,同时乘数减一,这样反复进行,直到乘数为零。乘法器硬件系统示意图如图 6.112 所示。

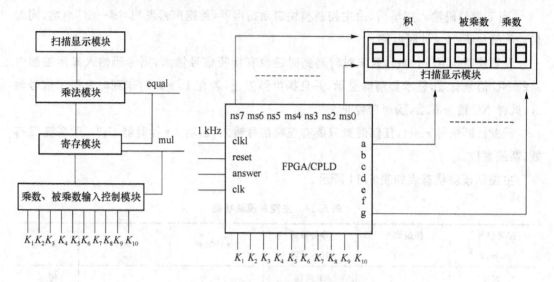

图 6.112　乘法器硬件系统示意图

设计选题 7　自动售邮票机

一、设计要求

设计一个自动售邮票机,用开关电平信号模拟投钱过程,每次投 1 枚硬币,但可以连续投入数枚硬币,机器能自动识别硬币金额,最大为 1 元,最小为 5 角。设定票价为 2.5 元,每次售 1 张票。

购票时先投入硬币,当投入的硬币总金额达到或超过票的面值时,机器发出指示,这时可以按取票键取出票,同时如果所投硬币超过票的面值,则会提示找零钱,取完票以后按找零键,则可以取出零钱。

自动售邮票机框图如图 6.113 所示。

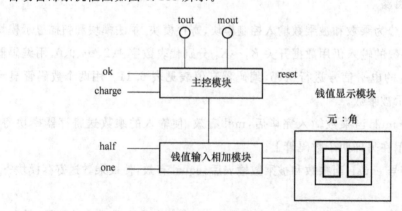

图 6.113　自动售邮票机框图

二、设计参考思路

设计问题可分为币值输入相加模块、主控模块和币值显示模块几部分。

币值输入相加模块中,用两个代管电平输入按钮分别代表两种硬币,one 表示 1 元,half

表示 5 角,每按 1 次,表示 1 枚硬币。设置 5 角和 1 元输入计数电路,并设置控制电路,由 5 角和 1 元输入的次数控制十进制加法器的加数 A 和被加数 B,使输入的币值实时相加。用两位数码管显示当前的投入币值,显示的币值为 * 元 * 角,币值输入相加模块状态表如表 6.15 所示。

表 6.15　币值输入相加模块状态

5 角输入	5 角计数器输出	加数	1 元输入	1 元计数器输出	被加数
half		A	one		B
0	0	0.0	0	0	0.0
↑	1	0.5	↑	1	1.0
↑	2	1.0		2	2.0
↑	3	1.5		3	3.0
↑	4	2.0			
↑	5	2.5			

在主控模块中,设置 1 个复位信号 reset,用于中止交易(系统复位)。设置 1 个取票信号 OK,1 个邮票给出信号 tout,tout 接 LED 显示,灯亮则表示可以取票,否则取票键无效,按 OK 键取票,灯灭。设置 1 个取零钱信号 charge,1 个零钱输出信号 mout,mout 接 LED 显示,灯亮模块中是一个状态机,在第 3 章中对此种状态机已经进行了详细的描述,在表 6.15 所列的状态中,当币值等于 2.5 元时,有邮票给出,不找零钱;当币值为 3.0 元时,有邮票给出,找零钱;其余情况下,既无票给出,也不找零钱。

硬件示意图如图 6.114 所示。

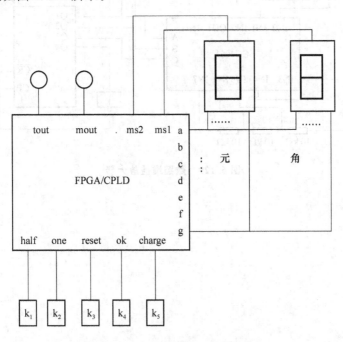

图 6.114　自动售邮票机硬件示意图

设计选题 8　数控增益放大器设计

一、设计要求

设计一个数字控制增益的放大器,要求在控制按键的作用下,放大器的电压增益依次在 $1\sim8$ 之间自然转换,同时数字显示放大器的增益。

二、设计参考思路

按照要求,可选择同相输入比例放大器,其电压增益为 $A_{uf}=1+\dfrac{R_2}{R_1}$,如果取 $R_1=10\ \text{k}\Omega$ 不变,则通过改变 R_2 实现增益的改变,当 $R_2=0$ 时,$A_{uf}=1$,当 $R_2=70\ \text{k}\Omega$ 时,$A_{uf}=8$。为了实现数字控制增益的目的,可由数据选择器和电阻构成数控电阻网络代替 R_2,通过改变数据选择器的地址编码,实现数控电阻和电压增益的目的,由此设计的电路如图 6.129 所示。图中 74LS160 构成八进制计数器,其输出 Q_2、Q_1、Q_0 作为数据选择器 CC4051 的地址输入,每按一下按键,数控电阻网络的电阻变化一次,由此控制增益在 $1\sim8$ 之间变化。可将计数器的输出加 1 运算后,通过译码显示最终显示出放大器的增益。如果要求分别实现 $1\sim16$ 偶数增益和自然增益,请设计电路;如果要求实现数控 6 个等级的增益 2、4、8、16、32、64,请设计电路。

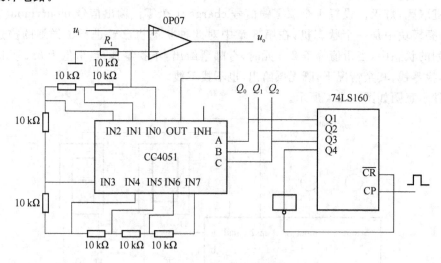

图 6.129　数控增益放大器

第7章 工程训练

数字电子技术课程是一门实践性很强的学科,仅靠在课堂上学好理论知识是远远不够的,必须加强实践性教学环节,教学大纲对电气信息类专业的学生在学完数字电子技术理论课程后,除了安排做一些实验外,还专门安排了一段时间进行综合设计,那么什么叫综合设计? 所谓综合设计就是运用本课程所学知识,进行实际电子线路的设计、装接和调试工作,这样既可以加深对数字电路基础知识的理解,又能培养学生的实践技能,提高创新和分析、解决实际问题的能力,它和实验有所不同(实验目的内容比较单一),是对某一门课程进行的综合训练,内容较丰富。

7.1 概 述

7.1.1 工程训练的目的和要求

① 初步掌握科学研究(综合设计属简单的科学研究)的基本方法,通过实际电路的分析比较、设计与计算、元件选取、安装调试等环节,初步掌握简单实用电路的分析方法和工程设计方法。

② 初步掌握数字电子线路产品的生产工艺、流程以及安装、布线、焊接和调试等技能。

③ 掌握常用仪器设备的正确使用方法,学会常用电路的实验调试和整机指标的测试方法,提高实践动手操作能力。

④ 熟练掌握 EDA 仿真软件的使用。

⑤ 培养一定的自学能力、独立分析和解决问题的能力以及开拓创新能力。

⑥ 通过严格的科学训练和工程设计,逐步树立严肃认真、一丝不苟、实事求是的科学作风,并培养学生在实际工作中具有一定的生产观点、经济观点和全局观点。

7.1.2 工程训练的基本程序

指导教师授课(宣布题目和技术指标要求、设计思路、关键点提示)→学生自行设计(总体方案、比较选择,画出总体方案图)→设计各单元电路、选择电子元器件→绘制电路原理图、论述电路的工作原理→经指导教师检查、认可→绘制安装接线图或印制电路板图→经指导教师检查、认可→领电子元器件及材料,实验研究(EDA 仿真)→安装连接(焊接)电路,检查接线是否正确→调试,使其性能指标符合设计要求→经指导教师验收通过→答辩→整理归还仪器、器材→编写设计总结报告。

7.1.3 工程训练的基本方法

① 根据给定技术指标,查阅资料,方案比较,最后确定最优方案。

② 画出电路总体方框图。

③ 设计各单元电路,计算好元器件参数,选择好电子元器件。

④ 画出详细的电路原理图,从理论上推算结果,所设计电路应符合技术指标要求。

⑤ 实验研究或 EDA 仿真测试结果为正确,确保每部分电路完好。

⑥ 画出具体的电路接线图或印制电路板图。

⑦ 在面包板上搭接线路或在印制板上焊接线路,进行实验研究,测试技术指标,必要时,修改电路,更换器件,直至电路技术指标全部符合要求为止。

7.1.4 总结报告要求

① 设计内容及技术指标要求。

② 比较和选定设计的电路方案,画出电路框图。

③ 单元电路设计、参数计算、器件选择。

④ 画出完整的电路图,说明工作原理。

⑤ 实验研究或 EDA 仿真结果情况。

⑥ 画出完整的电路接线图,说明电路的工作原理。

⑦ 说明安装连(焊)接注意事项。

⑧ 调试的内容及方法。

⑨ 测试的数据、波形,并与计算结果比较、分析。

⑩ 调试中出现的故障,分析和解决方法。

⑪ 总结设计电路的特点和方案的优、缺点。

⑫ 设计体会。

⑬ 列出元器件清单。

⑭ 列出参考书。

7.1.5 工程训练课题的实现手段

1. 用中小规模通用集成电路实现

早期的数字系统设计常用中小规模通用集成电路实现。随着数字电子技术的不断发展,该方法越来越不适应日益复杂和灵活的数字系统的设计和实现。其缺点在于:对设计人员对器件的了解和线路设计能力的要求较高,设计的电路较复杂,印制电路板设计较麻烦,且电路的灵活性不强,一旦发现不能实现预想的逻辑功能,需要更换器件,甚至要改变电路结构重新设计、印制电路板。

2. 用单片机实现

通过对单片机进行软件编程,实现所希望的基本逻辑功能,或者通过修改软件来改变逻辑功能,这既简化了数字系统的复杂性,又增加了系统设计的灵活性。但要求设计者具有相当高的编程能力,同时部分数字电路功能必须设计在单片机外部,电路不能做到最简。

3. 用专用集成电路实现

对某些数字系统,应用市面上已经有的专用集成电路芯片可能会带来方便,但其功能往往不能满足要求,还需要另配电路,另外专用集成电路芯片一般较难买且价格较贵,因此使用者并不多。

4. 用可编程逻辑器件实现

用可编程逻辑器件实现数字系统的优越性如下。

① 用层次化设计方法设计电路,可以将复杂的数字系统划分为一个个简单的模块,同时各层次模块包括顶层电路都可以用原理图的方法编程实现,即使用硬件描述语言编程也只用到一些简单模块的设计,免去了编长段程序的困难,给设计电路的设计者带来方便。

② 器件可以方便地反复编程,无须编程器和专门的擦除动作,使用方便。

③ 100%可编程,如果发现有错,可以重新编程,直至正确为止,因此无任何风险。

由于可编程逻辑器件属于大规模集成电路器件,可以容纳非常复杂的数字电路系统,外围仅需配很简单的输入输出电路,因此如果用户目标系统板上采用了可编程逻辑器件,就极大地简化了电路结构;提高了电路的可靠性;延长了电路的使用寿命;同时使电路板的体积功耗减小、重量减轻,为设计人员把设想转为现实提供了极大的方便。

鉴于用可编程逻辑器件实现数字系统的优越性,本书所介绍的综合设计课题均是用现代数字系统的自顶向下层次化设计方法设计,最顶层用原理图设计,中间各层模块既可以用原理图编程,又可以用 VHDL 语言编程,充分发挥学习电信、通信专业学生的线路强项优势,用可编程逻辑器件来实现其主体数字系统,这也是本书综合设计的一大特色。

7.2　焊接技术与电子装配工艺

焊接是将各种元器件与印制导线牢固地连接在一起的过程,在电子设备的大规模生产中,焊接和元器件装配已不需要由人工来完成。但在电子设备的试制和维修过程中,仍然需要人工焊接及拆焊。元件的焊接是一门重要的技术和工艺,焊接的质量好坏将直接影响电子设备的工作性能和寿命。

7.2.1　对焊接的要求

电子产品的组装其主要的任务是在印制电路板上对电子元器件进行锡焊,一块电路板上有很多焊点,如果有一个焊点达不到要求,就会影响整个电路的工作。因此在锡焊时,为了保证焊接质量,必须做到以下几点。

(1) 焊点的机械强度要足够

为保证被焊件在受到振动或冲击时不至脱落、松动,因此要求焊点要有足够的机械强度。为使焊点有足够的机械强度,一般可采用把被焊元器件的引线端子打弯后再焊接的方法,但不能用过多的焊料堆积,这样容易造成虚焊、焊点与焊点的短路。

(2) 焊接可靠,保证导电性能

为使焊点有良好的导电性能,必须防止虚焊。虚焊是指焊料与被焊物表面没有形成合金结构,只是简单地依附在被焊金属的表面上。有时虚焊用仪表测量也很难发现问题,但随着时间的推移,没有形成合金的表面就要被氧化,此时便会出现时通时断的现象,这势必造成产品的质量问题,如图 7.1 所示。

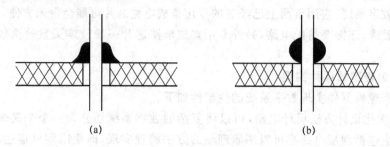

(a)　　　　　　　　　　　　　(b)

图 7.1　虚焊的两种情况

(3) 焊点表面要光滑、清洁

为使焊点美观、光滑、整齐,不但要有熟练的焊接技能,而且要选择合适的焊料和焊剂,否则将出现焊点表面粗糙、拉尖、棱角等现象。

7.2.2　印制电路板的焊接工艺

1. 焊接步骤

准备:烙铁头和焊锡丝靠近,处于随时可以焊接的状态,同时认准位置。

加热焊件:烙铁头放在焊件上进行加热。

熔化焊锡:焊锡丝放在焊件上,熔化适量的焊锡。

移开焊锡:熔化适量的焊锡后迅速移开焊锡丝。

移开烙铁:焊锡浸润焊盘或焊件的施焊部位后,移开烙铁。注意移开烙铁的速度和方向。

焊接步骤图如图 7.2 所示。

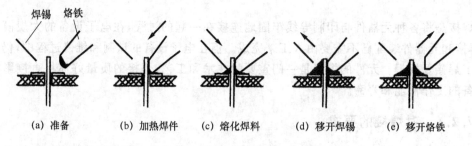

(a) 准备　　　(b) 加热焊件　　(c) 熔化焊料　　(d) 移开焊锡　　(e) 移开烙铁

图 7.2　焊接步骤

2. 装焊顺序

元器件的装焊顺序依次是电阻器、电容器、二极管、三极管、集成电路、大功率管,其他元器件是先小后大。

3. 对元器件焊接的要求

(1) 电阻器的焊接

按图纸要求将电阻器准确地装入规定位置,并要求标记向上,字向一致。装完一种规格再装另一种规格,尽量使电阻器的高低一致。焊接后将露在印制电路板表面上多余的引线脚齐根剪去。

(2) 电容器的焊接

将电容器按图纸要求装入规定位置,并注意有极性的电容器其"+"与"-"极不能接错。

电容器上的标记方向要易看得见。先装玻璃釉电容器、金属膜电容器、瓷介电容器，最后装电解电容器。

（3）二极管的焊接

正确辨认正负极后按要求装入规定位置，型号及标记要易看得见。焊接立式二极管时，对最短的引线脚焊接时，时间不要超过 2 秒钟。

（4）三极管的焊接

按要求将 e、b、c 3 根引线脚装入规定位置。焊接时间应尽可能的短些，焊接时用镊子夹住引线脚，以帮助散热。焊接大功率三极管时，若需要加装散热片，应将接触面平整，打磨光滑后再紧固，若要求加垫绝缘薄膜片时，千万不能忘记引脚与线路板上焊点需要连接时，要用塑料导线。

（5）集成电路的焊接

将集成电路装在印制线路板上，按照图纸要求，检查集成电路的型号、引线脚位置是否符合要求。焊接时先焊集成电路边沿的两只引线脚，以使其定位，然后再从左到右或从上至下进行逐个焊接。焊接时，烙铁一次沾取锡量为焊接 2～3 只引线脚的量，烙铁头先接触印制电路的铜箔，待焊锡进入集成电路引线脚底部时，烙铁头再接触引线脚，接触时间以不超过 3 秒钟为最好，而且要使焊锡均匀包住引线脚。焊接完毕后要查一下，是否有漏焊、碰焊、虚焊之处，并清理焊点处的焊料。

7.2.3　电子装配工艺基础

电子部件是由材料、零件、元器件等装配组成的具有一定功能的可拆卸或不可拆卸的产品，部件装配质量的好坏，直接影响电子整机装配质量。因此，部件装配是电子整机装配的一个重要环节。

1. 元器件引线加工成型

元器件在印制板上的排列和安装有两种方式，一种是立式，另一种是卧式。元器件引线弯成的形状应根据焊盘孔的距离不同而加工成型。加工时，注意不要将引线齐根弯折，一般应留 1.5 mm 以上，弯曲不要成死角，圆弧半径应大于引线直径的 1～2 倍。并用工具保护好引线的根部，以免损坏元器件。同类元件要保持高度一致。各元器件的符号标志向上（卧式）或向外（立式），以便于检查，如图 7.3 所示。

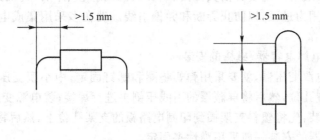

图 7.3　元器件引线加工

2. 元器件的插装

元器件的插装主要有以下两种形式，其示意图如图 7.4 所示。

（1）卧式插装

卧式插装是将元器件紧贴印制电路板插装,元器件与印制电路板的间距应大于1 mm。卧式指的是组件体平行并紧贴于电路板安装、焊接,其优点是组件安装的机械强度较好,受震动时不易脱落。

（2）立式插装

立式指的是组件体垂直于电路板安装焊接,立式插装的特点是节省空间、占用印制板的面积少、拆卸方便。电容、三极管、DIP 系列集成电路多采用这种方法。

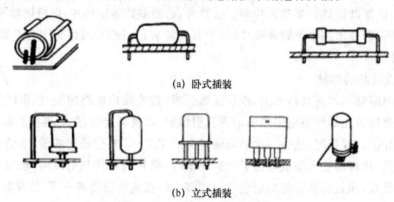

(a) 卧式插装

(b) 立式插装

图 7.4　元器件的插装

当电路组件数量不多,而且电路板尺寸较大的情况下,一般是采用卧式插装较好;当电路组件数较多,而且电路板尺寸不大的情况下,一般是采用立式插装。

3. 常用元器件的安装要求

不同的器件,其安装要求也有所不同,具体情况如下。

（1）晶体管的安装

在安装前一定要分清集电极、基极、发射极。元件比较密集的地方应分别套上不同彩色的塑料套管,防止碰极短路。对于一些大功率晶体管,应先固定散热片,后插大功率晶体管再焊接。一般以立式安装最为普遍,引线不能留的太长,以保持晶体管的稳定性,但对于大功率自带散热片的塑封晶体管,为提高其使用功率,往往需要再加一块散热板。

（2）集成电路的安装

集成电路在安装时一定要弄清其方向和引线脚的排列顺序后,再插入电路板。在插装集成电路时,不能用力过猛,以防止弄断和弄偏引线。现在多采用集成电路插座,先焊好插座再安装集成块。

（3）变压器、电解电容器、磁棒的安装

对于较大的电源变压器,就要采用弹簧垫圈和螺钉固定;中小型变压器,将固定脚插入印制电路板的相应孔位,然后将屏蔽层的引线压倒再进行焊接;装电源变压器时则要采用螺钉固定。磁棒的安装,先将塑料支架插到印制电路板的支架孔位上,然后将支架固定,再将磁棒插入。电解电容器的安装一般采用弹性夹固定。

安装元器件时应注意:①安装的元器件字符标记方向一致,并符合阅读习惯,以便今后的检查和维修;②穿过焊盘的引线待全部焊接完后再剪断。

7.2.4 整机产品的检测

整机产品组装结束后,不一定就立即能够正常工作,有可能因为各种原因而存在故障,采用适当的方法,查找、判断和确定故障具体部位及其原因,是实训能否成功的关键。检测方法得当,检修速度就会加快,检测方法不对就要走弯路,轻者延缓修理时间,重者就有可能损坏原本好的元器件,更甚者将造成整机的损坏。

常用的有直观观察法、电阻法、电流法、电压法、替换法、跟踪法等。

1. 常规检测方法

(1) 直观观察法

直观观察法就是通过人的眼睛、手、耳朵、鼻等来发现电子产品所产生的故障所在。这是一种最简单、最安全的方法,也是各种仪器设备通用的检测过程的第1步。观察法又可分为静态观察法和动态观察法两种。

① 静态观察法。它又称为不通电观察法。在电子线路通电前主要通过目视检查找出某些故障。比如保险管、熔断电阻是否烧断;电阻器是否有烧坏变色;电解电容器是否有漏液和爆裂的现象;印制电路板的铜箔有无翘起,焊盘是否开裂而断路;机内印制板上的元器件引线之间、集成电路各引脚之间是否有短路;焊点是否有松动、脱焊等现象;电池夹的弹簧有无生锈或接触不良的现象;元器件是否符合设计要求;IC引脚有无插错方向或折弯,有无漏焊、桥接等故障;机内的各种连接导线、排线有没有脱落、断线和过流烧毁的痕迹等。

② 动态观察法。也称为通电观察法,即给线路通电后,运用人体视、嗅、听、触觉检查线路故障。通电观察,特别是较大设备通电时,应尽可能采用隔离变压器和调压器逐渐加电,防止故障扩大。一般情况下还应使用仪表,如电流表、电压表等监视电路状态。

通电后,眼要看电路内有无打火、冒烟等现象;耳要听电路内有无异常声音,当听到电子产品的内部有"劈啪、劈啪"声音时,表明机内有打火现象;鼻要闻电子产品在通电工作时,是否有不正常的气味散发出来,以此来判断故障的部位和性质;用手触摸一般集成电路塑封包装时,一般都没有温升或很低的温升。用手触摸大功率晶体管、功放集成电路和电源集成电路时有一定的温度,但手放在上面应以不烫手为正常。用手触摸电源变压器时仍是冷冰冰的毫无温升或温升不明显,则应考虑其负载是否有正常的耗能或存在故障。用手触摸电阻器、电容器时,其表面温度应能使手有所感觉,但不感到不适。

要说明的是,通过人的手去触摸元器件是否温升过高或无温升等现象,要注意安全,只有在确定电子产品的底板不带电的情况下才能采用此种方法。通电观察,有时可以确定故障原因,但大部分情况下并不能确认故障确切部位及原因。必须配合其他检测方法分析判断,才能找出故障所在。

(2) 电阻检测法

利用万用表的电阻档(欧姆档),测量所怀疑的元器件的阻值或元器件的引线脚与共用地端之间的阻值,并与正常值进行比较,从中发现故障所在。

测量开路电阻值是指将电路中元器件引线的一端或两端从电路板上拆焊下来,然后再对元器件进行测量的方法。用此方法可检测电阻器、电容器、电感器、晶体三极管、变压器、传声器、开关件等的好坏。

测量在线电阻是指元器件的引线脚仍在焊点上,没有脱开印制电路板时,用欧姆档检测引线脚之间阻值大小的方法。用该方法可以大致判断元器件是否开路或短路。

（3）电压检测法

用万用表的电压档测量电路电压、元器件的工作电压并与正常值进行比较,以判断故障所在的检测方法。最常用的是直流电压检测法。通过直流电压的测量可判断各单元电路静态工作的情况,可确定整机工作电压是否正常,可判断电路所提供的偏置电压是否正常,可以判断集成电路本身及其外围电路是否工作正常。

（4）电流检测法

电流检测法指用万用表的电流档去检测电子电路的整机电流、单元电路的电流、某一回路的电流、晶体管的集电极电流以及集成电路的工作电流等,并与其正常值进行比较,从中发现故障所在的检测方法。检测电流时需要将万用表串入电路。电流检测法主要指整机电流的测量、晶体管集电极电流的测量以及集成电路工作电流的测量。

电流检测法比较适用于由于电流过大而出现烧坏保险管、烧坏晶体管,使晶体管发热、电阻器过热以及变压器过热等故障的检测。

（5）示波器检测法

用示波器测量出电路中关键点波形的形状、幅度、宽度及相位与维修资料给出的标准波形进行比较,从中发现故障所在,这种方法就称示波器检测法。

应用示波器检测法的同时再与信号源配合使用,就可以进行跟踪测量,即按照信号的流程逐级跟踪测量信号,当前面测试点的信号正常,而后面测试信号不正常时,说明故障就发生在前、后两个测试点之间的电路中。

（6）替换检测法

替换检测法就是用规格、性能相同的正常元器件、电路或部件,代替电路中被怀疑的相应部分,从而判断故障所在的一种检测方法,如果故障被排除,表明所怀疑的元器件为故障件。替换检测法也是电路调试、检修中最常用、最有效的方法之一。

实际应用中,按替换的对象不同,可有元器件替换、单元电路替换、部件替换3种方法,用于替换的部件与原部件必须型号、规格一致,或者是主要性能、功能兼容的,并且能正常工作的部件。

替换法使用时必须有的放矢,决不能盲目地乱换元器件,如果频繁使用,则可能造成人为故障并使故障扩大化。

（7）跟踪法

信号传输电路,在现代电子电路中占有很大比例。这种电路的检测关键是跟踪信号的传输环节。将一定频率和幅度的信号逐级输入到被检测的电路中,或注入到可能存在故障的有关电路中,然后再通过电路终端的发音设备或显示设备(扬声器、显像管)以及示波器、电压表等反应的情况,作出逻辑判断的检测方法。在检测中,哪一级没有通过信号,故障就在该级单元电路中。具体应用中根据注入信号的不同可分为信号发生器的信号注入法和感应杂波信号注入法。

信号发生器的信号注入法采用专门仪器产生不同的信号输入到被测电路中,即将信号从电路的输入端输入,然后用仪表(示波器等)逐级进行检测。要注意根据被测电路的不同,选择不同频率和幅度的信号。在信号发生器的输出端最好串入一个隔直电容。

感应杂波信号注入法(也称干扰法)就是将人体感应产生的杂波信号作为检测的信号源,用此信号去进行检测故障机的方法。具体的方法是:手拿小螺丝刀,而且手指要紧贴小螺丝刀的金属部分,然后用螺丝刀的刀口部分由电路的输出端逐渐向前去碰触电路中除接地或旁路接地的各点,从电路的终端反应情况来确定故障的大至部位。检测过程中要注意安全,避免出现短路现象。

7.3　实习作品设计与制作

作品 1　数字电子闹钟设计

一、技术指标要求

① 具有正常的时、分、秒计时显示功能。

② 能进行手动校时、校分和清零。

③ 能进行整点报时。

④ 具有如下定时闹时功能:

- 使用 M2114A RAM 存储一组时刻表;
- 闹时的最小时间间隙为 5 分钟;
- 要求 24 小时内输出 10 种不同的闹时信号,闹时持续时间均为 5 秒钟。

注:也可以将定时闹时时间固化在器件内(如 CPLD 器件或 EPROM 器件)。

⑤ 具有上午、下午或星期指示功能。

⑥ 设计所需的单次和连续脉冲电路。

⑦ 具有开机清零功能。

⑧ 设计+5 V 电源电路。

二、设计方案

根据设计要求,画出电路方框图。如图 7.5 所示。

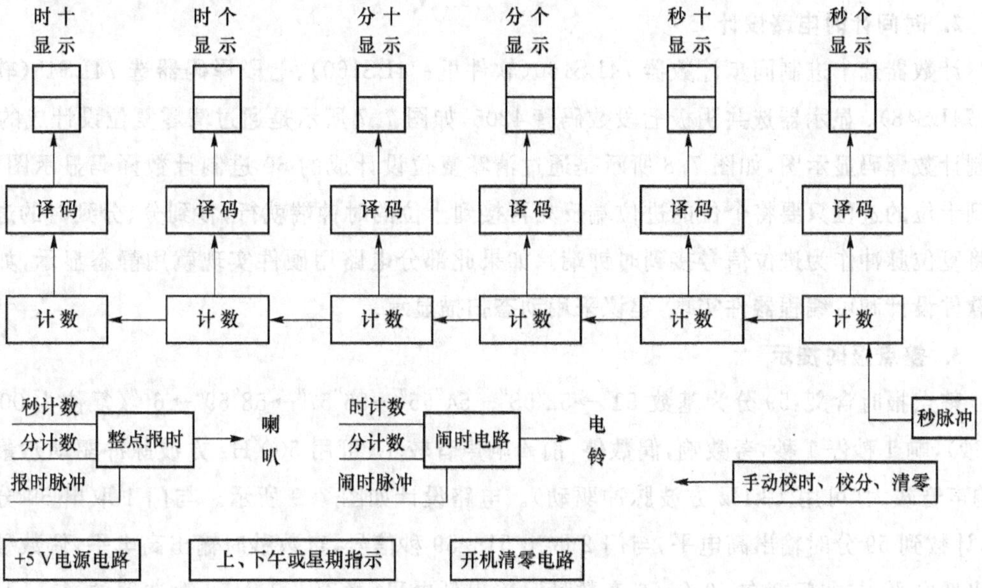

图 7.5　电路方框总图

本课题用可编程逻辑器件实现,其作品画电路框图如图 7.6 所示。

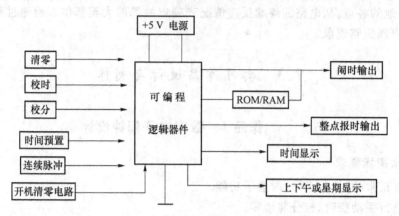

图 7.6　数字电子闹钟作品方框图

本课题设计分软件和硬件两大块,软件部分即其中的主体数字部分设计在可编程逻辑器件里,硬件电路包括可编程逻辑器件和为该电路提供的输入信号和检测输出的电路。

三、软件设计

1. 十进制加法计数器设计

作用:用于构成七进制、秒 60 进制、分 60 进制、24 进制,作为星期或时间显示。

设计方案 A:用 D 触发器或 JK 触发器进行原理图设计。

设计方案 B:用 VHDL 语言设计。

设计方案 C:直接调用软件里 74LS160 器件。

2. 时间计时电路设计

计数器选十进制同步计数器 74LS160(软件里:74LS160)、七段译码器选 74LS48(软件里:74LS48)、显示器选共阴极七段数码管 4205,如图 7.7 所示是通过清零复位设计成的 24 进制计数译码显示图,如图 7.8 所示是通过清零复位设计成的 60 进制计数译码显示图,个位到十位的进位只要将个位的进位端反相再接到十位的时钟端就行,秒到分、分到时的进位是将复位脉冲作为进位信号接到时钟端。如果此部分电路用硬件实现就用静态显示,如果用软件设计和可编程器件实现,建议采用动态扫描显示。

3. 整点报时提示

整点报时含义:59 分为基数 $51''{\rightarrow}52''53''{\rightarrow}54''55''{\rightarrow}56''57''{\rightarrow}58''59''{\rightarrow}60''$(复位为 00 分 00 秒),响 1 秒停 1 秒,奇数响,偶数停,前 4 响声音较小(可用 500 Hz 方波脉冲驱动),最后 1 响声音较大(可用 1 kHz 方波脉冲驱动)。电路设计如图 7.9 所示。与门 1 取出 59 分信号,计数到 59 分时输出高电平,与门 2 取出 51~59 秒信号,奇数秒时输出高电平,偶数秒时输出低电平,与非门 3 在 59 分 50 奇数秒时输出低电平,送至 74LS153 数选器的 A_1,1 kHz 信号送至数选器的 D_1,经 D 触发器分频后得 500 Hz 的信号送至数选器的 D_0,与门 4 到 59

秒时输出高电平送至数选器的 A_0，对数选器而言：$A_1A_0=00$ 时，选择 D_0，即用 500 Hz 信号驱动喇叭；$A_1A_0=01$ 时，选择 D_1，即用 1 kHz 信号驱动喇叭；$A_1=1$ 时，喇叭肯定不响。

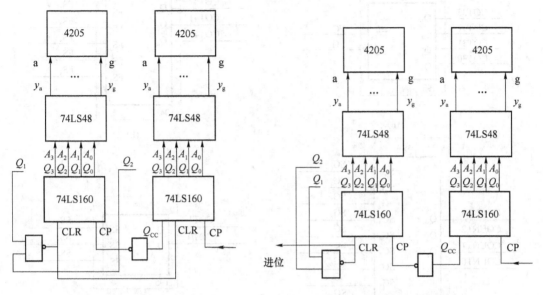

图 7.7　24 进制计数译码显示　　　　图 7.8　60 进制计数译码显示

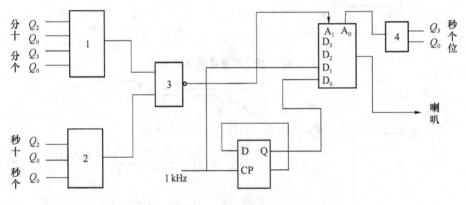

图 7.9　整点报时方案

4. 时间译码模块电路

如果将闹时时间固化在可编程逻辑器件内部，就必须设计时间译码电路，如图 7.10 所示。其中图 7.10(a)为分个位(fgw)时间译码模块；(b)为分十位(fsw)时间译码模块；(c)为时个位(sgw)时间译码模块；(d)为时十位(ssw)时间译码模块。时间译码模块的输入端接相应的计数器输出，输出端是在对应输入时的输出高电平。下面以分十位(fsw)时间译码模块说明，具体电路如图 7.11 所示。

当分十位计数器的 $Q_2Q_1Q_0$ 分别为 000、001、010、011、100、101 时，其输出 FS_0、FS_1、FS_2、FS_3、FS_4、FS_5 分别出现高电平。如图 7.12 所示是闹时时间预置模块，从图中可知，本课题预置了 8 个闹时时间，分别为 1：20、1：25、1：30、2：30、3：35、4：45、8：55、10：15，即到这 8 个预置闹时时间时，该模块输出 1 分钟宽度的高电平。

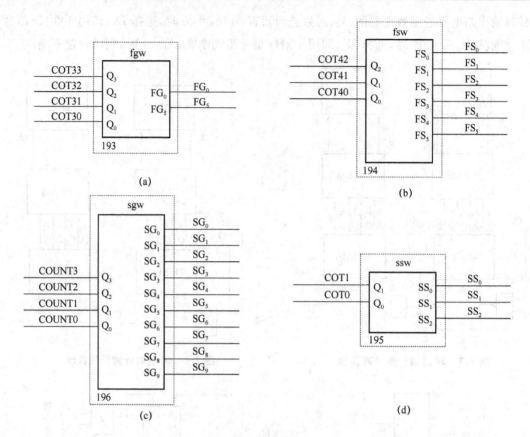

图 7.10 时间译码电路

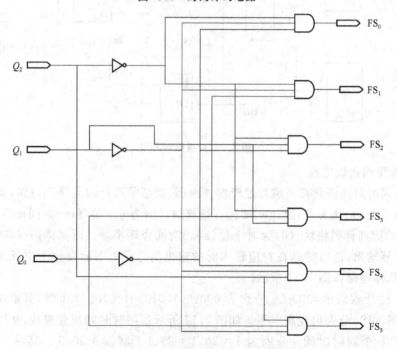

图 7.11 分十位(fsw)时间译码模块

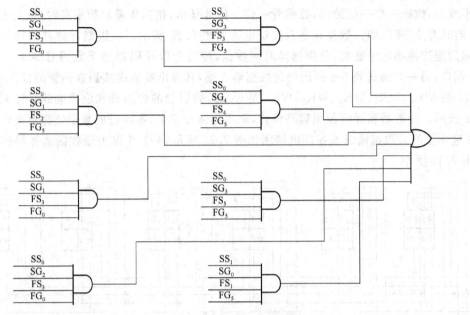

图 7.12 闹时时间预置模块

5. 脉宽变化模块

实际情况下,往往并不需要 1 分钟宽度而仅需要几秒宽的高电平闹时信号,所以需要设计脉宽变化模块,将 1 分钟宽度的正脉冲变为几秒宽的正脉冲,如图 7.13 所示。

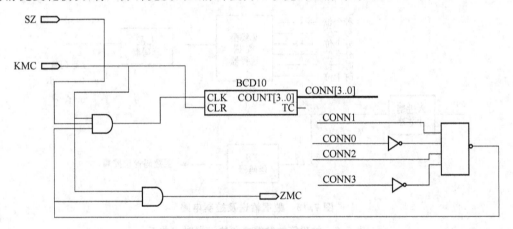

图 7.13 脉宽变化模块

图 7.13 中 SZ 为 1 Hz 的标准脉冲信号,KMC 为 1 分钟宽度的输入宽正脉冲,ZMC 为 6 秒宽度的输出窄正脉冲,其中的 BCD10 为十进制加法计数器,CLR 和 CLK 分别为其清零端和时钟端。

6. 动态扫描模块

如果时间的每一位分别译码显示,将需要 $6 \times 7 = 42$ 根数据线,占用器件的 I/O 资源较多,为了节省 I/O 资源,可以采用动态扫描方法,如图 7.14 所示。将所有数码管的 a、b、c、d、e、f、g 分别连在一起,各位的数据统一输入,再将各位的地端(共阴数码管)分别引出作为位控端,这样总共只需要 $6+7 = 13$ 根数据线就行了。送某一位数据时只要相应位控端为低电平就行,数据一位一位地送,数码管一位一位地显示,在扫描显示频率高时,看上去的效果是"同时静止"显示的。数据输送及控制电路如图 7.15 所示。六进制计数器的输出一方面送到数据选择器的地址端,分别选择时间数据,经过七段译码器送至数码管的 a、b、c、d、e、f、g 端口;另一方面送到 3-8 译码器的数据输入端,其输出端依次接到数码管的位控端,如图 7.14 的 WK$_0$、WK$_1$、WK$_2$、WK$_3$、WK$_4$、WK$_5$ 端,数码管的数据端和位控端的对应关系如表 7.2 所示。计数器和译码器很容易设计,就不具体介绍了,本课题的数据选择器要设计成 4 个 6 选 1 型的。数据输送及控制电路图如图 7.15 所示,4 个 6 选 1 型数据选择器仿真结果如图 7.16 所示。

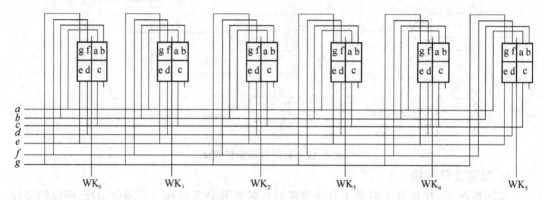

图 7.14　动态扫描显示模块

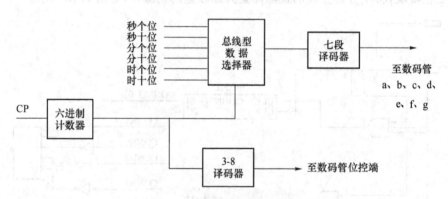

图 7.15　数据输送及控制电路

表 7.2　数码管的数据端和位控端对应关系

CP	计数器输出	数据选择器选择	3-8 译码器使位控端	说　明
0	000	秒个位数据	WK$_0$＝0	显示秒个位
1	001	秒十位数据	WK$_1$＝0	显示秒十位
2	010	分个位数据	WK$_2$＝0	显示分个位
3	011	分十位数据	WK$_3$＝0	显示分十位
4	100	时个位数据	WK$_4$＝0	显示时个位
5	101	时十位数据	WK$_5$＝0	显示时十位

数据选择器 VHDL 语言程序如下。

```
library ieee;
use ieee.std_logic_1164.all;
entity mux461 is port
    (a,b,c,d,e,f:in std_logic_vector(3 downto 0);    --定义 6 个数据输入端
        s:in std_logic_vector(2 downto 0);           --定义地址
        x: out std_logic_vector(3 downto 0));        --定义数据输出端 x
end mux461;
architecture arc of mux461 is begin
mux461:process(a,b,c,d,s)
begin
  if s = "000" then x<= a;                           --如果 s = 000,x 选择 a
  elsif s = "001" then x<= b;                        --如果 s = 001,x 选择 b
  elsif s = "010" then x<= c;                        --如果 s = 010,x 选择 c
  elsif s = "011" then x<= d;                        --如果 s = 011,x 选择 d
  elsif s = "100" then x<= e;                        --如果 s = 100,x 选择 e
  elsif s = "101" then x<= f;                        --如果 s = 101,x 选择 f
  elsif s = "110" then x<= f;
  elsif s = "111" then x<= f;
    end if; end process mux461; end arc;
```

其仿真结果如图 7.16 所示。

图 7.16　4 个 6 选 1 型数据选择器仿真结果

7. 手动校时、校分和清零模块

手动校时、校分模块如图 7.17 所示,用 D 触发器起消抖作用,校时、分信号经过 D 触发器送至 2 选 1 数据选择器的地址端,无校时、分信号时,2 选 1 数据选择器选择进位信号正常计时,有校时、分信号时,2 选 1 数据选择器选择校时、分脉冲信号实现校时、分。

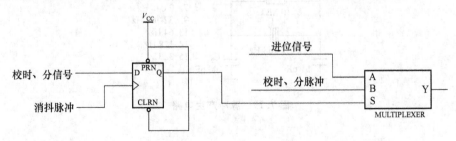

图 7.17　手动校时、校分模块

手动清零原理图如图 7.18 所示,秒个位和分个位计数器的清零端直接接清零信号,其他位将清零信号和复位信号相与后再接计数器的清零端,这样清零负脉冲来后,各位计数器统一清零。

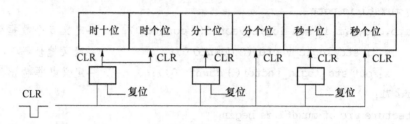

图 7.18　手动清零原理

8. 上、下午和日期指示模块设计

如果要指示上、下午,时就设计为 12 进制,将时复位信号同时送至触发器时钟端,触发器接成计数状态($D:D$ 和 $\bar{Q}$ 连在一起;$JK:J=K=1$),这样,触发器如输出低电平时表示上午,输出高电平时则表示下午。

四、硬件设计

1. 脉冲电路设计

本课题需要 1 Hz 秒计时脉冲信号,1 kHz～2 kHz 整点报时信号、闹时信号和动态扫描信号,这些信号由脉冲信号发生器发生,脉冲信号发生器设计方法有多种。如①555 定时器;②4 MHz 晶体振荡器;③32768 Hz 晶体振荡器接 CD4060;④门电路与 R、C;⑤运放、R、C、转换电路;⑥施密特触发器、R、C。

用 32768 Hz 晶体振荡器接 CD4060 产生所需的脉冲信号的方案,如图 7.19 所示。CD4060 是 14 位二进制分频器,工作时接＋5 V 电源,从 3 脚输出 2 Hz 脉冲信号,经过 2 分频后变为 1 Hz 信号作为秒脉冲计时信号,从 5 脚输出 1024 Hz 脉冲信号,作为消抖、整点报时、闹时、动态扫描信号。

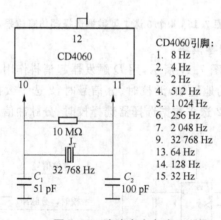

CD4060 引脚:
1. 8 Hz
2. 4 Hz
3. 2 Hz
4. 512 Hz
5. 1 024 Hz
6. 256 Hz
7. 2 048 Hz
9. 32 768 Hz
13. 64 Hz
14. 128 Hz
15. 32 Hz

图 7.19　脉冲产生电路

2. 开机清零电路设计

如图 7.20 所示是开机清零电路,S 闭合时,A 点产生正尖脉冲,B 点产生一定宽度的负脉冲,它同复位信号一起加到计数器的清零端,实现开机时自动清零功能。

3. 单次脉冲电路

单次脉冲电路如图 7.21 所示,P 为按钮,1、2 为常闭,2、3 为常开,U3C、U3D 为与非门,电阻为 3.3 kΩ,每按一次按钮,上面输出一个负脉冲,下面输出一个正脉冲。此电路作为手动校时、校分、清零的控制信号。

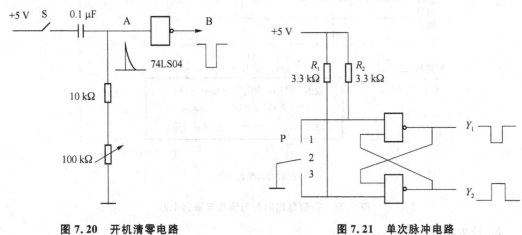

图 7.20　开机清零电路　　　　　　　图 7.21　单次脉冲电路

4. 闹时时间存取电路设计

方案 1:用 EPROM2732A 存储器存储时间

EPROM2732A 是电擦除只读存储器,有 12 根地址线,8 根数据线。使用时将地址线同计数器时十(占 2 根地址线)、时个(占 4 根地址线)、分十(占 3 根地址线)、分个(占 3 根地址线,分最低位再用电路区别)按顺序从高位到低位依次连在一起,这样,地址和时间(不区分奇数分和偶数分)就成一一对应关系,再取 8 根数据线中任意一根作为闹时输出。使用前,必须先对存储器进行编程,将闹时时间(地址—数据对应关系)存储进去,然后将存储器接到线路中去,即地址线和各位计数器的输出接好,使存储器处于读出状态,这样到闹时时间时,闹时信号就取出来。此法的优点:闹时时间不受断电影响。使用只读存储器时,数字电子钟更方便地用于多路顺时控制。

方案 2:用 RAM2114A 存储器存储时间

静态随机存取存储器 M2114A RAM 有 10 个地址输入端 $A_9 \sim A_0$,使它们分别与计数器的输出端连在一起:A_9A_8——时十 Q_1Q_0、$A_7A_6A_5A_4$——时个 $Q_3Q_2Q_1Q_0$、$A_3A_2A_1$——分十 $Q_2Q_1Q_0$、A_0(分个位为 0 时等于 0;分个位为 5 时等于 1),这样每一个时间对应一个地址。设计电路时将存储器通过图 7.22 接入电路。使用时,首先先清零,使存储器处于写入状态,闹时信号输入为 0000,让时间扫描一遍;然后设定某个闹时时间,先确定出相应的时间地址,在对应的地址时,在 I/O₀ 端存入 1,这样将所有闹时时间一一写进去。最后使存储器处于读出状态,则到闹时时刻时,I/O₀ 端输出 1 电平信号,经过处理后驱动电铃闹时。此法的优点:闹时时间随时设置随时取出。电路如图 7.22 所示。

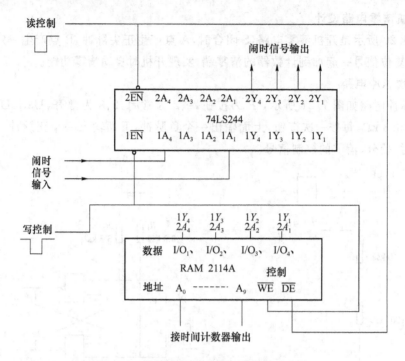

图7.22 存储器闹时时间预置与取出电路

5．放大驱动电路

数字器件(包括可编程逻辑器件)输出的 TTL 电平数字信号不能驱动大电流或 5～220 V 的负载(如:灯炮、电铃、电机、电磁阀、液压和气压装置),必须经过放大驱动电路才能驱动负载。放大驱动电路分电流驱动和电压驱动。如图 7.23 所示是电流放大驱动电路,如图 7.23(a)所示是 NPN 型三极管放大电流电路,如图 7.23(b)所示是 PNP 型三极管放大电流电路,选用高电流放大倍数的三极管(如:8050、8550),放大后能驱动近 1 A 的电流。

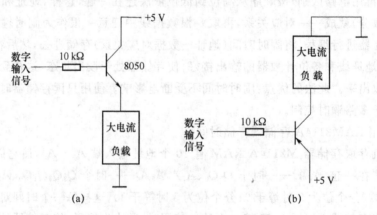

图7.23 电流放大驱动电路

如图 7.24 所示是电压放大驱动电路,如图 2.24(a)所示是可控硅驱动,输入高电平时,可控硅导通,负载通电,一般场合可用,此法缺点是一旦可控硅损坏,强电会损坏弱电部分的电路,如图 7.24(b)所示是用固态继电器(SSR)驱动,输入高电平时,固态继电器工作,负载通电。此法优点是由于输出输入相隔离,输出端的强电不会影响到输入端线路。

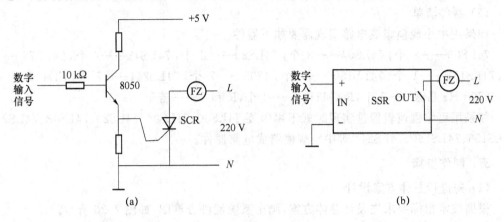

图 7.24 电压放大驱动电路

6. +5 V 稳压电源电路

数字器件工作时多采用+5 V 电源供电,普通+5 V 稳压电源如图 7.25 所示。

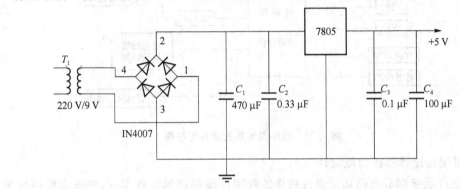

图 7.25 +5 V 稳压电源电路

其中,T_1 是初级为 220 V,次级为 9 V,功率为 1 W 的变压器,7805 为三端稳压器,输出为 5 V。C_1 为滤波电容。为保证稳压器能够正常工作,要求输入电压与输出电压之间有一定的电压差,此电压差一般为 3~7 V,因此选择 220 V/9 V 的变压器。三端稳压器的输入端接在滤波电路的后面,输出端直接接负载。公共端接地。为了抑制高频干扰并防止电路自激,在它的输入、输出端分别并联电容 C_2、C_3。如果需要较大电流,应采用开关电源供电。

7. 调试步骤

（1）如果用纯硬件实现

秒个位→秒十位→分个位→分十位→时个位→时十位→手动校时、校分→手动清零→整点闹时→闹时→放大驱动→日期或星期指示→开机清零。

（2）如果主体数字电路用可编程逻辑器件实现

① 先进行可编程逻辑器件逻辑功能设计,通过仿真测试和下载测试,确保功能实现。

② 再进行各外围电路设计,电路功能分别测试,确保实现。

③ 组装在一起,联调,确保功能全部实现。

(3) 器件清单

如果用中小规模集成电路实现需要如下器件。

74LS00——3 个,74LS04——3 个,74LS20——2 个,74LS48——7 个,74LS74——1 个,74LS153——1 个,74LS160——7 个,4205——7 个,74LS244——7 个,CD4060——1 个,32768 Hz 晶振——1个,RAM2114——1 个,R 和 C——若干。

如果用可编程逻辑器件实现时就不再需要 74LS00、74LS04、74LS20、74LS48、74LS74、74LS153、74LS160、74LS244 等中小规模集成电路器件。

五、制作步骤

(1) 先进行总体方案设计

根据技术指标要求先设计总体方案,画出系统硬件方框图,如图 7.26 所示。

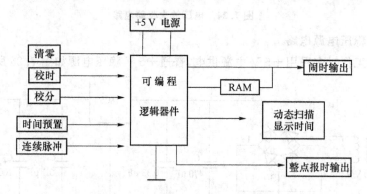

图 7.26 数字闹时系统硬件方框图

(2) 可编程逻辑器件功能设计

将系统的数字部分电路功能通过软件编程用可编程逻辑器件实现,先将底层模块编译好,然后将顶层原理图文件建好,选择好可编程逻辑器件,锁定好引脚,最后下载到器件里。

(3) 外围电路设计、选择好器件

除了可编程逻辑器件外的电路都属于外围电路,这些电路要分别设计好,并选择好器件在面包板上调试好,确保电路的功能全部实现。

(4) 绘制电路总原理图

用 Protel 99SE 绘制电路总原理图,清楚地标注出电路之间的电气连接关系。

(5) 绘制印制电路板图、制作印制电路板

用 Protel 99SE 绘制印制电路板图,根据生产工艺要求,合理布局布线,按照印制电路板的绘制规范,绘制符合工艺要求的印制电路板(PCB),PCB 板上要清楚标注各器件的位置、输入输出信号的位置、输入输出信号和电源引入接口,委托厂家制作印制电路板。

(6) 安装、焊接、调试

器件对号入座,将各器件按工艺要求安装好、焊接好,将各部分电路分别调试好。

(7) 综合测试、组装

印制电路板上所有器件焊好,各部分电路分别调试好后,再进行综合测试,确保电路总体功能实现,完全符合设计指标要求,最后安装到机壳里,形成一个独立完整的产品。如图

7.27 所示为数字电子闹钟实物图。

图 7.27　数字电子闹钟产品实物

研制成实物后,综合测试结果如下。

① 通电后即发现数码管正常显示时、分、秒时间。

② 按左下清零按钮,时间清零为 00：00：00。

③ 按左中校分按钮就校分,即分个位快速连续相加。

④ 按左上校时按钮就校时,即时个位快速连续相加。

⑤ 到整点时,喇叭自动进行整点报时。

⑥ 到了可编程逻辑器件里固化的闹时时间时,绿色发光管亮,固态继电器驱动电铃闹时。

⑦ 也可将可编程逻辑器件的内部固化时间屏蔽掉,只用外部随时预置的时间闹时。

⑧ 可以用右下的拨动开关随时预置时间(右上、右中分别是存储器的读、写控制),在不断电情况下,当正常计时到预置时间时就闹时。

作品 2　无线遥控八路智能抢答器

一、设计要求

1. 基本功能

(1) 设计一个智力竞赛抢答器,可同时供 8 名选手参加比赛,他们的编号分别是 0、1、2、3、4、5、6、7,各用一个抢答按钮,按钮的编号与选手的编号相对应。另外给节目主持人设置一个控制开关,用来控制系统的清零(编号显示数码管灭灯)和抢答的开始。

(2) 抢答器具有数据锁存和显示功能。抢答开始后,若有选手按动抢答按钮,编号立即锁存,并在数码管上显示出选手的编号,同时扬声器给出音响提示。此外,要封锁输入电路,禁止其他选手抢答。优先抢答选手的编号一直保持到主持人将系统清零为止。

(3) 抢答器具有定时抢答的功能,且一次抢答的时间可以由主持人设置(如 30 s)。当节目主持人启动"开始"后,要求定时器立即减计时,并用显示器显示,同时扬声器发出短暂的声响,声响持续 0.5 s 左右。参赛选手在设定的时间内抢答,抢答有效,定时器停止工作,显示器显示选手的编号和抢答时间,并保持到主持人将系统清零为止。

(4) 如果定时抢答时间已到,却没有选手抢答时,本次抢答无效,系统报警,并封锁输入电路,禁止选手超后抢答,时间显示00。

（5）用语言集成电路提示相应的状态：开始抢答、抢答成功、感谢参与。

（6）可以现场,又可通过遥控实现抢答。

二、设计方案

1．设计电路的总体框图

定时抢答器的总体框图如图7.28所示。它由主体电路和扩展电路两部分组成。主体电路完成基本的抢答功能,即计时抢答后,当选手按动抢答键时,能显示选手的编号,同时能封锁输入电路,禁止其他选手抢答。扩展电路完成定时抢答的功能。

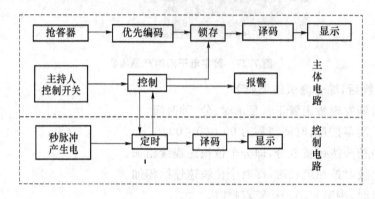

图7.28　定时抢答器的总体框图

抢答器要完成以下4项工作。

① 优先编码电路立即分辩出抢答者的编号,并由锁存器进行锁存,然后由译码显示电路显示编号。

② 扬声器发出短暂声响,提醒节目主持人注意。

③ 控制电路要对输入编码进行锁存,避免其他选手再次进行抢答。

④ 控制电路要使定时器停止工作,时间显示器上显示剩余的抢答时间,并保持到节目主持人将系统清零为止,当选手将问题回答完毕,主持人操作控制开关,使系统回复到禁止工作状态,以便进行下一轮抢答。

抢答器作品方案图如图7.29所示。抢答者和裁判都用单次负脉冲,如果用遥控法实现,单次负脉冲通过遥控所得。计时脉冲用2 Hz,经过分频为1 Hz,喇叭和发光管驱动脉冲用1 024 Hz;输出分别接数码管、喇叭、发光管和由语言集成电路构成的放音电路的放音触发端,最后必须给电路系统配输出为1 A的+5 V稳压电源。

2．抢答电路设计

抢答电路的功能有两个：一是能分辨出选手按键的先后,并锁存优先抢答者的编号,供译码器显示电路用；二是要使其他选手的按键无效。选用优先编码器74LS148可以完成上述功能,其电路组成如图7.30所示。图中用优先编码器74LS148实现抢答,用74LS279锁存抢答者的编号。QD_1、QD_2、QD_3、QD_4、QD_5、QD_6、QD_7、QD_8为现场抢答信号,YK_0、YK_1、YK_2、YK_3、YK_4、YK_5、YK_6、YK_7为遥控抢答信号。Q_H为现场/遥控切换信号,$Q_H=0$,现场抢答；$Q_H=1$,遥控抢答。CAIP为大裁判,BO2N为反映定时的信号,定时时间到,BO2N=

0,定时时间未到,BO2N＝1。OA、OB、OC 为抢答者编码信号,BIN 为控制译码器的信号,CTR 为是否有人抢答信号,CTR＝1,有人抢答。

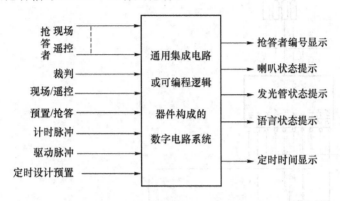

现场
抢
答 遥控
者
裁判
现场/遥控
预置/抢答
计时脉冲
驱动脉冲
定时设计预置

通用集成电路
或可编程逻辑
器件构成的
数字电路系统

抢答者编号显示
喇叭状态提示
发光管状态提示
语言状态提示
定时时间显示

图 7.29　抢答器作品方案

工作原理:图 7.30 模块的作用:实现抢答,并发出有、无抢答信号。74LS148 是优先编码器。编码输入即抢答输入,EIN＝0,74LS148 处于工作状态,有人抢答后,输出 GSN＝0,使 R-S 触发器 74LS279 的 Q_1＝1,$Q_4Q_3Q_2$ 则反映抢答者编号信息,通过 74LS48 和外接数码管显示抢答者编号。在有人抢答后,BIN＝1,CTR＝1,EIN 被置为 1,74LS148 不工作,从而实现抢答。裁判按键后,74LS279 的 O_1 又为 0,所以 74LS148 的 EIN 又为 0,说明又可以抢答。输入端 BO2N 输入为 0 时,表示已减法减至 00,有效抢答时间到,这时 EIN＝1,74LS148 也不工作,不允许再抢答。BO2N 输入为 1 时,表示抢答时间未到,无人抢答时可以抢答。

3. 定时电路设计

如图 7.31 所示,为定时电路图。其中,输入:计时慢脉冲 MCP、大裁判 DCP、定时控制预置信号、有人抢答信号 CTR;输出:LED 状态信号、LB 状态信号、定时时间到信号 NBO2。

工作原理:两个 74LS192 构成可预置的减法计数器,经 74LS48 译码,输出时间信号,在减至 00 时 NBO2 为 0。裁判信号、计时慢脉冲信号、喇叭响快脉冲信号、有/无人抢答信号(有人抢答时 CTR＝1,无人抢答时 CTR＝0)、定时时间是否到(到时 NBO2＝0,未到时 NBO2＝1)一起送至门电路,输出至喇叭和 LED。以实现定时时间未到,还没有人抢答时,喇叭一响一停(LED 一亮一灭);定时时间未到,有人抢答时,喇叭停(LED 灭);定时时间到,还没有人抢答时,喇叭一直响(LED 一亮);用喇叭(LED)不同的表现,反映当前抢答器处于不同的状态。

4. 喇叭和发光管状态指示电路

喇叭和发光管状态指示电路图如图 7.32 所示,图中 NBO2 减到 00 时为 0(抢答时间已到),未减到 00 时(抢答时间未到)为 1;有人抢答时,NCTR(即为 CTR 非)为 0,无人抢答时,NCTR 为 1。这样就实现了抢答时间未到,无人抢答时,喇叭(LB)一响一停、发光管(LED)一亮一灭;有人已抢答时,喇叭停、发光管灭;抢答时间已到时,喇叭(LB)一直响、发光管一直灭。

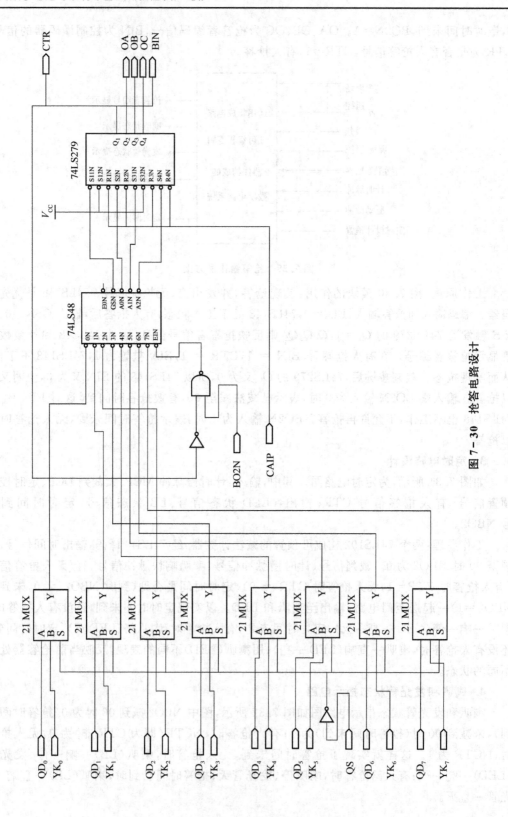

图 7 - 30 抢答电路设计

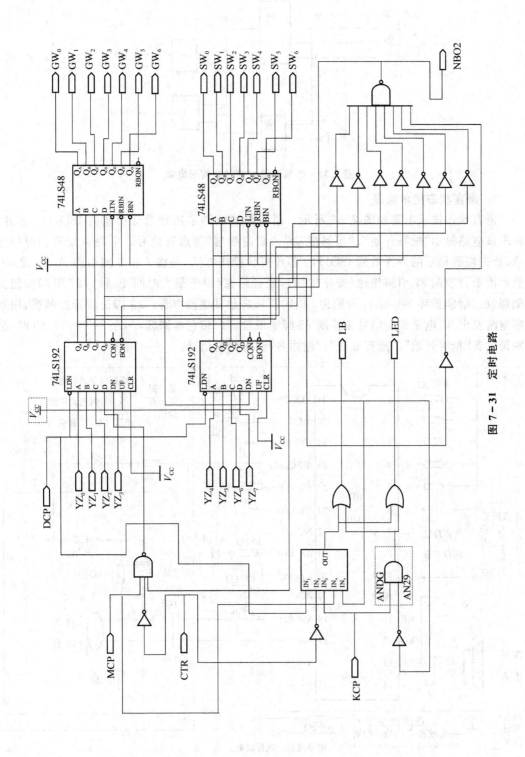

图 7 - 31 定时电路

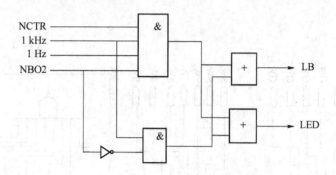

图 7.32 喇叭和发光管状态指示电路

5. 语言状态提示电路

语言状态提示电路如图 7.33 所示。语言集成电路采用带录音功能的 ISD1110 芯片。要求该电路提示"抢答开始"、"抢答成功"、"谢谢参与"等语言信号。电路在安装和焊接好后,首先将要提示的声音录到 ISD1110 芯片里。操作方法:先将 6 和 9 两引脚 A_6A_5 置 00,然后使录音控制 27 引脚接地(按住按钮),录音结束(录音最大时间 10 秒),27 引脚按钮立刻释放。继续循环,使 A_6A_5 分别为 01、10、11,再录其他段声音。23 脚是放音控制键,由数字电路发出"0"电平控制信号去控制 23 脚实现放音。结合本课题,$A_6A_5=$ 00、01、10 时,分别录放音"抢答开始"、"抢答成功"、"谢谢参与"等语言信号。

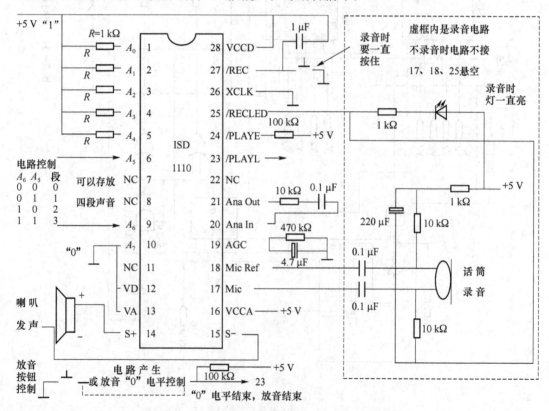

图 7.33 语言状态提示电路

6. 其他电路

抢答者和裁判信号用单次负脉冲,电路图见图 7.21。

计时脉冲、喇叭和发光二极管驱动脉冲见图 7.19。

抢答者和裁判信号用的单次负脉冲也可通过遥控取得,即可以通过遥控实现抢答。如图 7.34 所示为无线遥控模块,(a)图为无线发送模块,核心器件是 PT2262。(b)图为无线接收模块,核心器件是 PT2272。分别按发送模块里的 K_1、K_2、K_3、K_4,接收模块里的 L_1、L_2、L_3、L_4 分别发出低电平。

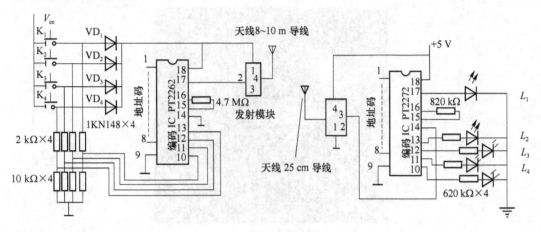

图 7.34　无线遥控模块

三、制作步骤

① 先进行总体方案设计。

② 可编程逻辑器件功能设计。

③ 外围电路设计、选择并准备好器件。

④ 绘制电路总原理图。

⑤ 绘制印制电路板图、制作印制电路板。

⑥ 安装、焊接、调试。

⑦ 组装、综合测试。

具体方法步骤和作品 1 一样。

四、综合测试

1. 测试步骤

① 实物通电后,使电路处于预置状态,预置好时间。

② 使电路处于抢答状态,裁判发令,即可抢答,开始减法计时,语言集成电路发出"开始抢答"声音,这时喇叭一响一停,发光管一亮一熄:

- 现场抢答状态时,按现场抢答按钮;
- 遥控抢答状态时,按遥控抢答按钮。

有人抢答时,停止计时,语言集成电路发出"抢答成功"声音,这时喇叭停,发光管熄灭。

③ 到时间未抢答时,喇叭一直响,发光管一直亮,再抢答无效。

④ 裁判重新发令,即可进入下一轮抢答。

2. 器件清单

如果用通用集成电路实现,需要以下器件:

74LS148——2片,74LS279——1片,74LS192——2片,74LS00——4片,74LS04——2片,CD4060——1片,32768——1个,喇叭——2只,发光管——2只,话筒——1只,ISD1110——1片,电阻、电容——若干。

如用可编程逻辑器件实现就不需要通用集成电路器件。如图7.35所示为无线遥控八路智能抢答器实物图。

图7.35 无线遥控八路智能抢答器实物作品

作品3 足球游戏机控制电路

一、设计要求

① 设计总体方案,画出系统方框图。

② 比赛时间可设定,从0~99分钟。

③ 球可在甲、乙双方操作下向前、向后移动,当进入对方球门后,将自动加分。

④ 比赛时,球进球门后,加分自动进行,但定时器不计时,必须等到按动"开始"键后,才开始定时计数。

⑤ 设计2位显示的计分显示、时间显示电路。

⑥ 当比赛设定时间到,发出声、光警示,并停止比赛,高分者为获胜方。

⑦ 可遥控踢足球。

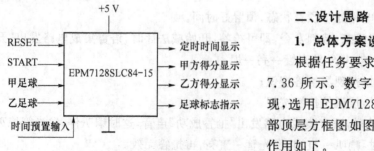

图7.36 系统总体方案

二、设计思路

1. 总体方案设计

根据任务要求设计出总体方案,如图7.36所示。数字部分还是用CPLD实现,选用EPM7128 SLC84-15器件,其内部顶层方框图如图7.37所示。其组成及作用如下。

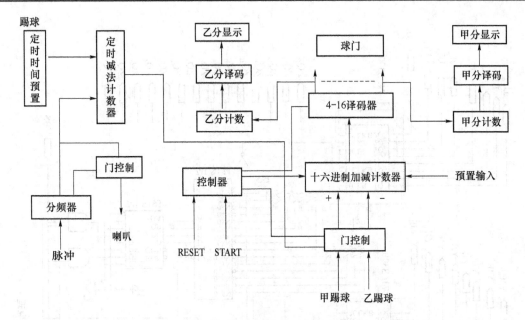

图 7.37　足球 CPLD 顶层框图

① 定时电路：控制踢球时间，比赛定时时间到，控制声光、光系统，并停止比赛的继续进行。

② 计分电路：当球进球门后，产生一脉冲，使计分计数器加分。

③ 足球运行模拟：用 15 个发光二极管模拟，以某一发光二极管不亮表示足球所在的位置，因为任何时候只有一个发光二极管不亮。

④ 当某一方进球后，若重新开始踢球，必须先按一下开始（START）按钮，所以，"START"应控制球在中间，并启动定时器减法计数。

CPLD 顶层电路原理图如图 7.38 所示。

图 7.38 中，输入有定时时间预置信号、MMC——球移动脉冲、KMC——喇叭响脉冲、START——启动单脉冲、RESET——复位单脉冲、JBS—甲踢球、YBS—乙踢球；输出有定时时间、双方得分情况、足球运动情况。

其工作过程或原理：先按 RESET 键复位，使加减计数器 74LS193 置数，禁止门电路和译码器工作，然后按 START 键启动，置 74LS193 工作状态，使 4-16 译码器 74LS154 中间译码，O8N ＝0。按 JBS（甲踢球）加法计数、球向右移动工作，球移动到 00N＝0 时，表示进入乙方球门，甲方加 1 分；按 YBS（乙踢球）减法计数、球向左移动工作，球移动到 014N ＝ 0 时，表示进入甲方球门，乙方加 1 分。jfjs100 是可通过外输入预置定时时间的 100 进制减法计数器，定时时间（单位：分）到，则踢球无效，同时喇叭发声。输出显示足球移动情况、减法时间、甲乙双方得分情况。

JF60 是 60 分频器，将 1 Hz 脉冲 60 分频，使计时单位为分；DFF 为 D 触发器，左边的作为分频用，中间的作为控制用。

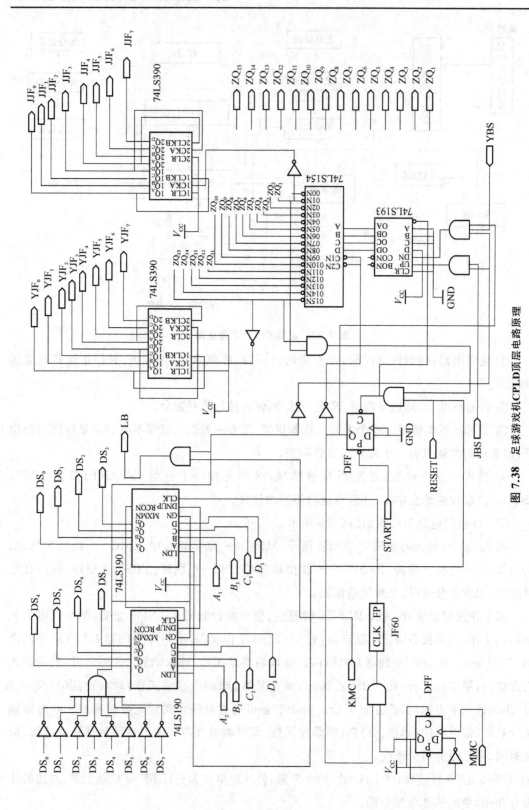

图 7.38 足球游戏机 CPLD 顶层电路原理

三、制作步骤

① 先进行总体方案设计。

② 可编程逻辑器件功能设计。

③ 外围电路设计、选择好器件。

④ 绘制电路总原理图。

⑤ 绘制印制电路板图、制作印制电路板。

⑥ 安装、焊接、调试。

⑦ 综合测试、组装。

方法步骤和作品 1 一样。

四、综合测试

① 系统通电,按 RESET 按钮,再按 START 按钮,中间 1 个 LED 不亮(足球),准备踢球。

② 甲方按 JBS 按钮,则不亮的 LED 向右移动,乙方按 YBS 按钮,则不亮的 LED 向左移动;看谁按得快,则球总体往一边移动。

③ 如果不亮的 LED 向右移动到 ZQ_1,则表示进入乙球门,甲就加 1 分;如果不亮的 LED 向左移动到 ZQ_{15},则表示进入甲球门,乙就加 1 分。

④ 将踢球脉冲(JBS、YBS)用遥控脉冲代替(参照作品 2 的遥控技术),则可实现遥控踢球。足球印制电路板图如图 7.39 所示 。

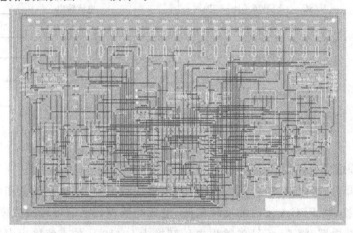

图 7.39　足球印制电路板

足球游戏机控制电路实物如图 7.40 所示。

图 7.40　足球游戏机控制电路实物

作品 4　数控直流稳压稳流电源

一、设计要求

① 稳压部分:输出电压 5～10 V 可调,纹波＜10 mV,输出电流为 0.5 A,稳压系数 ＜0.2,直流电源内阻 ＜0.5 Ω,输出直流电压能步进调节,步进值为 0.02 V。

② 稳流部分:输出电流 200～2 000 mA,步进值为 10 mA,用一个按钮控制输出电流的 递增和递减,输出电流误差的绝对值 ≤ 理论值×1%＋10 mA,纹波电流 ≤ 2 mA,能设定 输出电流,显示输出和实测电流。

二、设计思路

1. 总体方案设计

首先根据任务要求,进行总体方案设计,画出系统总体方案图,如图 7.41 所示。

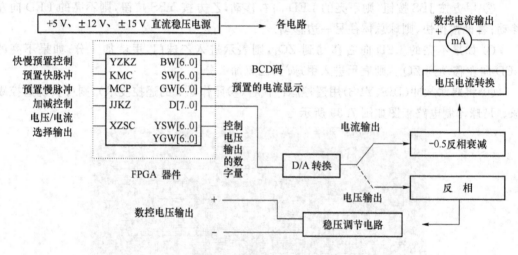

图 7.41　系统总体方案

其主要部分组成及作用如下。

① FPGA 器件:接收有关信号,发出电压、电流控制信号、数字控制量和电流信号。

② D/A 转换:将 FPGA 发出的反映电压、电流的受控数字信号转换成模拟信号。

③ 稳压调节电路:将 0～5 V 的输出电压转换为 5～10 V 的直流输出电压。

④ 电压电流转换:将受控的电压信号转换为受控的电流信号。

2. FPGA 逻辑功能设计

顶层原理图如图 7.42 所示。

图 7.42 中,输入:KMC 为 1 024 Hz 的脉冲,电流快速置数用;MCP 为电压电流步进增 加或减少脉冲;YZKZ 为预置控制电平信号;JJKZ 为电压电流步进增加或减少电平控制信 号;XZSC 为受控电压电流选择信号。输出:BW[6..0] SW[6..0] GW[6..0]为显示输出 电流;D[7..0]为受控的电压电流数字量输出;YSW[6..0]YGW[6..0]为控制电流变化的 数字量输出。

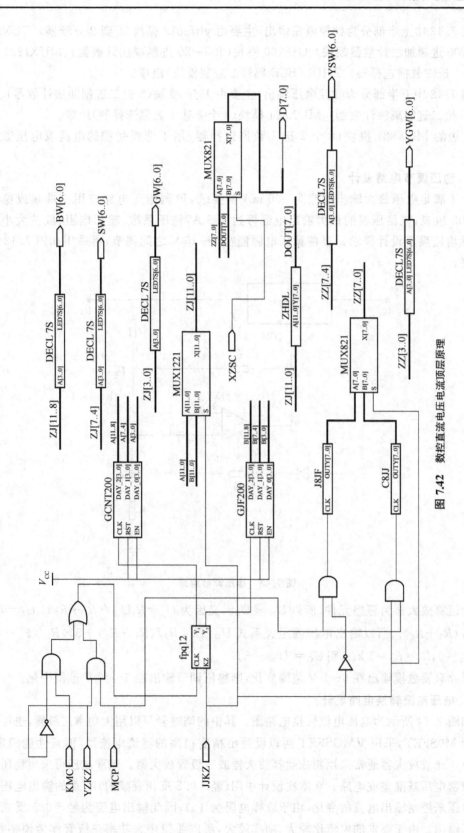

图 7.42 数控直流电压电流顶层原理

图 7.42 中上半部分为数控电流输出,主要由 yltfpq12 模块(1 到 2 分频器)、GCNT200(20—200 进制加法计数器模块)、GJF200 模块(200—20 进制减法计数器)、MUX1221 模块(12 个 2 选 1 数据选择器)、ZHDL(BCD 码转二进制模块)组成。

图 7.42 中下半部分为数控电压输出,主要由 J8JF 模块(8 位二进制加法计数器)、C8JJ 模块(8 位二进制减法计数器)、MUX821 模块(8 个 2 选 1 数据选择器)组成。

右边的 MUX821 模块(8 个 2 选 1 数据选择器)用于选择受控的电流或电压数字量输出。

3. 稳压调节电路设计

为了满足电源最大输出电流为 500 mA 的要求,可调稳压电路选用三端集成稳压器 CW7805 组成,该稳压器的最大输出电流可达 1.5 A,稳压系数、输出电阻、纹波大小等性能指标均能满足设计要求。要使稳压电源能在 5～15 V 之间调节,可采用如图 7.43 所示的电路。

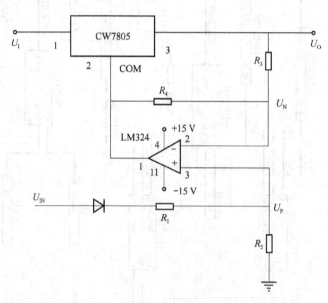

图 7.43 稳压调节电路

设运算放大器为理想元件,所以 $U_N \approx U_P$。又因为 $U_P = R_2 U_{IN}/(R_1 + R_2)$,$U_N = U_O - 5 \times R_3/(R_3 + R_4)$。所以输出电压满足关系式 $U_O = U_{IN} R_2/(R_1 + R_2) + 5 \times R_3/(R_3 + R_4)$,$R_1 = R_2 = 0$,$R_3 = R_2 = 1 \text{ k}\Omega$,则 $U_O = U_{IN} + 5$。

因此只要数模输出在 0～5 V 范围变化,则稳压调节输出在 5～10 V 范围变化。

4. 电压电流转换电路设计

如图 7.44 所示为电压电流转换电路图。其中的调整管可以用大功率三级管,也可以用功率管 M0SFET,采用 VMOSFET 可以设计出精度很高的稳流电流源,而且性能稳定、电路简单。比较放大器通常采用集成运算放大器或三级管放大器。基准电压可采用稳压二级管或精密电压基准集成电路。在本次设计中用(经−0.5 反相衰减的)D/A 的输出电压作为基准电压来控制输出电流的变化,由于取样电阻为 1 Ω,因此输出电流为经−0.5 反相衰减的电压输出。由于要求的电流比较大,功率较大,所以要使用大功率三级管作为调整管,具体的电路原理连接图见图 7.44。

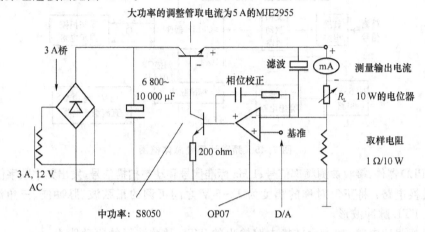

大功率的调整管取电流为5 A的MJE2955

3 A桥

6 800~
10 000 μF

相位校正

滤波

mA 测量输出电流

R_L 10 W的电位器

基准

取样电阻

1 Ω/10 W

3 A, 12 V
AC

中功率: S8050   OP07   D/A

图 7.44　电压电流转换电路

三、制作步骤

① 先进行总体方案设计。

② 可编程逻辑器件功能设计。

③ 外围电路设计、选择好器件。

④ 绘制电路总原理图。

⑤ 绘制印制电路板图、制作印制电路板。

⑥ 安装、焊接、调试。

⑦ 综合测试、组装。

方法步骤和作品 1 一样。

四、综合测试

① 系统通电,下载,如果有掉电保护电路,对掉电保护下载 1 次,以后通电不再下载。

② 选择电流输出:先预置好电流,然后置电流增加或减少状态,按控制键,输出数码管显示电流应相应增加或减少,电流表指示电流应和数码管显示电流一致,总体应符合要求。

③ 选择电压输出:置电压增加或减少状态,按控制键,输入数码管显示电压应相应增加或减少,经稳压调节电路输出的电压应符合要求。

作品 5　数字频率计

一、设计要求

① 设计 1 个 6 位数字频率计系统,频率范围为 1~999 999 Hz,分辨率为 1 Hz。

② 输入测试信号为正负对称的幅度为 1~5 V 之间可调的正弦波、脉冲波、三角波。

③ 用动态扫描技术实现 6 位数字显示。

二、设计思路

1. 总体方案设计

根据要求,设计出总体方案,画出系统总体框图,如图 7.45 所示。

各部分的组成及作用如下。

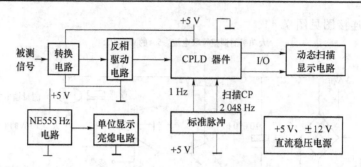

图 7.45 频率计系统总体框图

① CPLD 器件:接收被测频率信号、1 Hz 标准信号和动态扫描信号,发出频率数字信号。

② 转换电路:将正负对称的幅度为 1~5 V 之间可调的正弦波、脉冲波、三角波转换为同频率的 TTL 脉冲波形。

③ 反相驱动电路:加大由转换电路输出的 TTL 脉冲波形的驱动能力。

④ 动态扫描显示电路:用数码管显示输出的频率值。

⑤ 标准脉冲电路:产生 1 Hz 的标准脉冲信号和 2 048 Hz 的动态扫描信号。

⑥ NE555Hz 电路和单位显示亮熄电路:使"Hz"单位一亮一熄。

⑦ 直流稳压电源:给各部分电路提供电源。

频率计 CPLD 顶层电路原理图如图 7.46 所示。

图 7.46 中:TESTCTL 模块为测频控制器、CNT10 模块为十进制加法计数器、REG4B 为锁存器;动态扫描软件模块包括 BCD6 模块(六进制加法计数器)、MUX461 模块(数据选择器)、74LS138 模块(3-8 译码)和 DECL7S 模块(七段译码)。

其中测频控制器模块(TESTCTL)VHDL 语言程序如下。

```
LIBRARY IEEE;
USE IEEE.STD_LOGIC_1164.ALL;
USE IEEE.STD_LOGIC_UNSIGNED.ALL;
ENTITY TESTCTL IS
    PORT(CLKK:IN STD_LOGIC;
        CNT,RST,LOAD:OUT STD_LOGIC);
END TESTCTL;
ARCHITECTURE ONE OF TESTCTL IS
    SIGNAL DIV2CLK:STD_LOGIC;
    BEGIN
        PROCESS(CLKK)
        BEGIN
    IF CLKK′EVENT AND CLKK = ′1′THEN
        DIV2CLK< = NOT DIV2CLK;END IF;END PROCESS ;
        PROCESS(CLKK,DIV2CLK)
        BEGIN
    IF CLKK = ′0′ AND DIV2CLK = ′0′ THEN
        RST< = ′1′;ELSE RST< = ′0′; END IF; END PROCESS ;
LOAD< = NOT DIV2CLK; CNT< = DIV2CLK; END ONE;
```

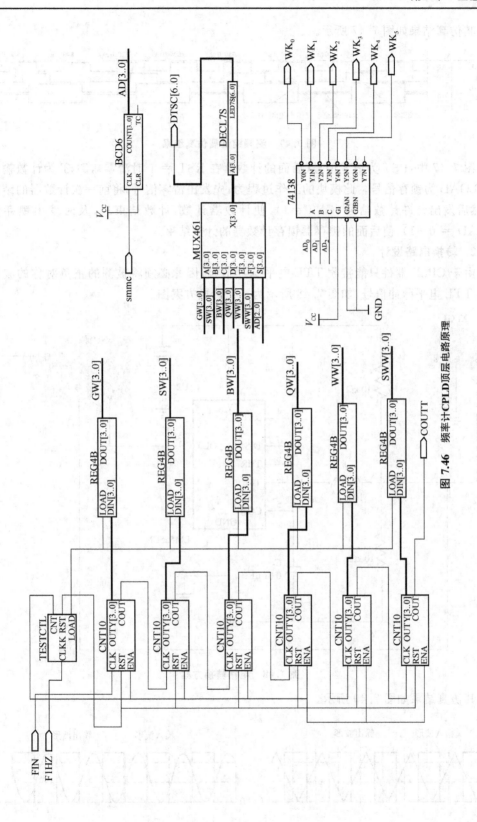

图 7.46 频率计CPLD顶层电路原理

其仿真结果如图 7.47 所示。

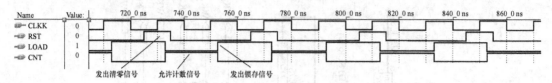

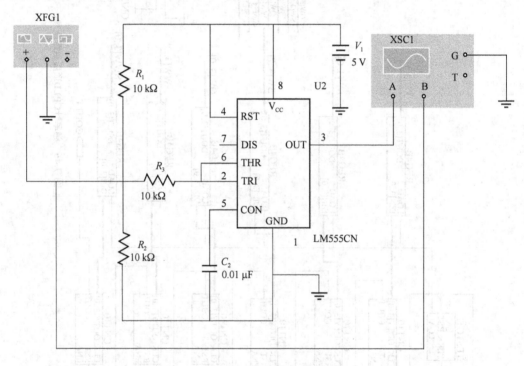

图 7.47   测频控制器仿真结果

图 7.47 中:RST 为清零信号(后面的计数器在 RST = 1 时清零),CNT 为计数输出信号、LOAD 为锁存信号。此模块的工作过程为:先发出清零信号,将前一次计数器的结果清零,然后发出允许计数信号(CNT=1),使计数器计数,计数结束后,及时发出锁存信号(LOAD = 0—1),使后面的锁存器锁存计数器的计数结果。

2. 转换电路设计

由于 CPLD 器件只能接收 TTL 电平脉冲信号,因此必须将被测的正负对称的波形转变为 TTL 电平脉冲信号,如图 7.48 所示为一个转换方案图。

图 7.48   电路转换方案

其仿真结果如图 7.49 所示。

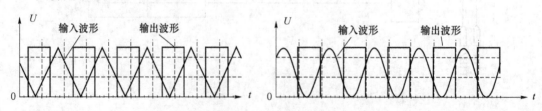

图 7.49   仿真结果

三、制作步骤

① 先进行总体方案设计。

② 可编程逻辑器件功能设计。

③ 外围电路设计、选择好器件。

④ 绘制电路总原理图。

⑤ 绘制印制电路板图、制作印制电路板。

⑥ 安装、焊接、调试。

⑦ 综合测试、组装。

方法步骤和作品 1 一样。

四、综合测试

① 将输入端接上被测试信号，同时接示波器（用示波器测量频率）。

② 通电，数码即显示被测信号的频率。

③ 改变波形、调节频率和幅度，应该是显示的频率和发出的频率一致，改变波形和幅度（一定范围内变化），不会改变显示的频率。

附录 1 Multisim 2001 仿真软件应用简介

一、概 述

电子产品的开发分两大阶段：理论设计阶段和样机制作阶段。

理论设计的步骤：确定产品的性能指标要求→电路总体方案设计→各单元电路或模块的设计→ 电子元器件和参数的选择 →画出总体电路原理图→制作样机测试性能指标或用 EDA 软件搭建电路模型仿真测试性能指标→如不符合要求，调换器件甚至改变电路结构→直至符合要求为止→编写技术资料。

样机制作的步骤：根据电路原理图所选器件，准备好实物器件，选择器件封装→用 EDA 软件绘制印制板图→制作印制电路板→准备工作→安装→焊接→对编程器件现场编程→调试→综合测试→组装产品→编写各类技术文献。

早期人们设计和制作电子产品，纯粹用手工办法，这种方法设计周期长、成本高、风险也大。后来出现了电子辅助设计软件（EDA），人们设计绘制电路图、对电路图进行仿真测试和修改，还有设计印制电路板、对编程器件的编程等全部在计算机上用 EDA 软件完成，借助于 EDA 软件，人们设计和开发电子产品周期短、成本低、风险小、成功率高。

电子设计自动化（Electronic Design Automation，EDA）技术是现代电子工程领域的一门新技术，它是基于计算机和信息技术的电路系统设计方法，EDA 技术的发展和推广，极大地推动了电子工业的发展，是现代电子工业中不可缺少的一项技术。

加拿大 IIT 公司于 1988 年推出了一个专门用于电子线路仿真和设计的 EDA 工具软件（Electronics WorkBench，EWB）。EWB 以其界面形象直观、操作方便、分析功能强大、易学易用等突出优点，在电子线路的分析、设计和电子产品的开发方面得到了迅速广泛的使用。

随着电子技术的飞速发展，EWB 版本不断更新，现在已经到 6.0 版本。IIT 公司从 EWB 6.0 版本开始，将专用于电路级仿真与设计的模块更名为 Multisim，在保留了 EWB 形象直观等优点的基础上，大大增强了软件的仿真测试和分析功能，也大大扩充了仿真元件的数目，特别是增加了若干个与实际元件相对应的现实性仿真元件模型，使得仿真设计的结果更精确、更可靠。

Multisim 2001 的安装环境要求如下。

操作系统：Windows 95/98/2000/NT4.0。

CPU 档次：Pentium 166 或更高档次。

内存：至少 32 MB（推荐 64 MB 或更高，最好在 128 MB 以上）。

显示器分辨率：至少 800 像素×600 像素。

光驱：配备 CD-ROM 光驱（没有光驱时可通过网络安装）。

磁盘：可用空间至少 200 MB。

安装 Multisim 2001 后，就可进入 Multisim 2001 环境进行电路的仿真设计。

Multisim 2001 里有虚拟器件、虚拟仪器和虚拟导线，供绘制原理图用。用 Multisim 2001 对电子线路进行分析仿真的步骤如下：进入绘制原理图环境状态 → 从元件工具栏里调用器件并且布局好 → 编辑好器件 → 连线 → 加上电源、从仪器工具栏里调用仪器、接好实验系统 → 仿真分析、测试结果。

二、Multisim 2001 基本分析方法

1. 直流工作点分析

直流工作点分析（DC Operating Point Analysis）是在电路电感短路、电容开路的情况下，计算电路的静态工作点。直流分析的结果通常可用于电路的进一步分析，如在进行暂态分析和交流小信号分析之前，程序会自动先进行直流工作点分析，以确定暂态的初始条件和交流小信号情况下非线性器件的线性化模拟参数。

2. 交流分析

交流分析（AC Analysis）是分析电路的小信号频率响应。分析时，程序自动先对电路进行直流工作点分析，以便建立电路中非线性元件的交流小信号模型，并把直流电源置零，交流信号源、电容及电感等用其交流模型，如果电路中含有数字元件，将认为是一个接地的大电阻。交流分析是以正弦波为输入信号，不管在电路的输入端输入何种信号，进行分析时都将自动以正弦波替换，而其信号频率也将以设定的范围替换之。交流分析的结果，以幅频特性和相频特性两个图形显示。如果将波特图仪连至电路的输入端和被测结点，也将获得同样的交流频率特性。

3. 瞬态分析

瞬态分析（Transient Analysis）是一种非线性时域（Time Domain）分析，可以在激励信号（或没有任何激励信号）的情况下计算电路的时域响应。分析时，电路的初始状态可由用户自行指定，也可由程序自动进行直流分析，用直流解作为电路的初始状态。瞬态分析的结果通常是分析结点的电压波形，故用示波器可观察到相同的结果。

应用 Multisim 2001 软件除了可以对模拟电子线路性能指标进行分析外，还可以对数字电子线路的逻辑功能进行分析，下面会介绍数字电子线路的几个例子。

三、基本例子

1. 数字代码锁电路

如附图 1.1 所示 ，该锁的代码为 1001。输入代码正确，上面发光管亮，表示可以开锁；输入代码错误，下面发光管亮，发出报警信号。

附图 1-1 左边的 XWG1 仪器为字发生器，本电路应用与非门的逻辑功能特点来设计。

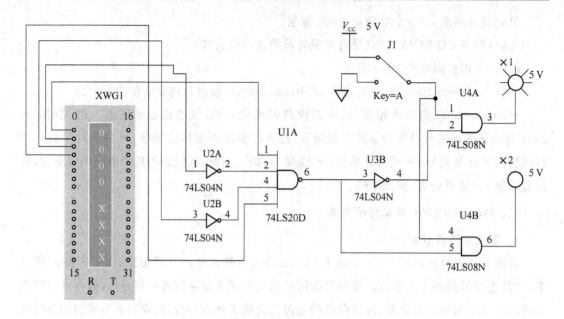

附图 1.1　数字代码锁电路

2. 冒险现象观察

电路及冒险现象如附图 1.2 所示。

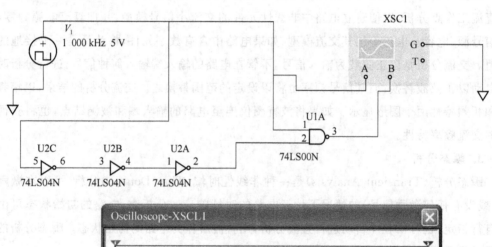

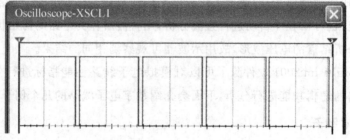

附图 1.2　电路及冒险现象

由于信号通过非门电路有延迟,因此在与非门的 1、2 输入端,会出现很短时间同时为高电平的现象,输出在瞬间出现低电平,正常情况下输出应为高电平。

由于门电路的延迟时间很短(ns 级),因此,输入信号频率要较高才能观察到冒险现象。

3. 555 电路脉冲发生器

用 555 电路构成的多谐振荡器及输出波形如附图 1.3、附图 1.4 所示。

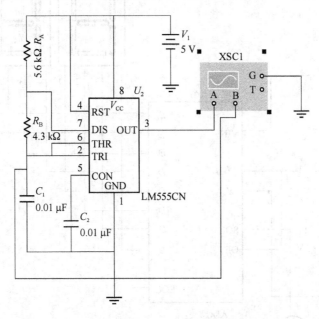

附图 1.3 用 555 定时器构成多谐振荡器

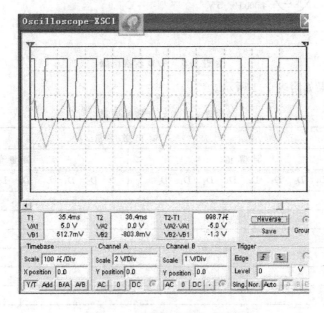

附图 1.4 多谐振荡器输出波形

4. A / D 转换电路

如附图 1.5 所示是 A / D 转换电路图,把模拟量转换为数字量,转换电压范围 $-5\sim+5$ V。

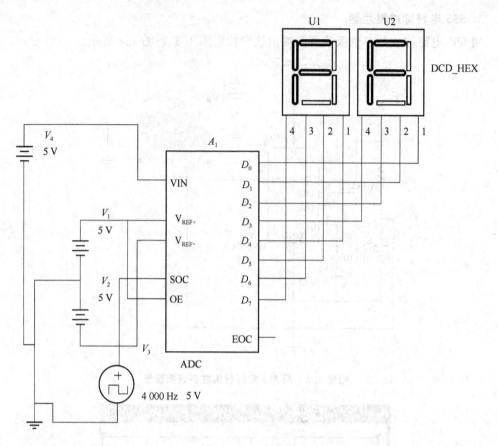

附图 1.5 A/D 转换电路

A/D 转换结果如附表 1.1 所示。

附表 1.1 A/D 转换结果

模拟输入电压/V	输 出 数 字 量															
	计 算 值								测 量 值							
	D_7	D_6	D_5	D_4	D_3	D_2	D_1	D_0	D_7	D_6	D_5	D_4	D_3	D_2	D_1	D_0
5																
4																
3																
2																
1																
0																
−1																
−2																
−3																
−4																
−5																

理论计算公式：$(D)_{10} = 256[(5 + V_{IN})/2]/V_{REF}$，其中 $V_{REF} = 5$ V。

附录 2 Protel 99 SE 绘图软件应用简介

一、概述

Protel 软件包是 20 世纪 90 年代初由澳大利亚 protel technology 公司研制开发的电子线路设计和布线的软件,它在我国电子行业中知名度很高,普及程度较广。

Protel 99 SE 是应用于 Window 9x/2000/NT 操作系统下的 EDA 设计软件,采用设计库管理模式,可以进行联网设计,具有很强的数据交换能力和开发性及 3D 模拟功能,是一个 32 位的设计软件,可以完成电路原理图设计、印制电路板设计和可编程逻辑器件设计等工作,可以设计 32 个信号层,16 个电源地层和 16 个机加工层。公司网址为 www.protel.com,用户如果需要进行软件升级或获取更详细的资料,可以在上述网站查询。

Protel 99 SE 中主要功能模块如下。

(1) advanced schematic 99se(电路原理图设计系统)

该模块提供一个功能完备的电路原理图编辑器,主要用于电路原理图设计、电路原理图元件设计和各种电路原理图报表生成等。

(2) advanced pcb 99se(印制电路板设计系统)

该模块提供了一个功能强大和交互友好的 pcb 设计环境,主要用于 pcb 板设计,元件封装设计,产生印制电路板的各种报表及输出 pcb。

(3) advanced route 99se(自动布线系统)

该模块是一个完全集成的无网格自动布线系统,布线效率高,使用方便。

(4) advanced integrity 99se(pcb 信号完整性分析系统)

该模块提供精确的板级物理信号分析,可以检查出串扰、过冲、下冲、延时和阻抗等问题,并能自动给出具体解决方案。

(5) advanced sim 99se(电路仿真系统)

该模块是一个基于最新 spice 3.5 标准的仿真器,并与 Protel 99 SE 的电路原理图设计环境完全集成,为用户的设计前端提供了完整、直观的解决方案。

(6) advanced pld 99se(可编程逻辑器件设计系统)

该模块是一个集成的 pld 开发环境,可以使用电路原理图或 cupl 硬件描述语言作为设计前端,全面支持各大厂家器件,能提供符合工业标准 jedec 的输出。

本节简要介绍 protel 99 SE 软件两个最重要的应用:设计绘制原理图和印制电路板图。

运行 Protel 99 SE 推荐的硬件配置如下。

CPU 为 pentium Ⅱ 1 G 以上;内存为 128 MB 以上;硬盘为 5 GB 以上可用的硬盘空间;操作系统为 Windows 98 版本以上;显示器为 17 寸 SVGA,显示分辨率为 1 024 像素×768 像素以上。

Protel 99 SE 安装完后,必须要安装补丁软件,全部安装好后,即可立刻启动,几秒钟后,系统进入 Protel 99 SE 主窗口,执行菜单 File—New Design,可以建立一个新的设计数据库,可以输入新的数据库文件名和确定文件的保存位置,单击 Password 选项卡可以进行密码设置,所有内容设置完毕,单击"OK"按钮进入项目管理器主窗口。

二、绘制电路原理图

进入 Protel 99SE,新建项目数据库文件,进入项目管理器主窗口,然后执行菜单 File—New,选择 Schematic Document 图标,即可建立原理图文件,双击图标进入原理图编辑器,下面就可以绘制原理图了,绘制原理图的详细步骤如下。

(1) 电路图版面设计

执行 Design—Options、Tools—Preferences 命令,即可进行电路图版面设计。

(2) 打开工具栏、装入所需的元件库

执行 View—Toolbars 命令,可打开相关的工具栏。单击"Add / Remove",从"C:\Program Files\Design Explorer 99SE\Library\Sch"路径中可装入有关的数据元件库,如分立元件库:Miscellaneous Devices 和集成电路库 Protel Dos Schematic Libraries。

(3) 放置元件(元件数据库—元件库—元件、元件名,浏览、查找)

执行 Place—Part,命令即可放置元件。

(4) 电路图布线

执行 Place—Wire、Bus、Bus Entry 等命令即可布线。

(5) 编辑器件(代号、型号、规格、封装)和连线

双击器件和连线即可编辑器件和连线。

(6) 电路图的调整、检查和修改

(7) 补充完善

放置网络标号和端口、加入图片、信号波形、文本、标注等。

(8) 电气规则检查;产生网络表

执行 Tools—ERC 命令,进行电气规则检查;执行 Design—Creat Netlist 命令,产生网络表。

(9) 保存和打印输出

层次化绘制电路原理图的方法如下。

方法 1:采用自顶向下(TOP-DOWN)的方法,则应先画顶层电路原理图,这时子电路模块用方块符号表示,然后分别进入子电路模块(执行"从符号生成图纸"命令)编辑窗口,用前述方法分别绘制子电路图。子电路图还可以含更低层次的电路模块(此时也用方块符号表示),然后再进入含更低层次的电路模块编辑窗口绘图,这样,层层向下,绘制成层次化图。

方法 2:采用自下而上(DOWN-TOP)的方法,先用方法 1 的方法分别绘制子电路图(下一层图或底层图),然后进入顶层图(上一层图)编辑窗口,分别调用子电路图模块符号,再将这些模块连在一起,绘成顶层图或上一层图,当然这个图还可再作为模块供更上一层图调用。

如附表 2.1 所示是 Protel 99 SE 原理图绘制常见命令。

附表 2.1　Protel 99SE 原理图绘制常见命令

序号	常见命令	功能含义	序号	常见命令	功能含义
1	File—New Design...	新建设计数据库	25	Place—Junction	放置结点
2	File—New	新建原理图文件	26	Place—Power Port	放置电源端口
3	File—Open	打开已建设计	27	Place—Wire	放置连线
4	Edit—Undo	取消当前操作	28	Place—Net Lable	放置网络标号
5	Edit—Clear	清除选定区域	29	Place—Port	放置端口
6	Edit—Select	选择区域	30	Place—Sheet Symbol	放置图纸符号
7	Edit—Deselect	取消选择的区域	31	Place—Add Sheet En.	放置符号端口
8	Edit—Toggle Selection	逐个选中器件	32	Place—Annotation	放置排列
9	Edit—Delete	删除	33	Place—Text Frame	放置文本
10	Edit—Move	移动	34	Place—Drawing Tools	放置绘图工具
11	Edit—Align	排列	35	Place—Directives-NoERC	放置忽略 ERC 测试点，避免警告
12	View—Fit Document	显示整个图纸	36	Place—Directives-PCB Layout	放置 PCB 布线指示
13	View—Fit All Objects	显示整张图	37	Design—Update PCB	更新 PCB
14	View—Around Point	以点放大图	38	Design—Browse Li	浏览元件
15	View—Design Manager	打开关闭管理员	39	Design—Create Netlist	产生网络表
16	View—Status Bar View—Command Status	状态栏切换命令 状态栏切换	40	Design—Create Sheet From Symbol	从符号生成图纸
17	View—Toolbars	打开关闭绘图工具	41	Design—Create Symbol From Sheet	从图纸生成符号
18	View—Visible Grid	显示可视栅格	42	Design—Options	板面设置
19	Place—Bus	放置总线	43	Design—Add/Remove	增加删除元件库
20	Place—Bus Entry	放置总线入口	44	Tools—ERC...	电气规则检查
21	Place—Part	放置元件	45	Tools—Find Component	查找器件
22	Simulate—Run	仿真运行	46	Tools—Up/Down Hier...	上下层切换
23	Simulate—Sources	仿真源	47	Simulate—Setup...	仿真前设置
24	Simulate—Create Spice	建立 Spice 网络表	48	ESC 或右键	取消功能

如附表 2.2 所示是常用电子器件的器件名与封装名。

附表 2.2　常用电子器件的器件名与封装名

序 号	名 称	器件名	封装名	序 号	名 称	器件名	封装名
1	电阻	RES1 RES2	AXIAL 系列	15	光电二极管	PHOTO	DIODE
2	三端电位器	POT1 POT2	VR1-VR5	16	光电三极管	PHOTO-NPN	TO-126
3	稳压管	ZENER	DIODE	17	与非门	74LS00 74LS20	DIP14
4	电容	CAP	RAD 系列	18	非门	74LS04	DIP14
5	发光管	LED	DIODE	19	三态门	74LS244	DIP20
6	电解电容	ELECTRO1 ELECTRO2	RB 系列	20	D 触发器	74LS74	DIP14
7	贴片电阻、电容		0402-7257	21	数选器	74LS153	DIP14
8	可控硅	SCR	TO-220	22	3-8 译码器	74LS138	DIP16
9	三极管	NPN PNP	TO-126	23	7 段译码器	74LS48	DIP16
10	电池	BATTERY	POLAR	24	JK 触发器	74LS112	DIP16
11	场效应管	JFET	TO-3	25	计数器	74LS160	DIP16
12	晶振	CRYSTAL	XTAL1	26	存储器	27C256	DIP28
13	二极管	DIODE	DIODE	27	移位器	74LS194	DIP16
14	保险丝	FUSE	0402-7257	28	单片机	AT89C51	DIP40

所有双列直插集成电路封装用 DIP 系列
所有插件(排针和排座)用 SIP 系列

同一器件可用不同的封装,不同器件可用相同的封装。

三、绘制印制板图的元件布局原则

(1) 按照信号流走向布局的原则

多数情况下,信号流向安排为从左到右(左输入,右输出)或从上到下(上输入,下输出)。与输入、输出端直接相连的元件应该放在靠近输入、输出接插件或连接器的地方。以每个功能电路的核心元件为中心,围绕它进行布局(T、IC)。要考虑每个元件的形状、尺寸、极性和引脚数目,以缩短连线为目的,调整它们的方向和位置。

(2) 优先确定特殊元件的位置

所谓特殊元件是指那些从电、磁、热、机械强度等几方面对整机性能产生影响或根据操作要求而固定位置的元件(T、B、L、传感器等)。

(3) 防止电磁干扰

电磁干扰的原因是多方面的,除了外界因素造成干扰外,PCB 布线不合理、元件安装位置不恰当等也会引起干扰,故 PCB 的布局设计非常重要。

对相互可能产生影响或干扰的元件应尽量分开或采取屏蔽措施,要设法缩短高频部分元件之间的连线,减少它们的分布参数和相互间的电磁干扰,强电弱电分开、输入/输出分开,直流电源引线较长时,要加滤波元件,防止 50 Hz 交流信号的干扰。喇叭、电磁铁、永磁式仪表会产生恒定磁场,高频变压器、继电器会产生交变磁场,这些磁场对磁敏元件和铜走线会产生影响。两个电感性元件,应使它们的磁场相互垂直,对干扰源进行磁屏蔽的罩要接地,使用高频电缆直接传输信号时,电缆的屏蔽层应一端接地。要防止某些元件和走线可能有较高的电位差,应加大距离,以免放电、击穿引起意外短路。

（4）抑制热干扰

对大功率 R、T、B、大 CD 等发热元件要通风好,直接固定在机壳上或散热器上,与其他元件保持一定距离。对温度敏感元件(T、IC、热敏元件、大 CD)要远离发热元件。

（5）增加机械强度

要注意整个 PCB 的重心平衡和稳定。对于又大又重、发热多的元件,应固定在机箱底板上,使整机的重心向下,容易稳定,如果必须安装到 PCB 上,应采取固定措施。对于尺寸大于 200 mm×150 mm 的 PCB,应该采用机械边框加固,在板上留出固定支架、定位钉和连接插座所用的位置。为保证调试、维修安全,高压元件应远离人手触及的地方。

（6）一般元件的安装与排列

① 元件在整个板面上分布均匀、疏密一致。

② 元件不要占满板面,四周应留有一定的空间(3～10 mm)。

③ 元件的布局不能上下交叉,相邻两元件之间应保持一定距离,相邻元件的电位差高,应保持安全距离,一般环境中的间隙安全电压为 200 V/mm。

④ 元件的安装和固定有立式和卧式两种,要确保电路的抗振性好、安装维修方便、元件排列均匀、有利于铜箔走线的布设。

⑤ 元件应该均匀、整齐、紧凑地排列在 PCB 上,尽量减少和缩短各个单元电路之间和每个元件之间的引线和连接。

⑥ 除高频外,一般情况下,元件应规则排列,横平竖直,紧贴板面。

⑦ 高频常不规则排列,这时铜箔走线布设方便,并且可以缩短减少元件的连线,这对于降低线路板的分布参数、抑制干扰很有好处。

四、PCB 的元件布线原则

（1）铜箔走线的宽度

一般铜箔走线的宽度在 0.3～2 mm 之间,现在已能制造线宽和间距在 0.1 mm 以下的 PCB。实践证明:若铜箔走线的厚度为 0.05 mm、宽度为 1～1.5 mm,当通过 2 A 的电流时,温度升高小于 3 度,铜箔走线的载流量按 20 A/mm² 计算,即当铜箔厚度为 0.05 mm 时,1 mm 宽的铜箔走线允许通过 1 A 电流,因此,认为铜箔走线宽度的毫米数等于载荷电流的安培数。故铜箔走线的宽度在 1.1～1.5 mm 完全符合要求,对于 IC,铜箔走线的宽度可小于 1 mm,铜箔走线不能太细,应尽可能宽,特别是电源、地线和大电流线,应加大宽度。PCB 上的接电源、接地应直接连到电源、地线上。

（2）铜箔走线的间距

铜箔走线的距离在 1.5 mm 时,其绝缘电阻大于 10 MΩ,允许的工作电压大于 300 V,距离在 1 mm 时为 200 V,铜箔走线的距离在 1~1.5 mm。

（3）避免铜箔走线的交叉

单面板、双面板,必要时用绝缘导线跨接,不过跨接线应尽量少。

（4）铜箔走线的走向与形状

拐角不得小于 90°,避免小尖角,铜箔走线应与焊盘保持最大距离。

（5）铜箔走线的布局顺序

在进行铜箔走线时,应先考虑信号线,后考虑电源线和地线,有些元件选用大面积的铜箔地线作为静电屏蔽层,一般电源线和地线加宽后围绕在 PVB 四周,作为 PCB 板的静电屏蔽,提高 PCB 对外界的抗干扰能力。

进入 Protel 99 SE,新建项目数据库文件,进入项目管理器主窗口,然后执行菜单 File—New,选择 PCB Document 图标,即可建立印制板图文件,双击图标进入印制板图编辑器,下面就可以绘制印制板图了。

五、手工绘制印制板图的详细步骤

① 新建或打开设计数据库文件(.ddb),新建印制板文件;

② 打开有关层面(Mech.、Keep out、Top、Bottom 层);

③ 电路图版面设计(尺寸规划,参数确定);(机械层——确定 PCB 尺寸、电气禁止层——规定布线范围、Design—Options、Tools—Pre);

④ 装入所需的元件封装库;

⑤ 放置元件:同一元件可用不同封装,不同元件可以用同一封装;

⑥ 印制板图布线;

⑦ 编辑器件(代号、型号、规格、封装)和连线;

⑧ 印制板图的调整、检查和修改;

⑨ 补充完善(加入图片、信号波形、文本、标注等);

⑩ 保持和打印输出(可转到 Word 文档里)。

六、自动绘制单—双印制板图的详细步骤

（1）绘制一张符合要求的电路原理图

原理图中每个元件应标有不同的编号,至于元件的规格(型号)可标可不标,所有元件必须有封装,封装必须恰当,输入/输出加好标志,电源和地接好,要通过 ERC 检查。然后产生网络表。

如果原理图中放了定义属性的 PCB 布线指示,应选 Protel 2 格式产生网络表。

（2）新建或打开数据库文件

新建 PCB 文件,打开有关层面(Mech.、Keep out、Top、Bottom 层等),打开有关封装,编辑二极管封装引脚号:A-1、K-2。

（3）进行版面工作参数设计

机械层——确定 PCB 尺寸、电气禁止层——规定布线范围、Design—Options、Tools—Pre。

或者通过下列建立板框的办法完成板图的设置工作：

执行 File-New 命令，弹出 New Document 对话框，选择 Wizards 选项，双击名为"Printed rcuit Board Wizards"图标，开始进行 PCB 文件的参数设置，即 Next-选择长度为"Metric"、PCB 类型为"Custom Made Board"—Next 设置好参数（下面 5 个不选）—Next-选择 Two Layer—Plated Through Hole（通孔式元件的双面板）—Next-选择 Through-hole components、Two Track —Next —Next—……—Finish，完成板图的设置工作。这些参数的设置将会转换为设计规则，并提供自动走线时的参考数据。

（4）装入网络表文件

在印制板图界面执行 Design—Load net ，如出现错误，必须查明原因，将错误全部解决后，Execute。或在绘好的电路原理图里更新到新建的 PCB，出现错误必须全部解决。

选中已装载的网络表文件，移动到电气布线区域内，取消选择。

（5）元件布局前的处理

栅格设置、字符串显示设置、布局参数设置。

（6）元件布局

执行 Tools—Auto Placemen-Auto Placer 命令，选择下一个统计法布局—OK，自动布局后再手工布局，以使元件放置更加合理（自动布局效果不好，应以手工布局为主）。

手工布局的原则：元件在原理图中什么位置，相应的封装在 PCB 图中也应在什么位置，相对位置不变，必要时适当调整位置。手工布局包括元件的移动、旋转、标注调整。手工布局应尽量减少网络飞线之间的交叉，以提高布线的布通率。

（7）设置自动布线规则、自动布线前的预处理

（8）自动布线

自动布线器参数设置，执行 Auto Route-ALL，出现窗口，可采用默认设置，即 Route ALL。

（9）手工调整布线

步骤：① 将工作层切换到需调整的工作层；

② 执行 Tools—Un-Route 中的 Connection 命令，单击要删除的布线；

③ 执行 Place 下的 Interacitve Routing 命令，重新进行手工布线。

为了提高抗干扰能力，增加系统的可靠性，往往需要加宽电源、接地线、有些电流较大的走线。方法：双击要加宽的线—修改—OK。

调整标注：手工，即双击需要调整的标注；自动，即执行 Tools—Annotate 命令，系统将按照设定的方式对元件编号重新编号。修改元件编号后应更新原理图：执行 Design—Update Schematic-Execute 命令。

（10）印制板图的 DRC 检查、调整、修改和完善

（11）丰富内容（加入图片、信号波形、文本、标注等）

（12）保持和打印输出（可转到 Word 文档里）

绘制印制电路板常用命令如附表 2.3 所示。

附表 2.3 绘制印制电路板常用命令

序号	常见命令	功能含义	序号	常见命令	功能含义
1	File—New Design…	新建设计数据库	26	Place—Pad	放置焊盘
2	File—New	新建印制版文件	27	Place—Via	放置过孔
3	File—Open	打开已建设计	28	Place—Component	放置封装件
4	Edit—Undo	取消当前操作	29	Place—Coordinate	放置坐标
5	Edit—Clear	清除选定区域	30	Place—Demonsion	放置尺寸
6	Edit—Select	选择区域	31	Design—Rules	设置PCB设计规则
7	Edit—Deselect	取消选择的区域	32	Design—Load Nets…	装载网络表
8	Edit—Delete	删除	33	Design—Update Sch.	更新原理图
9	Edit—Move	移动	34	Design—BrowseComp.	浏览封装件
10	Edit—Origin	设置坐标圆点	35	Design—Add/Remove	增加/删除封装库
11	Edit—Jump	跳转到某一目标	36	Design—Make Library…	自建封装库
12	View—Fit Document	显示整个图纸	37	Design—Options	PCB版面设计
13	View—Fit All Objects	显示整张图	38	Design—Mech. Layer	开关机械层
14	View—Around Point	以点放大图	39	Design—Layer Stack Ma.	工作层面管理
15	View—Design Manager	打开关闭管理员	40	Tools—Design Rule Check	设计规则检查
16	View—Status Bar View—Command Status	状态栏切换命令 状态栏切换	41	Tools—Auto Placement	自动布局命令
17	View—Toolbars	打开关闭绘图工具	42	Tools—Un-Route	删除上次布线
18	View—Zoom In View—Zoom Out	放大设计窗口 缩小设计窗口	43	Tools—Teardrops	放置泪滴
19	View—Refresh	刷新设计窗口	44	Tools—outline Select Objects Ctrl + Delete	放置屏蔽线 删除屏蔽线
20	View—Board in 3D	三维显示PCB板	45	Tools—Preferences	设置颜色等
21	Place—Arc	放置圆弧	46	Auto Route —ALL	自动布线命令
22	Place—Full Circle	放置填充圆弧	47	Auto Route —Setup	布线设置
23	Place—Fill	放置填充	48	Edit—Select-connected copper	选定需要屏蔽 的导线和焊点
24	Place—Line	放置连线	49	Place—Polygon Plane	放置铺铜
25	Place—String	放置字符串	50	Place—Dimension	放置尺寸

附录 3   Quartus Ⅱ 开发软件应用简介

Altera 公司的 Quartus Ⅱ 是业内领先的 FPGA 设计软件,具有功能最全面的开发环境,也是 Altera 公司继 MAX＋PLUS Ⅱ 之后开发的能对 CPLD/FPGA 类器件进行设计、仿真和编程的优秀工具软件。该软件界面友好,使用便捷,功能强大,是一个完全集成化的可编程逻辑设计环境。该软件具有开放性、与结构无关、多平台、完全集成化、丰富的设计库、模块化工具、支持各种 HDL、有多种高级编程语言接口等特点,可以很方便地与以往的 MAX＋PLUS Ⅱ 设计环境相切换。与 MAX＋PLUS Ⅱ 软件相比较,其 VHDL 语言编译功能更加强大、器件库器件更加丰富、仿真编程功能更加强大,是目前本公司推出的最先进,也是行内推出的优秀 EDA 工具软件,非常适合教学、科研和开发等多种场合使用。

一、Quartus Ⅱ 的特点

① 最易使用的 CPLD 设计软件。

② Quartus Ⅱ 给 MAX＋PLUS Ⅱ 用户带来的优势。

③ 支持很多系列的器件。

④ 效率高、易于使用的 FPGA 设计流程。

⑤ 支持基于知识产权系统设计的软件。

⑥ 采用了业内领先的时序逼近方法。

⑦ 验证方案多样化。

⑧ Quartus Ⅱ 软件简化了 HardCopy 设计。

⑨ 拥有强大的软件开发工具 Quartus Ⅱ Software Builder。

⑩ 支持最新 VHDL 和 Verilog 语言标准的寄存器传输级(RTL)综合,在综合及设计实现之前,RTL 查看器提供 VHDL 或 Verilog 设计的图形化描述,支持所有领先的第三方综合流程,用以支持 MAX Ⅱ CPLD 和最新 FPGA 系列的高级特性。

二、Quartus Ⅱ 的设计流程

Altera Quartus Ⅱ 设计软件提供了完整的多平台设计环境,拥有 FPGA 和 CPLD 设计的所有阶段的解决方案。其设计流程如附图 3.1 所示,其设计流程包括设计输入、综合、布局布线、仿真、时序分析、编程和配置。

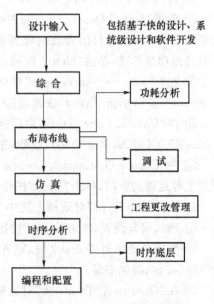

附图 3.1   Quartus Ⅱ 设计流程

三、安装 Quartus Ⅱ 6.0 软件

1. PC 系统配置要求

① CPU 在奔腾 Ⅱ 400 MHz 以上,内存在 512 MB 以上。

② 大于 10 GB 的安装空间。

③ Windows 2000 或 Windows XP 操作系统。

④ 具有下列一个或多个端口:

- 用以连接 USB Blaster 或 MasterBlaster 通信电缆的 USB 端口;
- 用以连接 Byte Blaster Ⅱ、Byte Blaster MV 或 Byte Blaster 并行端口下载电缆的并行端口;
- 用以连接 EthernetBlaster 通信电缆的以太网端口;
- 用以连接 MasterBlaster 通信电缆的串行端口。

2. Quartus Ⅱ 6.0 软件安装方法

先将 2 张光盘的内容全部复制到 D:\ QUARTUS6.0(自建的一个文件夹)下文件夹下应具有附图 3.2(a)~(d)的几个文件或文件夹。

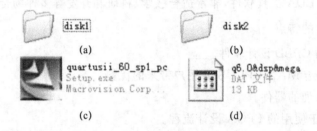

附图 3.2　文件和文件夹

第一大步的步骤如下。

① 进入 D:\ QUARTUS6.0,双击 disk1 文件夹,双击 Install.exe。

② 单击"Install Quartus Ⅱ and Related Software"按钮,进入欢迎界面,单击"Next"进入安装 Quartus Ⅱ 软件的安装向导界面。在这个安装向导界面中,选中第一行 Quartus Ⅱ 6.0,其他项目不选,单击"Next" 按钮,进入下一步。

③ 在" ****** Agreement"对话框上选中"I accept the terms of the ****** agreement"选项,单击 "Next"按钮,进入下一步。

④ 在"Custom information"对话框上,输入用户信息,User Name:XXXXXX,Company Name:XXXXXXX,单击"Next"按钮,进入下一步。

⑤ 在"Choose Destination Location"对话框上选择安装路径,也可使用默认路径。确保硬盘上有足够的空间,单击"Next"按钮进入下一步。

⑥ 在"Setup Type"对话框上选中"Complete"选项,单击"Next"按钮,进入下一步。

⑦ 确认安装设置,单击"Next"按钮,安装向导开始复制相关文件。

⑧ 当向导提示需要 disk2 时,输入 D:\ QUARTUS6.0\disk2\quartus 的完整路径,单击"OK"按钮,继续安装。

⑨ 在"Quartus Ⅱ Talkback"对话框上,单击"确定"按钮继续安装。

⑩ 在"Installshield Wizard Complete"对话框上,去掉"Launch Quartus Ⅱ 6.0 "选项,

单击"Finish"按钮,完成安装。

⑪ 进入 D:\ QUARTUS6.0 软件安装包,单击"quartusii_60_sp1_pc.exe"按钮,启动安装向导。对话框上单击"Next"按钮,进入下一步。步骤同上,单击"Finish"按钮,完成安装。

第二大步的步骤如下。

① 将 D:\QuartusII 6.0\disk2 软件包中的 Crack6.0 文件夹打开:复制 sys_cpt.dll 文件到 C:\altera\quartun60\win\ 下,将原有的 sys_cpt.dll 替换掉。单击鼠标左键后再单击鼠标右键,最后单击"刷新"。

② 将 q6.0&dsp&mega.DAT 文件复制到 C:\ALTERA 下,单击鼠标左键,再单击鼠标右键后单击打开方式,再单击一次打开方式,然后选择"从列表中选择程序"→写字板→确定。选中 HOSTID=XXXXXXXXXXXX,编辑—替换(替换的内容由下列方法寻找)。

③ 开始→运行→CMD→确定→ipconfig/all→回车,从 physical address 中找到网卡号,比如"50-78-4C-69-9A-B7",替换的内容中输入"50784C699AB7",选择全部替换,保存,关闭。

④ 启动 QuartusⅡ 6.0 软件,遇到对话框时分别选择第 1 行和第 3 行 Specify valid: license file 选项,单击"OK"按钮。

⑤ 在随后的"license setup"对话框中,调出 C:\altera\q6.0&dsp&mega.DAT 文件,单击"OK"按钮或选中 C:\altera\q6.0&dsp&mega.DAT 后按回车键。

到此,用户的 QuartusⅡ 6.0 已经可以使用了。

四、QuartusⅡ 6.0 软件使用简介

双击桌面 QuartusⅡ 6.0 图标,或者开始→所有程序→QuartusⅡ 6.0 图标,单击,进入 QuartusⅡ 6.0 图形用户界面,如附图 3.3 所示。

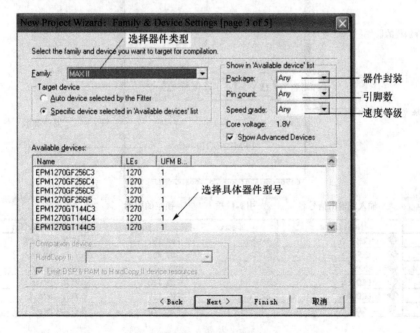

附图 3.3　编程器件选择

本书推荐的单层设计基本步骤如下。

① 新建工程：打开软件→File→New Project Wizard→Next→输入工程名→进入选择器件窗口。

② 选择器件：选择需要编程的器件。见附图3.3。

③ 新建文件及锁定引脚：执行 File→New 命令，进入选择文件类型窗口，如附图3.4所示。

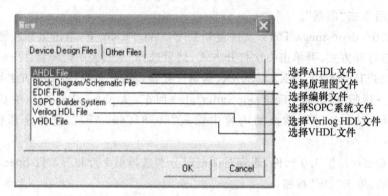

附图3.4 文件类型选择

原理图和 VHDL 文件编写同在 MAX+PLUS Ⅱ 下的方法一样。文件编写好后，如果要将它下载到可编程器件里，就必须将所有的输入输出引脚锁定好。锁定引脚的命令为 Assignments-Pins，进入锁定引脚界面窗口。如附图3.5所示。

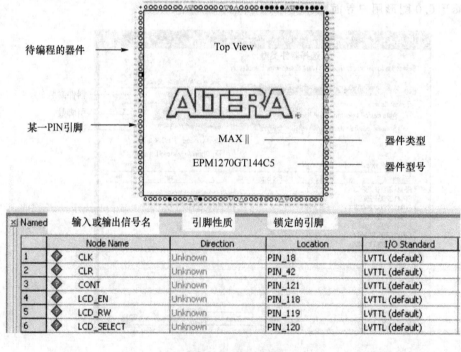

	Node Name	Direction	Location	I/O Standard
1	CLK	Unknown	PIN_18	LVTTL (default)
2	CLR	Unknown	PIN_42	LVTTL (default)
3	CONT	Unknown	PIN_121	LVTTL (default)
4	LCD_EN	Unknown	PIN_118	LVTTL (default)
5	LCD_RW	Unknown	PIN_119	LVTTL (default)
6	LCD_SELECT	Unknown	PIN_120	LVTTL (default)

附图3.5 锁定引脚

④ 设置为顶层文件：原理图绘好后或 VHDL 文件编写好后，保存。编译前要设置为当前文件，命令为 Project→Set As Top-Level Entity。

⑤ 编译：文件编写好后，必须要没有错误并通过编译，命令为 Processing→Start Compilation。

⑥ 仿真：可以在纯软件环境下检查编写的文件的逻辑功能是否正确。按附图 3.4 的"Other File"按钮。选择 Vector Waveform File，就进入仿真窗口，同在 MAX＋PLUS Ⅱ 软件下一样，将输入/输出调出来，设定好仿真参数，加入输入信号就可以仿真并查看输出结果了。

⑦ 编程：文件编译成功后会产生下载文件（.sof 或.pof），所谓编程就是将所产生的下载文件下载到可编程逻辑器件里，由后者实现所希望的逻辑功能。单击编程命令 Tools-Progarmmer，就进入到编程窗口。如附图 3.6 所示。

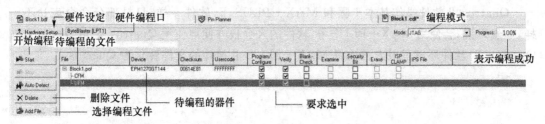

附图 3.6　编程窗口

⑧ 测试：编程完成后，要加上输入测试信号，观察输出，看逻辑功能是否真正实现。

QuartusⅡ 6.0 软件支持层次化设计，本书推荐的层次化设计基本步骤为：

a. 新建工程；

b. 选择器件；

c. 新建（下一层）文件；

d. 设置为顶层文件；

e. 编译；

f. 仿真，确保正确；

g. 产生模块符号，为了供上一层调用，低层的文件在编译通过后必须产生一个模块符号，执行命令 File —Creat / Update，就将刚通过编译的文件产生模块符号；

h. 执行步骤③～⑦循环，创建底层模块；

i. 新建（上一层）文件，在建上一层文件的过程中，可以像调用器件一样，调用下一层的模块，然后再连线；

j. 将该文件设置为顶层文件；

k. 对文件进行编译；

l. 对文件进行仿真，确保正确（此步可省）；

m. 将产生的编程文件下载到可编程逻辑器件里；

n. 测试可编程逻辑器件的逻辑功能。

注：如果是多层次设计的话，还可将这个上一层文件再产生模块符号，供更上一层文件调用，依次下去，直到被最顶层的文件调用，将最顶层的文件建立好，锁定好引脚（只有

最顶层的文件才锁定引脚),下载最顶层的文件。

任何层次的设计都既可以用原理图设计,又可以用 VHDL 语言设计。用 VHDL 语言设计硬件电路的逻辑功能非常灵活简便,因此 VHDL 语言较适合底层模块的设计,至于用 VHDL 语言设计顶层主要还是表达问题,设计人员通常用原理图设计顶层文件。

应该指出:MAX+PLUS Ⅱ是一款非常成功的 EDA 设计软件,在全球拥有广泛的用户群,特别适合于各类学校教学使用。随着大型 FPGA/CPLD 设计的迅速发展,Altera 公司又在 MAX+PLUS Ⅱ基础上推出了 Quartus Ⅱ开发软件,它特别适宜研制产品。Quartus Ⅱ 5.0 以上版本支持更多的 FPGA/CPLD 器件(如 FPGA 类:EP2C5T144;CPLD 类:EPM1270T144);支持 VHDL 语言更强大的编译功能;支持最新的高性价比 MAX Ⅱ器件;支持与其他 EDA 软件的无缝连接;支持嵌入式设计和逻辑分析;更好的布局和时序性能等。设计者可以充分利用 Quartus Ⅱ增加的许多设计功能研制开发电子产品。

Quartus Ⅱ软件操作基本步骤和 MAX+PLUS Ⅱ 软件一样,只是部分命令表达不一样,一般来说,会使用 MAX+PLUS Ⅱ 软件的人会很方便地使用 Quartus Ⅱ 软件。可以在 Quartus Ⅱ 软件环境下很方便地将 MAX+PLUS Ⅱ设计的文件转化为 Quartus Ⅱ 文件。

附录4 常用集成电路引脚图

在双极型数字集成电路中,应用较广的是 TTL 电路。TTL 集成电路的国标符号是 CT,国标 CT 中又分为 4 个系列。CT1000 为中速系列,对应于国标系列 54/74;CT2000 为高速系列(54H/74H);CT3000 为甚高速系列(54S/74S);CT4000 为低功耗肖特基系列(54LS/74LS)。

本附录中收集了部分常用 74 系列 TTL 集成电路,如附图 4.1~4.21 所示,供实验时查阅。

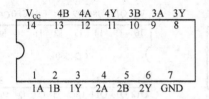

附图 4.1 74LS00 四 2 输入与非门

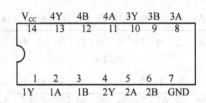

附图 4.2 74LS01 四 2 输入与非门(OC)

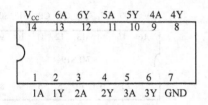

附图 4.3 74LS04 六反相器

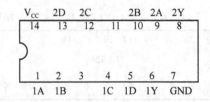

附图 4.4 74LS20 双 4 输入与非门

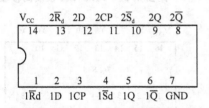

附图 4.5 74LS74 双上升沿 D 触发器

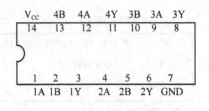

附图 4.6 74LS86 四 2 输入异或门

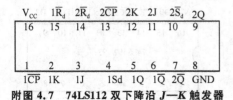

附图 4.7 74LS112 双下降沿 J—K 触发器

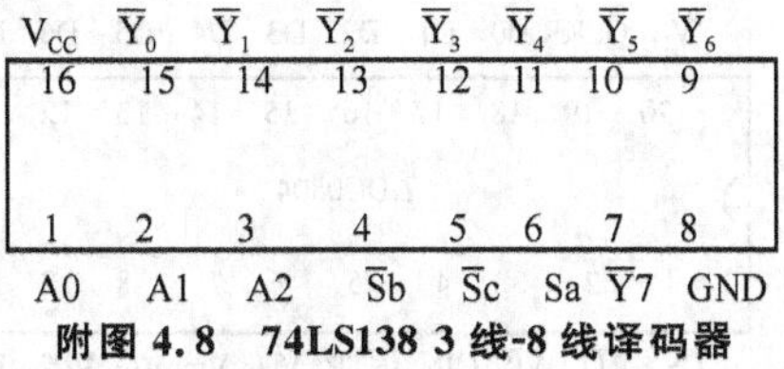

附图 4.8 74LS138 3 线-8 线译码器

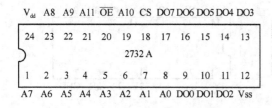

附图 4.9 74LS153 双 4 选 1 数据选择器

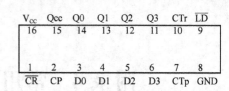

附图 4.10 74LS160 十进制可预置同步计数器
74LS161 4 位二进制可预置同步计数器

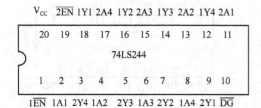

附图 4.11 1 024×4 位静态随机存取存储器

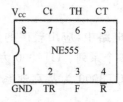

附图 4.12 555 定时器

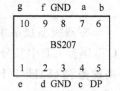

附图 4.13 数码管

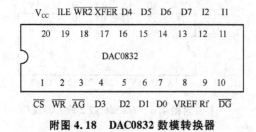

附图 4.14 电擦除只读存储器

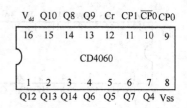

附图 4.15 14 位二进制分频器

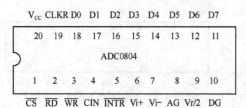

附图 4.16 74LS244 八缓冲器/线驱动器/线接收器

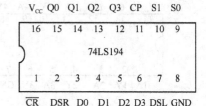

附图 4.17 74LS1944 位双向移位寄存器

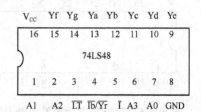

附图 4.18 DAC0832 数模转换器

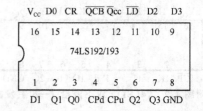

附图 4.19 七段译码器

附图 4.20 ADC0804 模数转换器

附图 4.21 10/4 位二进制加减计数器

其他集成电路名称及型号如附表 4.1 所示。

附表 4.1　集成电路名称及型号

名　　称	型　号	名　　称	型　号
四 2 输入与门	74LS08	十六选一数据选择器	74LS150
四 2 输入与门（OC）	74LS09	14 位二进制分频器	CD4060
三 3 输入与非门	74LS10	4-16 译码器	74LS154
三 3 输入与门	74LS11	八位移位寄存器	74LS164
BCD-十进制译码器/驱动器	74LS45	同步十进制比率乘法器	74LS167
十二分频计数器	74LS92	十进制可预置同步加/减计数器	74LS190
计数器/锁存器/译码器/驱动器	74LS142	八 D 触发器（带公共时钟和复位）	74LS273
4-10 译码器/驱动器	74LS145	RS 锁存器	74LS279
10-4 优先编码器	74LS147	八 D 锁存器（3S,锁存允许输入有回环特性）	74LS373
8-3 优先编码器	74LS148	4 位二进制超前进位全加器	74LS283
八选一数据选择器	74LS151	双十进制计数器	74LS390
译码分配器	CD4017		

附图 4.22～附图 4.26 为可编程器件集成电路引脚图。

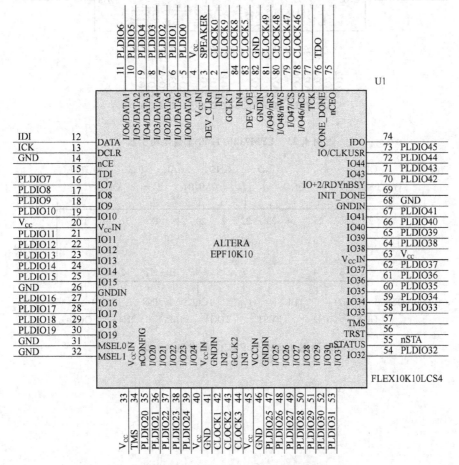

附图 4.22　EPF10K10 集成电路引脚

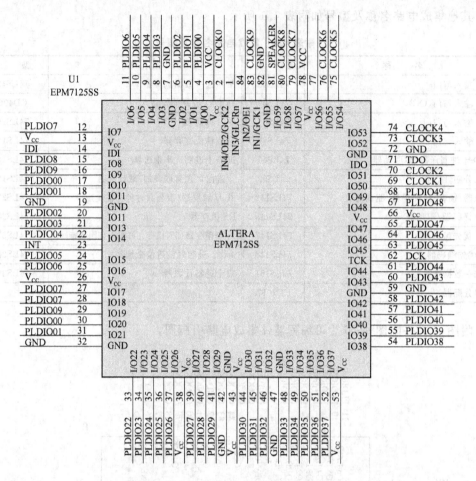

附图 4.23　EPM7128/7160 集成电路引脚

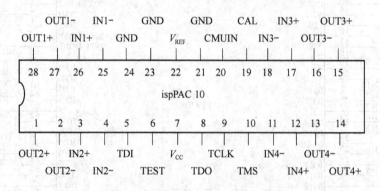

附图 4.24　ispPAC10 集成电路引脚

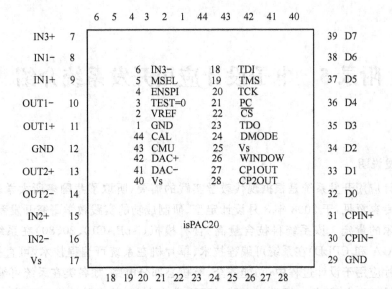

附图 4.25 ispPAC20 集成电路引脚

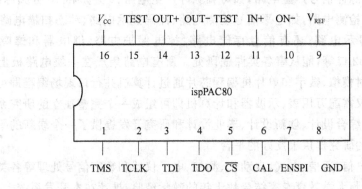

附图 4.26 ispPAC80 集成电路引脚

附录5 电子设计应用开发系统介绍

一、开发说明

电子设计应用开发系统是根据现代教学实践的需要,听取了我国多所大学教育专家和实验室建设专家意见,于 2008 年 3 月设计定型、研制成功的实践教学研究开发系统,并通过相关教育专家的肯定。该系统科技含量高,含有模拟(ispPAC10、20、80)在系统可编程技术、数字(FPGA 和 CPLD)在系统可编程技术、单片机在系统可编程技术,可直接将大规模集成编程芯片应用于设计过程中;功能齐全,有核心部分电路,如各类在系统可编程电路;有各类数字信号产生电路,如电平发生电路、HEX 发生电路、单次脉冲发生电路、方阵键盘信号产生电路;有各类脉冲信号产生电路,如可调脉冲产生电路、2 分频和 10 分频脉冲产生电路;有各类数字信号检测电路,如电平信号检测电路、译码显示电路、动态扫描电路、LED 点阵显示电路、LCD 显示电路;还有信息存储电路、掉电保护电路、继电器和蜂鸣器电路、VGA—PS/2—RS232 口等,能从事各类课题研究。所有电路集成在一块电路板上,便于携带;使用灵活方便,对模拟、数字和单片机编程芯片通过计算机并行口现场编程即可使用;使用该系统外围一般仅需配万用表、示波器和计算机即可组成一个完整独立的研究系统;为现代大学生实验实践、综合设计、创新设计、毕业设计和研究开发提供了一个崭新的平台,也为教师从事各类课题的研究提供了友好的平台。

本系统适用于电信、通信、电气、自动化、测控、电子仪器和数字信号处理等各类专业。

为方便教学,扬州大学教育专家结合数十年的教学经验,推荐在本开发系统上进行以下几类课题设计与实践。

① 模拟电子技术编程、数字电子技术、数字编程实验。

② 模拟在系统编程设计与实践。

③ 数字在系统编程设计与实践。

④ 单片机系统编程设计与实践。

⑤ 智能电子仪器的设计与实践。

⑥ 直接数字合成(DDS)。

⑦ 数据采集与数字信号分析处理。

⑧ 自动控制系统。

⑨ 文字曲线显示。

⑩ 各类滤波电路设计。

本系统于 2009 年 4 月获国家专利,专利号为 ZL 2008 2 0040093.0 。

如附图 5.1 所示为电子设计应用开发系统印制电路板功能布局及信号流向图。

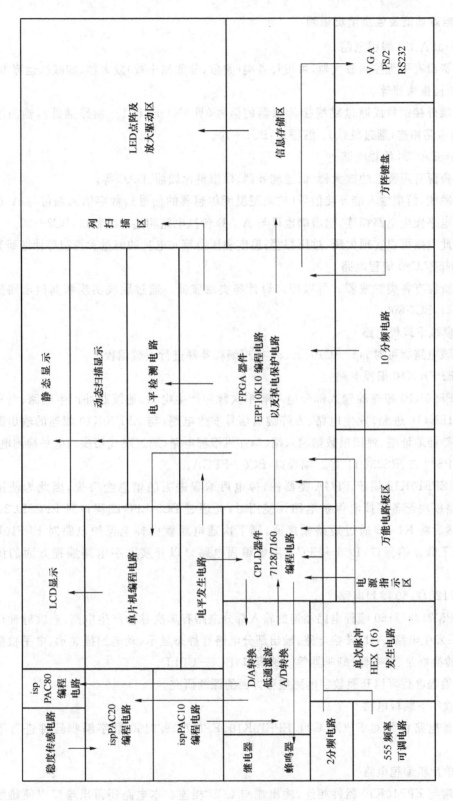

附图 5.1　电子设计应用开发系统印制电路板功能布局及信号流向

二、电路功能及连接情况说明

(1) ispPAC10 编程电路

内部资源有可程控的放大器,可设计各类(整数、分数和小数)放大器、加减法运算电路、滤波器、压控振荡器等。

输入端外接信号或通过跳线接传感器的信号(见 IN1＋、IN1－短路插针),输出端与 A/D 转换电路相连(通过跳线)。编程口:BC1—10。

(2) ispPAC20 编程电路

内部资源有可程控的放大器、低通滤波器、模拟量比较器、DAC 等。

通过跳线,模拟输入端外接信号(或来至温度传感器的信号),数字输入端可与 A/D 转换电路或电平发生电路相连,输出端也可与 A／D 转换电路相连。编程口:BC2—20。

利用此电路可以实现欠压、过压报警;温度和压力等非电量的测量和控制等课题研究。

(3) ispPAC80 编程电路

内部资源有各类滤波器。可以用来设计各类滤波器。通过跳线实现和其他电路的连接。编程口:BC7—80。

(4) 模拟下载板电路

通过该电路板可对 ispPAC10、20、80 模拟编程器件进行下载编程。

(5) EPF10K10 编程电路

与 EPF10K10 相连的输入部分电路有单次脉冲产生电路、连续脉冲产生电路、电平发生电路、HEX(16 进制)发生电路、方阵键盘信号发生电路;与 EPF10K10 相连的输出部分电路有存储器地址端、列扫描数据输入端、单片机编程电路(通过跳线切换)、电平检测电路、VGA 口、PS/2 口、RS232 口 等。编程口:BC6—FPGA。

由于 EPF10K10 属于 FPGA 类器件,掉电后编程进去的信息会丢失,因此为使用方便,本电路模块配备了掉电保护电路。使用时,先通过 BC5-EPC 编程口对 EPC2LC20 进行编程,然后将 K1-K5 通过短路帽接通,则下次通电后就由掉电保护电路对 EPF10K10 自动进行下载。编程口:BC5—EPC。用该编程电路可以开展数字电路编程方面的课题研究。

(6) 7128/7160 编程电路

与 EPM7128/7160 编程电路相连的输入部分电路有单次脉冲产生电路、连续脉冲产生电路、电平发生电路、A/D 转换电路;输出部分电路有静态显示、动态扫描显示、电平检测电路、D/A 转换电路、继电器、蜂鸣器等。编程口:BC4—CPLD。

用该编程电路可以开展数字电路编程方面的课题研究。

(7) 数字下载板电路

通过该电路板可对 EPC2LC20、EPF10K10、EPM7128/7160 数字编程器件进行下载编程。

(8) 单片机编程电路

输入端与 EPF10K10 器件相连,输出端与 LCD 相连。本电路还留出端口以便跳线实现该编程电路与其他电路相连。编程口:BC3—DPJ。

用该编程电路可以开展单片机控制应用方面的课题研究。

（9）单片机下载板电路

通过该电路板可对 AT89S51/52/53 系列单片机进行下载编程。

（10）电平发生电路

为数字编程器件（FPGA/CPLD）提供高低电平信号。产生的电平信号通过切换分别送到 FPGA/CPLD 器件。

操作：开关拨到上，发出高电平；开关拨到下，发出低电平。

（11）单次脉冲发生电路

为数字编程器件（FPGA/CPLD）提供单次脉冲信号。产生的单次脉冲信号通过切换分别送到 FPGA/CPLD 器件。

操作：按一次按钮 P1 或 P2，可从一个输出端发出 1 个正脉冲，另一个输出端发出 1 个负脉冲。

（12）HEX 发生电路

为数字编程器件（FPGA）提供 4 位二进制电平信号，每按 1 次按钮输出加 1。

（13）方阵键盘

为数字编程器件（FPGA）提供键盘信号。

（14）分频脉冲电路

为数字编程器件（FPGA/CPLD）提供 2 分频脉冲信号。2 Hz、4 Hz、8 Hz、32 Hz、64 Hz、128 Hz、256 Hz、512 Hz、1 024 Hz、20 48 Hz、32 768 Hz。通过短路帽选择不同的频率。

（15）10 分频脉冲电路

为数字编程器件（FPGA/CPLD）提供 10 分频脉冲信号。2 MHz、1 MHz、500 kHz、100 kHz、10 kHz、1 kHz、100 Hz、10 Hz、1 Hz。通过短路帽选择不同的频率。

（16）555 频率可调电路

为数字编程器件（FPGA/CPLD）提供频率可调脉冲信号。低频为 0.5 Hz 到十几 Hz、高频为几十 Hz 到几百 kHz。调节 TF 电位器可调频率，调节 TW 电位器可调脉宽。

（17）电平检测电路

功能：检测数字编程器件（FPGA/CPLD）的输出是高电平还是低电平。相应的发光二极管（LED）亮，表示检测到的是高电平；不亮，表示检测到的是低电平。

（18）LED 点阵及放大驱动电路

功能：接收来至 FPGA 的列扫描信息 A2A1A0（为节省 I/O 资源，外接 3-8 译码器和反相器）和信息存储区 EPROM2732A 的行数据信息，显示文字、波形曲线或数码，可实现静态和动态显示效果。用 4 个 SD411288 点阵（采用列扫描）组成 1 个 16×16 点阵。既可显示 4 个 8×8 单元的信息，又可显示 1 个完整的 16×16 单元的信息。编码时，列为地址，从左到右地址增大（如：第 1 页为 0～7，第 2 页为 8～F，第 3 页为 10～17，第 4 页为 18～1F，依次类推）；行为存储器输出的数据（需反相编码），最上行为最高位，最下行为最低位，数据以 2 位16 进制形式出现。无论是列扫描信号还是行数据信号都必须经过放大驱动（同时还反相）后才能加到点阵上。

（19）信息存储区

使用 4 个 EPROM2732A 存储器存储文字、波形曲线或数码信息，这些信息必须事先通过编程器编程到存储器里,然后通过来至 FPGA 器件的地址扫描将信息取出来再通过反相驱动放大送到 LED 点阵显示。由于 1 个 EPROM2732A 存储器有 12 个地址,3 个地址扫描,9 个地址翻页,因此可以显示 512 页。

注:本系统用了 4 个存储器,如果采用 4-16 译码扫描,则用 2 个,显示页码为上述一半。

(20) 静态显示

可显示 4 位,用左边 2 位数码管显示 CPLD 器件的输出结果,右边 2 位数码管外用,为节省 I/O 资源,外接译码器。

(21) 动态扫描显示

可显示 8 位,显示来至 CPLD 器件的输出结果,采用动态扫描显示是为节省 I/O 资源。

(22) D/A 转换、低通滤波、A/D 转换

D/A 转换:将来至 CPLD 器件的数字量转换为模拟量输出(V_{o1}),再经低通滤波后的输出(V_{o2})。A/D 转换:将来至 ispPAC10、20 的模拟量(通过跳线)转换为数字量后提供给 CPLD、PAC20 器件。A/D 转换要通过跳线外接单次负脉冲。

(23) LCD 显示

用 1602A 液晶显示器显示来至单片机的输出结果,可以显示数字、数码和简单的汉字。

(24) 温度传感电路

用 AD590 作为温度传感器件,测量温度范围为 0°~150°,RW 调零,RF 调满度。灵敏度为 10 mV/度。温度信号可以接到(通过跳线)PAC10 编程电路的 IN1+输入端,此时 IN1-输入端接地。

(25) VGA、PS/2、RS232

计算机显示器(VGA)、鼠标(PS/2)、串行口(RS232)接 FPGA 器件的输出,用于从事相关的课题研究。

(26) 继电器、蜂鸣器

继电器:接收来至 CPLD 器件的输出电平信号,用高低电平实现继电器的吸合与释放。

蜂鸣器:接收来至 CPLD 器件的输出脉冲信号,用于指示电路的工作状态。

(27) ±5 V、12 V 电源

采用能提供 3 A 电流的开关电源,为各部分电路工作提供直流稳压电源。

三、部分电路图

如附图 5.2~附图 5.10 所示。

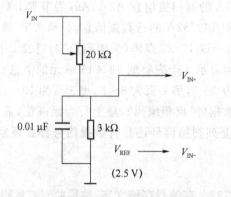

附图 5.2 可提供的 isPAC10、20 输入电路

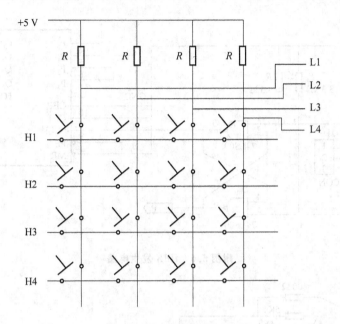

附图 5.3　方阵键盘电路

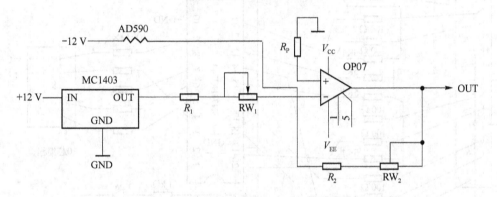

附图 5.4　温度传感电路

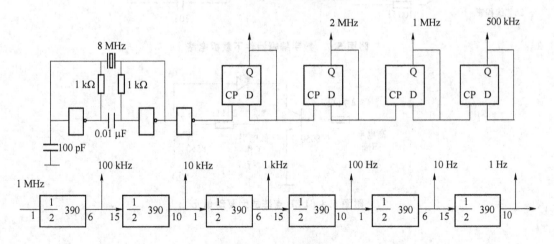

附图 5.5　10 分频电路

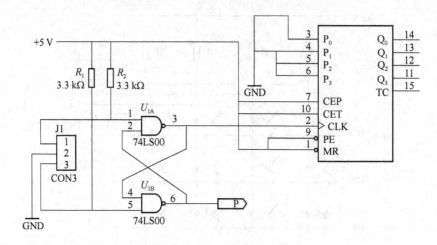

附图 5.6　HEX 发生电路

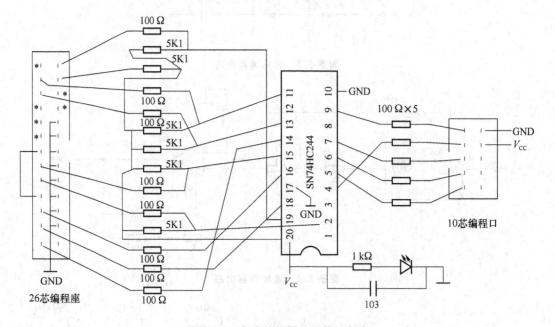

附图 5.7　数字编辑器件下载板电路

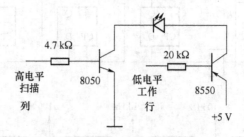

附图 5.8　LED 点阵放大驱动单元

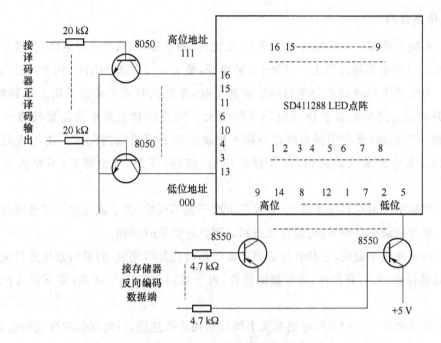

附图 5.9　LED 点阵接线示意图

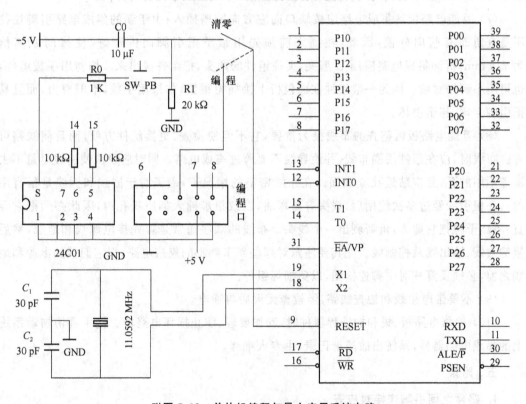

附图 5.10　单片机编程与最小应用系统电路

四、使用说明

(1) 系统中各部分电路的电源(＋5 V、±12 V)均连接好,系统一旦通电,各部分电路均正常工作。万能电路板区最上一行为＋5 V电源,最下一行为地(GND),用于外接电路。

(2) 为使用方便灵活和避免电路之间的干扰,本系统有若干地方采用了短路帽连接,一定要弄清楚短路帽的位置所对应的实际含义。在使用到相关电路前要检查一下短路帽的位置是否正确,没有用到的电路一律不要动上面的短路帽的位置。使用者只需要知道相应部分的电路输入或输出,以及操作按键、按钮、开关、电位器等,不要去动无关的电路。

(3) 对数字可编程器件下载时,如发现1次下载不成功,多下载几次即可能成功。

(4) 单片机最小应用系统:编程状态和应用状态要及时切换。

(5) 对单片机下载前,下载软件必须要显示初始化并口完成,如果初始化并口失败则不行。然后选择器件,打开文件,先电擦除器件,再下载,1次下载不成功,多下载几次即可能成功。

(6) 万能电路板区和其他电路有关引脚均采用小孔连接,因此剥伤的导线切勿使用,导线用 Φ0.4 mm 的单股线,裸头部分以 5 mm 为准,导线插入小孔要有弹性。

(7) 万能电路板区集成电路应按缺口向左方向跨槽插入;由于新的集成电路引脚往往不是直角而有些向外偏,因此,在插入前须先用镊子把引脚向内弯好,使排间距离恰为 7.5 mm。拆卸集成电路应用 U 型夹,夹住组件的两头,把组件拔出来。切勿用手拔组件,也可用小解锥对撬。因为一般组件在面包板上接插得很紧,如果用手拔,不但费力,而且易把引脚弄弯,甚至损坏。

(8) 万能电路板区整齐的布线极为重要,它不但使检查、更换组件方便,而且使线路可靠。布线时,应在组件周围布线,并使导线不要跨过集成电路。同时应设法使引线尽量不去覆盖不用的孔,且应贴近孔座表面。在布线密集的情况下,镊子对于嵌线和拆线是很有用的。一根引线经过多次使用后,线头容易弯曲,以致很难插入插座板孔内,因此必须把它弄直,不然干脆把它剪去,重新剥出一个线头。布线的顺序通常是首先接电源线和地线,然后接输入线、输出线及控制线。尤其要注意对那些尚未熟悉的集成电路,把它们接到电源和地线之前,必须反复核对引脚连接图,以免损坏组件。

(9) 不要带电接线和检查线路,经检查无误后再通电。

(10) 检修电路板、拔和插编程器件时,动作要轻,防止损坏电路板。使用者切勿动系统上的集成电路器件,系统出故障请记录,由专人维修。

五、附录

1. 器件之间引脚连接对应表

如附表 5.1～附表 5.3 所示。

附表 5.1　与 10K10 连接

序　号	引脚号	连接关系	序　号	引脚号	连接关系
1	72	存 A0 / 单 P10	31	24	HEX(16) 4
2	71	存 A1 / 单 P11	32	22	HEX(16) 2
3	70	存 A2 / 单 P12	33	21	HEX(16) 1
4	67	存 A3 / 单 P13	34	19	单次脉冲 P1
5	66	存 A4 / 单 P14	35	18	单次脉冲 P2
6	64	存 A5 / 单 P15	36	17	电平发生 K1
7	65	存 A6 / 单 P16	37	16	电平发生 K2
8	62	存 A7 / 单 P17	38	11	电平发生 K3
9	61	存 A8 / 单 P32	39	10	电平发生 K4
10	60	存 A9 / 单 P33	40	9	电平发生 K5
11	59	存 A10 / 单 P36	41	8	电平发生 K6
12	58	存 A11 / 单 P37	42	7	电平检测 L1
13	54	键盘 L1	43	6	电平检测 L2
14	52	键盘 L2	44	5	电平检测 L3
15	51	键盘 L3	45	81	电平检测 L4
16	50	键盘 L4	46	80	电平检测 L5
17	49	键盘 H1	47	79	电平检测 L6
18	48	键盘 H2	48	78	电平检测 L7
19	53	键盘 H3	49	73	电平检测 L8
20	47	键盘 H4			
21	35	VGA—R		2	CP1
22	36	VGA—G		42	CP2
23	37	VGA—B			
24	38	VGA—HS			
25	39	VGA—VS			
26	29	RS232—1	50	23	I/O 预置
27	30	RS232—2		3	CLR 预置
28	28	PS/2—1		44	C P 预置
29	27	PS/2—2		84	C P 预置
30	25	HEX(16) 8			

注:"存"指存储器,"单"指单片机。

附表 5.2　与 7128/7160 连接

序　号	引脚号	连接关系	序　号	引脚号	连接关系
1	75	静显 GW—A0	31	63	动显—W8
2	76	静显 GW—A1	32	16	电平发生 K1
3	77	静显 GW—A2	33	17	电平发生 K2
4	79	静显 GW—A3	34	18	电平发生 K3
5	81	静显 SW—A0	35	20	电平发生 K4
6	80	静显 SW—A1	36	21	电平发生 K5
7	4	静显 SW—A2	37	22	电平发生 K6
8	5	静显 SW—A3	38	25	电平发生 K7
9	69	电平检测 L1	39	24	电平发生 K8
10	68	电平检测 L2	40	27	单次脉冲 P1
11	67	电平检测 L3	41	28	单次脉冲 P2
12	64	电平检测 L4	42	37	D0(数到模)
13	65	电平检测 L5	43	36	D1(数到模)
14	70	电平检测 L6	44	35	D2(数到模)
15	73	电平检测 L7	45	33	D3(数到模)
16	74	电平检测 L8	46	34	D4(数到模)
17	12	动显—A	47	31	D5(数到模)
18	11	动显—B	48	30	D6(数到模)
19	55	动显—C	49	29	D7(数到模)
20	6	动显—D	50	40	D0(模到数)
21	57	动显—E	51	39	D1(模到数)
22	58	动显—F	52	41	D2(模到数)
23	60	动显—G	53	44	D3(模到数)
24	15	动显—W1	54	45	D4(模到数)
25	10	动显—W2	55	46	D5(模到数)
26	9	动显—W3	56	48	D6(模到数)
27	8	动显—W4	57	49	D7(模到数)
28	54	动显—W5	58	51	蜂鸣器
29	56	动显—W6	59	52	继电器
30	61	动显—W7	60	50	I/O 预　置
	2	CP1		1	CLR 预　置
	83	CP2			

附表 5.3　单片机与 LCD 连接引脚对应

序 号	单片机	LCD	序 号	单片机	LCD
1	P00	D0	6	P05	D5
2	P01	D1	7	P06	D6
3	P02	D2	8	P07	D7
4	P03	D3	9	P20	DI
5	P04	D4	10	P21	RW
			11	P22	E

2. EPF10K10 和 EPM7128 使用注意事项

① 对 EPF10K10 器件,时钟输入最好用 IN1(2)、IN2(42)、IN3(44)、IN4(84)4 个引脚,也可用一般的 I/O 脚;清零端可用一般 I/O 脚;时钟可以送至内部的组合电路。

② 对 EPM7128 器件,如果时钟直接输入到触发器和计数器的时钟端,必须用 IN1(83) 或 IN4(2)脚;如果用一般 I/O 脚作为时钟信号,必须通过门电路才行,但反相器还不行。时钟信号尽量不送组合电路。

③ 对 EPM7128 器件,如果清零信号直接输入到触发器和计数器的清零端,必须用 IN3 (1)脚;如果用一般 I/O 脚作为清零信号,必须通过门电路才行。

④ 负载电流较大时(如:大电流发光二极管、喇叭、固态继电器等),一般将 I/O 脚输出通过放大(晶体管放大、74HC04 反相驱动放大)再驱动负载,以减少器件的输出电流。

⑤ 器件的输出端较多,总的输出电流较大,也可能使器件发热,时间长了可能会损坏器件。因此在室温较高下,如果器件发热,应设法减少器件输出引脚。

3. 随箱附件

① 模拟数字编程电缆线(2 根)

② 模拟下载板(1 块)

③ 数字下载板(1 块)

④ 单片机编程电缆线(1 根)

⑤ 单片机下载板(1 块)

⑥ 10 芯编程线(3 根)

⑦ 电源线(1 根)

⑧ 串口线(1 根)

⑨ 电子设计应用开发系统使用说明书(1 份)

⑩ 实验与设计教程(1 本)

⑪ 光盘(1 只)

附录6 数字电路实验理论考核自测题

_____大学(学院)_____班(年)级课程 **数字电子技术基础实验**

题目	一	二	三	四	...	总分
得分						
阅卷人						

得分	阅卷人	审核人

一、选择题(60分,每题2分)

1. 要使函数信号发生器输出的正负对称的脉冲波形变为标准的 TTL 数字信号,必须要调节(   )。

    A.直流偏置旋钮   B.幅度调节旋钮

    C.脉宽调节旋钮   D.频率调节旋钮

2. 用数字万用表的DCV档,可以测量下列哪一项?(   )。

    A.交流有效值   B.交流最大值

    C.电压分贝值   D.高低电平

3. 要用示波器测量 TTL 门电路的传输特性曲线,需要将示波器置于(   )。

    A.X−Y 状态   B.交流耦合状态

    C.直流耦合状态   D.外触发状态

4. 要用示波器正确测量脉冲的高低电平,需要(   )。

    A.交流耦合   B.直流耦合

    C.确定零电平基准线同时直流耦合

    D.确定零电平基准线同时交流耦合

5. 用示波器定量读取脉冲信号周期,除了要读取波形宽度的格数外,还与下面哪个旋钮有关?(   )。

    A.灵敏度   B.电源部分

    C.扫描速度   D.包括 A、B、C

6. 所谓总线传送结构是指(   )。

    A. 1 条线只能传送 3 条线路上的信息

    B. 1 条线分时传送若干条线路上的信息

    C. 1 条线同时传送若干条线路上的信息

    D. 1 条线同时传送 3 条线路上的信息

7. 所谓三态门是指(   )。

    A. 输入可能有 3 个状态的门

    B. 必须是有 3 个输入端的门电路

C. 输出可能有三个状态的门

D. B 和 C

8. 如果把非 OC 门型的普通与非门(如 74LS00)的输出端联在一起,会出现(　　)。

A. 逻辑混乱　　　　　　　　　　B. 可能烧坏器件

C. 没有任何问题　　　　　　　　D. A 和 B

9. 要实现 16 选 1 数据选择器功能,为简化电路结构(　　)。

A. 最好全部用门电路设计

B. 最好用 4 片 4 选 1 数据选择器设计

C. 必须要考虑设 3 个地址端

D. 必须要考虑设 6 个地址端

10. 74LS138 具有(　　)。

A. 8 个译码输出端,正脉冲输出

B. 3 个译码输出端,负脉冲输出

C. 8 个译码输出端,负脉冲输出

D. 3 个译码输出端,正脉冲输出

11. 数据选择器在工作时的使能端(　　)。

A. 必须接+3.6 V 电平　　　　　B. 必须接+5 V 电平

C. 必须接地　　　　　　　　　　D. 可以悬空

12. 下列哪个器件可以用来设计成施密特触发器?其输出脉冲是多少?(　　)。

A. 74LS160 任意电平　　　　　　B. 74LS153 高电平

C. 555 TTL 电平　　　　　　　　D. 73LS138 TTL 电平

13. 触发器要触发(　　)。

A. 只要有输入脉冲就一定会触发

B. 只要输出为"0"态就一定会触发

C. 只要看输入状态,就能判断能否触发

D. 必须要有脉冲,同时要看现态和输入状态

14. 要使 JK 触发器处于计数状态,J、K 输入端必须(　　)。

A. $J=0$、$K=0$　　　　　　　　B. $J=0$、$K=1$

C. $J=1$、$K=0$　　　　　　　　D. $J=1$、$K=1$

15. 74LS160 的第 1 引脚如果不用时,应该(　　)。

A. 接低电平　　　　　　　　　　B. 接高电平

C. 悬空　　　　　　　　　　　　D. 接地

16. 要设计 35 进制加法计数,应该采用下列什么器件?(　　)。

A. 74LS160、74LS20　　　　　　B. 74LS244、74LS00

C. 74LS160、74LS00　　　　　　D. 74LS194、74LS20

17. 74LS194 是指(　　)。

A. 4 位单向移位寄存器

B. 4 位双向移位寄存器

C. 8 位单向移位寄存器

D. 8 位双向移位寄存器

18. 用 DAC0832 组成单极性数字模拟转换电路,设输入 $D_7D_6D_5D_4D_3D_2D_1D_0 =$ 01101010,$V_{REF} = 5\,V$,则输出模拟电压应为(　　)。

    A. 1.56 V   B. 2.07 V   C. 3.27 V   D. 0.45 V

19. 用 ADC0804 组成单极性模拟数字转换电路,设输入直流模拟量 $V_{in} = 3.45\,V$,$V_{REF} = 5\,V$,则输出数字量应为(　　)。

    A. 10110000   B. 10111000   C. 01111111   D. 10001100

20. 用计数器和数据选择器可以用来设计(　　)。

    A. 级梯信号发生器   B. TTL 电平信号

    C. 序列信号发生器   D. 负脉冲分配器

21. 用 74LS160 和 74LS138 可以用来设计(　　)。

    A. 级梯信号发生器   B. TTL 电平信号

    C. 序列信号发生器   D. 负脉冲分配器

22. 用计数器和数模转换电路可以用来设计(　　)。

    A. 级梯信号发生器   B. TTL 电平信号

    C. 序列信号发生器   D. 负脉冲分配器

23. EPF10K10LC84-4 是什么类型的 ISP 器件?下载什么软件?(　　)。

    A. FPGA 类型,.sof 文件   B. FPGA 类型,.pof 文件

    C. CPLD 类型,.pof 文件   D. CPLD 类型,.sof 文件

24. EPM712SLC84-15 是什么类型的 ISP 器件?下载什么软件?(　　)。

    A. FPGA 类型,.sof 文件   B. FPGA 类型,.pof 文件

    C. CPLD 类型,.pof 文件   D. CPLD 类型,.sof 文件

25. 设计的电路要下载到可编程器件上测试,需要(　　)。

    A. 锁定引脚   B. 必须要通过编译

    C. 必须要进行仿真测试   D. A 和 B

26. 仿真时,执行 File—End Time 命令的作用是(　　)。

    A. 改变输入波形频率   B. 改变屏幕显示的时间范围

    C. 改变仿真结束时间   D. 改变仿真输入端个数

27. 仿真时,执行 Options—Grid Size 命令的作用是(　　)。

    A. 改变输入波形频率   B. 改变屏幕显示的时间范围

    C. 改变仿真结束时间   D. 改变仿真输入端个数

28. 对自上而下层次化设计,下面哪一个是正确的。(　　)。

    A. 上和下层都可以用原理图和 VHDL 语言设计

    B. 下层只能用 VHDL 语言设计

    C. 上层只能用原理图设计

    D. 下层只能用原理图设计

29. 要对设计的电路仿真必须要建立(　　)。

    A. Graphic Editor file   B. Text Editor file

    C. Wavform Editor file   D. Symbol Editor file

30. 原理图产生模块符号命令是(　　　　)。

    A．Max＋PLUSⅡ—Compiler　　　　B．Max＋PLUSⅡ—Simulator

    C．File—Creat Default Symbol　　　　D．Assign—Pin/Location/Chip

得分	阅卷人	审核人

二、问答题(40 分,每题 10 分)

1. 试说明用 MSI 设计组合电路并进行硬件测试验证的详细步骤。

2. 试拟订出测试主从型 J-K 触发器 74LS112 引脚逻辑功能的详细步骤。

3. 试设计 1 个 36 进制的加法计数显示器,选择器件,画好电路图并做说明。

4. 试写出用 MAX＋PLUS Ⅱ软件进行原理图编程的详细步骤(包括仿真步骤、下载编程和用到的命令)。

附录7 数字电路实验操作考核自测题

班级_____ 学号_____ 姓名_____ 成绩_____ 日期_____

题目：试用三态门和反相器实现三路信号分时传送的总线结构：数据输入 D_1、D_2、D_3，控制输入 C_1、C_2、C_3，输出 Y，如附图 8.1 所示。要求选择器件、画出电路原理图并进行静态和动态测试验证（测试输出波形的高、低电平）。请完成以下问题。

附表 8.1　输入/输出信号

C_1	C_2	C_3	Y
1	0	0	D_1
0	1	0	D_2
0	0	1	D_3

1. 电路图及器件选择（器件规格、型号、参数等）

2. 实验测试结果、数据记录、波形、数据处理

操作情况现场记录表，如附表 8.2 所示。

附表 8.2　操作情况现场记录

等级	实验结果情况	仪器、器材使用情况	搭线情况	考核用时情况
优				
良				
中				
及格				
不及格				

监考教师签名_____

参考文献

[1] 王澄非. 电路与数字逻辑设计实践. 南京：东南大学出版社，1999.

[2] 赵不贿. 在系统可编程器件与开发技术. 北京：机械工业出版社，2002.

[3] 何书森. 实用电子线路设计速成. 福建：福建科学技术出版社，2004.

[4] 徐志军. 大规模可编程逻辑器件及其应用. 西安：西安电子科技大学出版社，2003.

[5] 李国洪. 可编程器件 EDA 技术与实践. 北京：机械工业出版社，2004.

[6] 汪一鸣. 数字电子技术实验指导. 苏州：苏州大学出版社，2005.

[7] 谭会生，瞿遂春. EDA 技术综合应用实例与分析. 西安：西安电子科技大学出版社，2004.

[8] 赵 昭. 基于 VHDL 的水表抄表器的逻辑设计及仿真. 济南：山东科技大学学报，2004.

[9] 郭晓宇，潘登，杨同中. 基于 FPGA 实现 FIR 滤波器的研究. 北京：电子技术应用. 2004(4).

[10] 毕占坤，吴伶锡. FIR 数字滤波器分布式算法的原理及 FPGA 实现. 北京：电子技术应用，2004(7).

[11] 刘昌华. 数字逻辑 EDA 设计与实践. 北京：国防工业出版社，2005.

[12] 宋嘉玉，孙丽霞. EDA 实用技术. 北京：人民邮电出版社，2006.